Teubner Studienbücher der Geographie

G. Voppel
Wirtschaftsgeographie

# Teubner Studienbücher der Geographie



Die Studienbücher der Geographie wollen wichtige Teilgebiete, Probleme und Methoden des Faches, insbesondere der Allgemeinen Geographie, zur Darstellung bringen. Dabei wird die herkömmliche Systematik der Geographischen Wissenschaft allenfalls als ordnendes Prinzip verstanden. Über Teildisziplinen hinweggreifende Fragestellungen sollen die vielseitigen Verknüpfungen der Problemkreise wenigstens andeutungsweise sichtbar machen. Je nach der Thematik oder dem Forschungsstand werden einige Sachgebiete in theoretischer Analyse oder in weltweiten Übersichten, andere hingegen in räumlicher Einschränkung behandelt. Der Umfang der Studienbücher schließt ein Streben nach Vollständigkeit bei der Behandlung der einzelnen Themen aus. Den Herausgebern liegt besonders daran, Problemstellungen und Denkansätze deutlich werden zu lassen. Großer Wert wird deshalb auf didaktische Verarbeitung sowie klare und verständliche Darstellung gelegt. Die Reihe dient den Studierenden zum ergänzenden Eigenstudium, den Lehrern des Faches zur Fortbildung und den an Einzelheiten interessierten Angehörigen anderer Fächer zur Einführung in Teilgebiete der Geographie.

# Wirtschaftsgeographie

## Räumliche Ordnung der Weltwirtschaft unter marktwirtschaftlichen Bedingungen

Von Dr. rer. pol. Götz Voppel
em. Professor an der Universität zu Köln

Mit 48 Bildern und 25 Tabellen

B. G. Teubner Stuttgart · Leipzig 1999

Prof. Dr. rer. pol. Götz Voppel

Geboren 1930 in Leipzig. Studium der Wirtschaftswissenschaften, Geographie und Verkehrswissenschaft an der Universität zu Köln. Diplomvolkswirt 1955, Promotion 1958, Habilitation 1963 (Wirtschafts- und Sozialgeographie). Universitätsdozent 1963, 1964–1966 Universität Kabul/Afghanistan. 1965 apl. Prof., 1967 Abteilungsvorsteher und Professor Techn. Hochsch. Hannover, 1970 o. Prof. und Direktor des Geographischen Instituts Technische Universität Hannover, 1976 o. Prof. Universität zu Köln und Direktor des Wirtschafts- und Sozialgeographischen Instituts, 1995 em.



Die Deutsche Bibliothek – CIP-Einheitsaufnahme

Ein Titelsatz für diese Publikation ist bei
Der Deutschen Bibliothek erhältlich



Printed in Germany
Druck und Bindung: Druckhaus Beltz, Hemsbach
Einbandgestaltung: Peter Pfitz, Stuttgart

# Vorwort

Der vorliegende Band stützt sich auf die räumliche Integration des Systems der Marktwirtschaft, das in der Bundesrepublik Deutschland seit 1948 unter der Bezeichnung „Soziale Marktwirtschaft" als Leitbild und ordnungspolitisches Modell entwickelt worden ist und als wirtschafts- und sozialpolitisches Konzept dienen soll. Die marktwirtschaftliche Ordnung kann als vergleichsweise leistungsfähigstes Wirtschaftssystem angesehen werden, das neben sozialen Sicherungen die besonders im Laufe der zweiten Jahrhunderthälfte als bedeutsam erkannten ökologischen Belange berücksichtigt; beide sind gleichsam durch Schaltkreise mit den wirtschaftlichen und wirtschaftspolitischen Aufgabenstellungen und Konzepten verbunden.

Die marktwirtschaftliche Ordnung beruht auf dem materiellen und immateriellen Erfolgsstreben der Wirtschaftssubjekte, die zu einem Gesamtergebnis beitragen, das bei allen Marktunvollkommenheiten im einzelnen im Systemvergleich am ehesten in der Lage ist, Sozialtransfers zu gewährleisten. Umgekehrt stoßen Systeme staatlicher Verwaltung der Wirtschaft an Grenzen, die den sozialen Erfordernissen insgesamt nur unvollkommen entsprechen. Beide Wirtschaftsordnungen stehen sich als Typen mit dezentralen und zentralen Entscheidungsebenen gegenüber, die in reiner Form nicht vorkommen.

Nachfolgend wird das marktwirtschaftliche System der Gestaltung der Wirtschaft in allen räumlichen Ebenen auf die Raumnutzung übertragen. Hiernach sollen jeder Standort und jede räumliche Einheit ihren individuellen Ausstattungen entsprechend bewirtschaftet werden (können), um – neben anderen Faktoren – zu bestmöglichen Ergebnissen beizutragen. Auf Versuche, räumliche Vorteile und Nachteile für bestimmte Nutzungen durch pauschal errechnete Subventionen oder sonstige Transfers, in welcher Form auch immer, auszugleichen, sollte zugunsten einer optimalen Nutzung unter Berücksichtigung der jeweiligen Besonderheiten verzichtet werden, um leistungshemmende Einflüsse und Verzerrungen der Leistungsstrukturen zu vermeiden.

Dem marktwirtschaftlichen Konzept steht nicht entgegen, daß sozial- und raumpolitische Maßnahmen durchgeführt werden. Deren Erfolg ist jedoch, bezogen auf die räumlichen Fragestellungen, von der Optimierung der Nutzung der raumspezifischen Potentiale abhängig. Daher muß der Verteilung die marktwirtschaftlich geprägte Wertschöpfung – am richtigen Ort – vorausgehen. Schematisch gehandhabte Umschichtungen unter nivellierenden Voraussetzungen und mit nivellierenden Ergebnissen erschweren oder verhindern es, sich dem Ziel anzunähern, regional-, volks- und weltwirtschaftliche Ordnungen als Grundlage bestmöglicher Leistungsfähigkeit zu schaffen. Sie können die marktwirtschaftliche Dynamik suspendieren. Im übrigen wird unter den Regionen weder eine Angleichung der Lebensbedingungen durchgesetzt werden können, noch ist es wünschenswert, landschaftliche und kulturräumliche Vielfalt zu uniformieren.

Die hier zugrunde liegenden Ansätze beziehen sich auf mikroökonomische und mikroräumliche sowie auf makroökonomische und makroräumliche Einheiten, schließen somit die Einzelfallentscheidung ebenso wie Marktzusammenhänge bis zur globalen Dimension ein. Sie sind unter Berücksichtigung theoretischer räumlicher Ordnungsprinzipien anwendungsorientiert.

Der Umfang der Fragestellungen und Sachgebiete erlegt Beschränkung auf dem obigen Konzept entsprechende Gesichtspunkte auf. Das Literaturverzeichnis enthält zahlreiche Hinweise auf ergänzende Arbeiten, in denen sich die Vielfalt der Problemkreise spiegelt.

Für Hinweise danke ich dem Herausgeber E. Wirth und für die Anfertigung einiger Grafiken dem Kartographen des Wirtschafts- und Sozialgeographischen Instituts der Universität zu Köln, Herrn Dipl.-Ing. (FH) S. Pohl.

Köln, Juni 1999 Götz Voppel

# Inhalt

# Verzeichnis der Abbildungen

# Verzeichnis der Tabellen

# 1 Einführung

## 1.1 Wirtschaft im Raum: Ihre Entwicklung und ihre räumlichen Dimensionen

Die **globalen, die regionalen und die örtlichen Strukturen der Wirtschaft** werden durch die auf der Erde verfügbaren örtlich gebundenen Ressourcen und durch die auf der Erde lebende Bevölkerung als Nachfragende nach Gütern und als Raumgestaltende (Unternehmer, Administration und Beschäftigte) unmittelbar und mittelbar bestimmt. Die *Art* und die *Intensität der Dynamik* der wirtschaftlichen Strukturen werden, abgesehen von technisch-wissenschaftlichen Fortschritten (qualitative Effekte), durch die quantitative *Entwicklung der Bevölkerung* auf der Erde und durch deren *differenzierte Bedürfnisse* gesteuert.

Die natürliche Ausstattung der Erde, die durch die Menschen ökonomisch bestimmte räumliche Ordnung der Einrichtungen zur Nutzung und die mit der Bevölkerungszahl und deren Zunahme verbundenen Aufgaben, die Versorgung der Menschheit mit Gütern sicherzustellen und mindestens das Existenzminimum zu gewährleisten, bilden die Grundlage der wirtschaftsgeographischen Fragestellungen.

Die **Begrenztheit der Ressourcen der Erde** und die Knappheit der auf deren Basis erzeugten Güter zur Befriedigung der mit der Bevölkerungszahl steigenden Nachfrage machen einen schonenden Umgang mit ihnen erforderlich. Dies setzt voraus, daß Rohstoffaufbereitung und Güterproduktion, deren Organisation, die Verteilung der Erzeugnisse und das Angebot an Diensten unter *wirtschaftlichen Bedingungen*, d.h., mit möglichst geringem Aufwand, verfügbar gemacht werden. Die angewandten Verfahren und Handlungsweisen zur Erreichung der genannten Ziele sind demnach unter Ausnutzung des jeweils höchsten Standes der Technik *ressourcensparend, flächenbelastungsarm und kostenminimal am jeweils bestgeeigneten Standort* durchzuführen. Die Entscheidung, in einen Standort zu investieren, kann sich in mehreren raumdimensionalen Stufen bis zur Festlegung an einer bestimmten Stelle vollziehen. Voraussetzung für das dauerhafte Funktionieren dieses raumökonomischen Ansatzes der Ressourcennutzung ist die Beachtung der ökologischen Rahmenbedingungen und der Einwirkungen auf diese. In dieses Konzept sind auch unmittelbar und mittelbar raumbezogene administrative Faktoren und Handlungen, wie nationale oder europäische Wirtschafts-, Raum- und Steuerpolitik, einbezogen.

Das wirtschaftliche Geschehen setzt sich aus der Summe unmittelbarer und mittelbarer wirtschaftlicher oder die Wirtschaft beeinflussender Handlungen aller am Wirtschaftsleben direkt oder indirekt Beteiligten zusammen. Die Wirtschaftssubjekte gestalten durch ihr wirtschaftliches oder parawirtschaftliches Handeln unmittelbar oder mittelbar die von ihnen genutzten Flächen. Somit wird die räumliche Ordnung der Wirtschaft durch die in unregelmäßiger räumlicher Verbreitung und Intensität am Wirtschaftsgeschehen teilhabenden Subjekte – Organisatoren, Anbieter und Nachfragende – und ihre auf verschiedene Weise untereinander bestehenden Beziehungen geprägt. Durch die dem Wirtschaftsleben innewohnende Dynamik unterliegt die räumliche Nutzung steten Veränderungen.

Alle Wirtschaftszweige – die Gewinnung von natürlichen und künstlichen Rohstoffen, deren Aufbereitung und Verarbeitung, die Produktion von Halb- und Fertigwaren sowie auf diese ausgerichtete und eigenständige Dienstleistungen – werden mit sich beschleunigenden intra- und intersektoralen Prozessen konfrontiert und treffen auf sich ebenfalls verändernde Nachfragestrukturen. Allmählich, mehr oder weniger kontinuierlich gewachsene Raumsysteme und ihre Elemente neigen verstärkt und häufig in kurzen Fristen zu Änderungen ihrer Größe, ihres inneren Gefüges und ihrer Verflechtungen mit anderen Raumsystemen und Raumelementen. Ebenso verhält es sich mit dynamischen Prozessen der Unternehmungsstrukturen.

Die Bezeichnung **„Globalisierung"** beschreibt, insbesondere durch die industrie- und verkehrstechnischen Fortschritte schon seit dem 19. Jahrhundert beschleunigt, den Prozeß der Zunahme und der Intensivierung von zwischenräumlichen Beziehungen und strukturellen Wirkungen über nahezu alle Staaten der Erde hinweg. Dies wird verdeutlicht durch die *Ausdehnung der unternehmerischen*, aber auch *der politischen, kulturellen und wissenschaftlichen Aktionsreichweiten* infolge erheblicher Verbesserungen der Fernverkehrssysteme, zuletzt vor allem durch die Nutzung von Möglichkeiten, die die *Telekommunikationstechniken* bis hin zum Internet bieten. Nicht nur Güter werden in wachsendem Umfang und großer Vielfalt ausgetauscht, sondern auch, mit steigendem Anteil, stationär oder mobil angebotene Dienstleistungen. Neuerungen breiten sich mit größerer Beschleunigung grenzüberschreitend und weltweit aus; sie verändern das Verhältnis des technischen und wirtschaftlichen Kenntnis- und Entwicklungsstandes der Länder untereinander. Die Liberalisierungstendenzen der internationalen wirtschaftlichen und kulturellen Beziehungen, die zum globalen Netzwerk entscheidend beitragen, folgen den verkehrstechnischen Standards.

Die **räumlichen Bindungen von Unternehmungen** und deren Eingliederung in Systeme räumlicher Verflechtungen haben sich dementsprechend im Laufe des 19. und besonders des 20. Jahrhunderts erheblich gewandelt. Die über lokal und regional ausgerichtete Operationsfelder hinausgehenden Unternehmungen passen sich den durch die Globalisierung gebotenen Möglichkeiten, aber infolge der wachsenden Einflüsse durch internationale Konkurrenten auch gegebenen Notwendigkeiten an; die übernational tätigen Unternehmer tendieren dahin, auf diesen so erweiterten Entscheidungsebenen zu disponieren. In diesem Zusammenhang gewinnen die unternehmerischen Entscheidungen, die den Standort der Betriebsstätten und die Raumbeziehungen betreffen, regional und interregional zunehmend an Elastizität, wobei sich das Maß der Raumbindung zu verringern scheint. Virtuelle Märkte können jedoch reale Standorte nicht ersetzen. Tatsächlich wird die Entscheidung, einen Standort im Netz vielfältiger Kontakte der Unternehmungen, Betriebe und Haushalte untereinander sowie zwischen Betriebsstätten und Räumen zu positionieren, eher komplexer; die Standortsensibilität besonders im internationalen Rahmen ist sogar ausgeprägter, da die Entscheidungsrisiken auf fremdem Terrain steigen.

Die **Elastizität der Standortbindungen der Anbieter von Arbeitskraft** und der **Nachfrager nach Gütern und Diensten**, seien sie nah- oder fernräumlichen Dimensionen zuzuordnen, hat sich ebenso grundsätzlich wesentlich vergrößert, ohne daß sich die Abhängigkeiten zwischen dem Standort unternehmerischer Aktivitäten und den jeweiligen räumlich-differenzierenden Faktoren auch in extremen Fällen gänzlich aufzulösen vermögen.

Zwar gibt es noch Haushalte und Betriebe oder Gruppen von Haushalten und Betrieben, die keine oder nur geringe Kontakte mit anderen Haushalten oder Betrieben haben und innerhalb ihres Wirkungskreises autark und nur intern arbeitsteilig operieren, wie im Wanderfeldbau, in abgelegenen Dörfern oder Stammesgebieten; überwiegend sind die Produzenten von Gütern und Diensten jedoch durch vielgestaltige wirtschaftliche Beziehungen verknüpft, die über lokale und regionale Grenzen hinweg bis in alle bewirtschafteten Teile der Erde reichen können.

Derartige **Raumbeziehungen** sind an Kontaktstellen auf verschiedenen Stufen gegeben: innerhalb von Betrieben und Unternehmungen, zwischen verschiedenen Unternehmungen und Betriebsstätten, mit Konsumenten und mit administrativen Einrichtungen unterschiedlicher Funktion und unterschiedlicher Aktionsebenen. Sie umfassen

a) den Güteraustausch, zum Beispiel von Rohstoffen, Vor-, Halb- und Fertigerzeugnissen
b) Produktionsteilungen, Diversifikationen von Unternehmungen und Betrieben
c) Finanzdienste von Versicherungen und Banken
d) Beratungs-, Werbungs-, Prüfungs- sowie vielfältige andere Dienstleistungen
e) Maßgaben und Maßnahmen der Öffentlichen Hand.

Die internationalen Kontakte dieser Sektoren haben sich extern und im Rahmen globaler Strategien innerhalb von Unternehmungen ausgeweitet und vertieft. Sie bilden ein komplex gestaltetes Gefüge. Durch telekommunikative Einrichtungen, besonders Internet-Verknüpfungen, werden in dieses Geflecht gegenseitiger Beziehungen mit zunehmender Tendenz auch private Haushalte einbezogen.

Die **räumlichen Abhängigkeiten und Wirkungen der Unternehmungen** am geplanten oder gegebenen Standort lassen sich in folgenden Punkten zusammenfassen:

a) Bewertung der räumlichen Faktorausstattung, in die die Verkehrserschließung und die jeweils gegebenen raumpolitischen Bedingungen einzubeziehen sind, als Grundlage für unternehmerische Entscheidungen über den Produktionsstandort und für eine möglichst langfristig wirksame Optimierung der Produktionsbedingungen an dieser Stelle
b) Beschaffung der erforderlichen Produktionsfaktoren am Ort oder aus anderen Regionen
c) Produktion am betrieblichen Standort
d) Absatz der Produkte am Ort und in anderen Regionen
e) Wirkungen der Betriebsstätten durch ihre Aktivitäten am Standort auf ihr räumliches Umfeld und auf externe Kontaktstellen
f) Wirkungen aus dem räumlichen Umfeld und aus externen Kontaktstellen auf die Betriebsstätten.

Es ist erkennbar, daß einerseits rauminterne Verbindungen existieren oder sich aufbauen, wie zum Beispiel zwischen einem Betrieb und einem vorhandenen oder sich entwickelnden lokalen Arbeitsmarkt, oder gegeben sein können, wie Bezugs- und Absatzverflechtungen. Andererseits entstehen, in arbeitsteiliger Wirtschaft überwiegend, raumexterne Beziehungen, so die Beschaffung von Rohstoffen aus anderen Wirtschaftsräumen oder der „Export“ von Gütern und Diensten in andere Räume hinein. Die betrieblichen Aktivitäten werden unmittelbar oder mittelbar wirksam. Ebenso gehen von externen Aktivitäten direkt oder indirekt Einflüsse auf den Standort aus; so können zum Beispiel ausländische Arbeitsmärkte zur Korrektur der heimischen Produktionsbedingungen beitragen.

## 1.2 Fragestellungen

**Gegenstände der Wirtschaftsgeographie** sind:

a) die wirtschaftlichen Elemente im Raum
b) die Entscheidungen von Unternehmern und Konsumenten sowie von Behörden mit räumlichem Bezug sowie Grundlagen, Entstehung und Funktionsweisen wirtschaftlicher Prozesse, die die räumliche Ordnung prägen
c) die Erklärung der räumlichen Ordnung der Wirtschaft und ihrer Bestandteile
d) die durch systematische sektorale, branchenspezifische und regionale Arbeitsteilung erforderlichen Beziehungen zwischen Räumen und zwischen Unternehmungen in lokalen bis globalen Dimensionen

Die **komplexen Systeme von Beziehungen und Netzbildungen** innerhalb von Betrieben und Unternehmungen sowie zwischen Wirtschaftssubjekten und zwischen Räumen wirken nahezu unüberschaubar und sind, wie die wirtschaftlichen Elemente selbst, scheinbar regellos verbreitet. Gleichwohl zeichnen sich in der räumlichen Ordnung Regelhaftigkeiten ab, die sich auf typische ökonomisch-räumliche Verhaltensweisen stützen.

Dabei steht nicht die bloße Verbreitung wirtschaftlicher Raumelemente als solcher im Vordergrund. Vielmehr wird angestrebt, räumliche Bindungen und Verflechtungen, die Grundlagen für räumlich bedeutsame Entscheidungen und die durch diese bewirkte Raumgestaltung zu erklären, deren Träger die am Wirtschaftsleben unmittelbar oder mittelbar Beteiligten in Unternehmungen und öffentlichen Institutionen sowie als Konsumenten sind.

Die **Akteure** sind einerseits auf der Angebotsseite die Leiter und Mitarbeiter der am Wirtschaftsleben beteiligten privaten und öffentlichen Unternehmungen und Einrichtungen sowie diese und die Gesamtheit der Bevölkerung auf der Nachfrageseite. Indirekte räumliche Einflüsse leiten sich aus der Tätigkeit der öffentlichen Gebietskörperschaften und sonstiger Einrichtungen her. Beispiele hierfür sind die Erteilung von Genehmigungen für Bau- und Produktionsvorhaben der Unternehmungen, allgemeine und besondere Belastungen durch Steuern und Abgaben, direkte Eingriffe der Raumplanung, projektbezogene und regional differenzierte Verteilung von öffentlichen Mitteln, Ausbau von Verkehrssystemen.

Auf *theoretischen Grundlagen* werden *Ordnungsprinzipien* abgeleitet, um allgemeine Aussagen über die Standortoptimierung gewinnen und sie *als Instrument* zur Prüfung der Eignung von Standorten und ihren Eigenschaften für bestimmte Nutzungen einsetzen zu können. Des weiteren wird die durch die Wirtschaftssubjekte geschaffene *räumliche Wirklichkeit in ihrer Differenziertheit* empirisch untersucht. Schließlich wird der Grad der Integration oder der Desintegration der wirtschaftlichen Bestandteile in die komplexen Raumsysteme geprüft.

Die Wirtschaftsgeographie bildet empirische Schwerpunkte; sie befaßt sich mit der strukturellen Vielfalt von Staaten und Räumen unterschiedlicher Abgrenzung, von betrieblichen Gruppierungen und Einzelstandorten, mit deren räumlich unterschiedlichen Potentialen und Nutzungen, und sie untersucht die sich aus den jeweiligen Entwicklungsständen der Räume ergebenden Probleme. Die wirtschaftgeographischen Fragestellungen schließen mikro- und makro*ökonomische* sowie mikro- und makro*räumliche* Situationen ein.

In die wirtschaftsgeographische Forschung und Praxis sind einbezogen

a) auf der einen Seite raumgebundene und raumwirksame wirtschaftliche oder parawirtschaftliche Entscheidungen und Aktivitäten der daran Beteiligten, Produzenten und Dienste Leistenden, sowie die daraus folgenden Prozesse und räumlichen Systeme,
b) auf der anderen Seite Abnehmer in Unternehmungen und Endverbraucher – untereinander verbunden – innerhalb und zwischen räumlichen Einheiten unterschiedlicher Abgrenzung.

Wirtschaftliches Handeln ist individuell oder durch Gruppen in gegenseitiger Beeinflussung und Abhängigkeit bestimmt. Menschliches Handeln ist Grundlage und Motor allen wirtschaftlichen Geschehens.

Alle Teilnehmer am Wirtschaftsgeschehen - Unternehmer, Beschäftigte, Nachfrager - erstreben als solche in ihrem Handeln grundsätzlich Vorteile und die jeweils subjektiv oder objektiv besterreichbaren Ergebnisse, die nicht nur die Erzielung von Gewinnen oder Ersparnissen beinhalten, sondern sich nachhaltig in Haushalt und Unternehmung positiv wirksam sein sollen.. Dies setzt unter marktwirtschaftlichen Bedingungen rationale, wirtschaftlich geprägte Handlungsweisen der Beteiligten voraus, während davon abweichende ideologisch bestimmte Entscheidungen nicht zweckdienlich sein können. Das System der Marktwirtschaft enthält Mechanismen zur Kontrolle und Verhinderung systeminkonformer und extremer Handlungsweisen, die grundsätzlich wirksamer sind als administrative Eingriffe.

**Marktwirtschaft** in diesem Sinn ist das leistungsfähigste System der Versorgung der Menschen (zum Vergleich von Sozialer Marktwirtschaft und dem „Regime der Sozialverträglichkeit" VON WEIZSÄCKER 1998, S. 266 ff.). Ihre konsequente Anwendung ist, dem Konzept der **Sozialen Marktwirtschaft** entsprechend, die Voraussetzung für die Bereitstellung von Sozialleistungen. Marktwirtschaftlich ausgerichtetes und soziales Handeln schließen somit einander nicht aus. Vielmehr ergänzen sie sich in der Weise, daß sozialer Ausgleich, auf welchem politischen Ansatz auch immer beruhend und mit welchen politischen Zielen verbunden, nur möglich ist und zweckentsprechend verwirklicht werden kann, wenn zuvor durch Leistungsoptimierung Überschüsse erzielt worden sind, die ihrerseits als Grundlage für soziale Maßnahmen dienen können.

*Das marktwirtschaftliche Prinzip ist auf die Raumnutzung übertragbar.* Es ist aus wirtschaftsgeographischer Sicht insbesondere auf die raumbezogenen privaten und öffentlichen Entscheidungen zu beziehen. Erst die Nutzung des für ein operatives Ziel jeweils leistungsfähigsten Standortes und die Optimierung des Wirtschaftens im Raum oder der Bewirtschaftung von Räumen bieten die Gewähr für wirtschaftlich erfolgreiches Handeln und begründen somit das Potential für sozialen Transfer.

Die **raumpolitischen Vorstellungen** sind in das *System der Sozialen Marktwirtschaft* zu integrieren. Es ist anzustreben, die *spezifische* Eignung von Räumen für ihr entsprechende Nutzungen zu aktivieren und nicht durch – überwiegend staatliche – Fördermaßnahmen, vor allem Subventionen und strukturelle Hilfen, die zudem oftmals die Leistungsbereitschaft beeinträchtigen, die Standortkonkurrenz zu verzerren oder zu verfälschen. Pauschal erhobene abgabenähnliche nationale und internationale Ausgleichs- oder Hilfszahlungen beeinträchtigen das auf Räume bezogene marktwirtschaftliche Prinzip, haben eine Minderung der Gesamtleistung zur Folge und verkürzen die Basis für soziale und räumliche Ausgleiche, die aus entwicklungspolitischen Gründen als notwendig erachtet werden mögen. Mit der Ausrichtung auf die jeweilige individuelle Raumeignung wird ein Höchstmaß an Effizienz erreicht; im übrigen trägt dies zur Erhaltung der Vielfalt der Regionen bei.

Die **Einordnung in den weltwirtschaftlichen Verbund**, als globale Herausforderung bezeichnet, setzt zu deren erfolgreicher Umsetzung grundsätzlich funktionierende marktwirtschaftliche Systeme im offenen weltwirtschaftlichen

Verbund voraus. Eine autarke Politik mit Tendenzen zur Abkapselung von Volkswirtschaften gegenüber weltwirtschaftlicher Konkurrenz kann sich in offenen Gesellschaften auf die Dauer nicht durchsetzen, schädigt die betroffenen Volkswirtschaften und beeinträchtigt deren Konkurrenzpotential und Entwicklungsniveau. Die Staatengemeinschaft der Erde ist, wenn auch in unterschiedlichem Maße, seit langem durch vielfältige internationale Kontakte und globale Prozesse bi- und multilateral verbunden. Verändert haben sich in jüngerer Zeit nur die Zahl der Beteiligten, der Umfang und die Geschwindigkeit, mit der Reaktionen auf Handlungen in anderen Teilen der Erde erforderlich geworden sind.

**Übertragungen von Leistungserträgen** zwischen Wirtschaftsräumen oder administrativen Einheiten finden auf sehr verschiedene Weise und auf unterschiedlichen Ebenen statt. Jede regional wurzelnde Steuerzahlung, die allgemeiner Verwendung zufließt (in Deutschland Bundes- und Ländersteuern), trägt zum räumlichen Transfer bei.

Schon im kleinräumlichen Funktionalsystem von Stadt und Umland werden zahlreiche Leistungen unterschiedlich vergütet, zum Beispiel, wenn durch Eintrittspreise nicht ausgeglichene Kosten von Theaterveranstaltungen durch die Kernstadt zu finanzieren sind, aber auch von Bewohnern der Randgemeinden besucht werden, oder umgekehrt, wenn die Stadt indirekt steuerliche Einnahmen aus Dienstleistungen erzielt, die auch aus dem Umland nachgefragt werden. Unter anderem aus diesen Gründen werden Verlagerungen von funktionalen Einrichtungen, zum Beispiel von Betrieben des Einzelhandels oder des Produzierenden Gewerbes, in die städtischen Randgebiete jenseits der administrativen Grenzen als problematisch angesehen.

Großräumliche Beispiele sind der Finanzausgleich zwischen Bundesländern innerhalb Deutschlands oder finanzielle Transfers zwischen Staaten mit weit überdurchschnittlichen Pro-Kopf-Sozialprodukten gegenüber solchen mit deutlich unter dem Durchschnitt liegenden Aufkommen, wie zum Beispiel innerhalb der Europäischen Union oder im Rahmen von erdweiten Entwicklungshilfsprogrammen (Weltbank).

**Mit zunehmender Bevölkerungszahl und steigenden Ansprüchen in der Lebenshaltung der Bevölkerung** verdichten sich die wirtschaftlichen Aktivitäten auf der Erde, und deren Ressourcen werden immer stärker beansprucht. Bedarf und Verbrauch mineralischer Rohstoffe steigen an und tendieren zum Teil örtlich, regional oder global zur Verknappung. Soweit Industrieprodukte, in denen derartige Rohstoffe verarbeitet worden sind, nicht mehr verwendungsfähig sind, werden diese in zunehmendem Maße durch

Aufbereitung als Sekundärrohstoff wieder in den Kreislauf eingespeist (Recycling). In der Land-, Forst- und Fischereiwirtschaft, deren Erzeugnisse kultiviert werden und nachwachsen können, sind Art, Umfang und Intensität der Bewirtschaftung so auf die Potentiale auszurichten, daß eine dauerhafte Nutzung möglich ist. Die jeweilige Raumnutzung ist somit unter dem Gesichtspunkt der Tragfähigkeit der Erde und der **Nachhaltigkeit der Nutzung** unter ökologischen Gesichtspunkten ökonomisch zu bewerten.

**Raumbindungen und räumliche Wirkungen** wirtschaftlicher Einrichtungen und Tätigkeiten sind in der Ausrichtung auf Raumausstattung und Raumdifferenzierung auf verschiedenartige Weise gegeben:

a) bei *örtlich gebundenen Standortentscheidungen* und *-verflechtungen* sowie bei *raumübergreifenden Entscheidungen* durch Kontakte mit anderen Standorten über unterschiedlich große Distanzen hinweg;
b) bei den vielfältigen *Wirkungen* unterschiedlicher Relevanz, die als Folge der getroffenen Entscheidungen von den Aktivitäten auf das jeweilige räumliche Umfeld einschließlich seiner Akteure und seiner Inhalte ausgehen. In diesem Sinne ist zum Beispiel die Existenz einer Betriebsstätte mit ihren Gebäuden sowie ihre Integration in die Verkehrserschließung im unmittelbaren nachbarschaftlichen Umfeld ebenso beteiligt wie die Zahlung von regionalen oder überregionalen Steuern und Abgaben.

Das Raumbild der Akteure kann, verstärkt durch kulturräumliche Differenzierung der Denk- und Verhaltensweisen, im Einzelfall unterschiedlich ausgeprägt sein.

Um **Grundlagen der Allgemeinen Wirtschaftsgeographie** herausarbeiten zu können, ist von dem *Modell eines „homo oeconomicus"* auszugehen, den es in reiner Ausprägung zwar nicht gibt, dem jedoch die aufs Wirtschaftliche gerichteten Denk- und Handlungsweisen der Beteiligten nicht fern sind; denn grundsätzlich werden mindestens subjektiv die jeweils günstigsten Lösungen angestrebt.

Diese Basis erlaubt Erkenntnisse räumlicher Zusammenhänge und Ordnungsprinzipien. Modellhaft generalisiert bieten diese im Vergleich mit der jeweiligen realen Raumsituation die Möglichkeit, bei Abweichungen die Gründe zu prüfen und gegebenenfalls räumliche Fehlentscheidungen zu erkennen und zu korrigieren. Die Abstraktion von der Individualität der Räume dient gleichsam dem Ziel, diese im einzelnen Raum zu erklären, indem Abweichungen vom Idealbild deutlich gemacht werden. Die Gegenüberstellung von Modell-Lösungen sowie entscheidungs- und verhaltensempirischen Analysen erleichtert das Verständnis für konkrete, gegebenenfalls „fehlerhaft" ausgeprägte Raumstrukturen.

Jede unmittelbare oder mittelbare wirtschaftliche oder wirtschaftlich wirksame Aktivität hat räumliche Bezüge; die Raumbindungen können eng oder locker, die räumlichen Wirkungen einfach oder komplex sowie intensiv oder extensiv sein. Der **Raumbindungsgrad** kann daher eine weite Spanne zwischen geringer Ausprägung, zum Beispiel bei fernfunktionalen Dienstleistungen, und wenigstens relativ erzwungener Abhängigkeit, wie bei der Gewinnung mineralischer Rohstoffe, in der naturalen Sammelwirtschaft oder bei der Anlage von Häfen umfassen. In der Landwirtschaft wird diese Spannweite durch die Entwicklungsstufen „Aneignung, Ausbeutung und Kultivierung" (nach ANDREAE 1977, S. 27f.) verdeutlicht. Die räumliche Ausdehnung von Beziehungen charakterisiert BÜCHER (1922) in der Entwicklungsabfolge von der Hauswirtschaft über die Stadtwirtschaft zur Volks- und Weltwirtschaft, worin bereits der globale Ansatz berücksichtigt ist. Infolge von Aktivitäten der Unternehmungen, die Wirtschaftsraumgrenzen überschreiten, sind neben den unmittelbaren Wirkungen im Wirtschaftsraum des Standorts der Unternehmung auch Einflüsse in anderen Räumen zu berücksichtigen.

Die Erbringung lokalisierter, also standortgebundener, wirtschaftlicher Leistungen unterliegt im Zeitablauf sich verändernden endogenen oder exogenen Bedingungen. Das Extrem stellt eine **isolierte naturale Hauswirtschaft** dar, in der für den Grundbedarf umfassend, aber ausschließlich zur eigenen Verwendung produziert wird; es werden – ex definitione – keine Austauschbeziehungen mit anderen (Haus-)Wirtschaften unterhalten. Somit werden die qualitativen Grenzen des Wirtschaftens eines solchen autarken Systems durch die Raumgröße und Raumausstattung, die Zahl der zu versorgenden Personen und die nutzbaren Fähigkeiten der Wirtschaftssubjekte bestimmt. In Haushalten auf einfacher Entwicklungsstufe gibt es allenfalls interne, jedoch keine externe Arbeitsteilung (BÜCHER 1922). Daher sind die Teilhabe an Produkten aus anderen Regionen und Kombinationen interregionaler Produktionsfunktionen ausgeschlossen.

Die Entwicklung bis zur Gegenwart ist durch eine *zunehmende Breite und Tiefe der Arbeitsteilung*, wenn auch in unterschiedlicher Ausprägung, durch *sektorale und betriebliche Differenzierung, räumliche Verbreitung von Produktionsstufen, Teileproduktionen und von Dienstleistungen* sowie durch den Ausbau von immer dichteren *Netzen intra- und interräumlicher Kontakte* gekennzeichnet. Ein extrem arbeitsteilig wirtschaftender Produktionsbetrieb ist in ein vielfältiges, zuweilen oft wechselndes System von Lieferanten auch aus derselben Unternehmung eingespannt und erledigt nur einzelne Arbeitsgänge selbst. Demgegenüber kann ein

Zulieferer seine Produktion auf einen einzelnen Abnehmer konzentrieren. Besonders im letzten Drittel des 20. Jahrhunderts ist der Trend zur räumlichen Ausgliederung von Arbeitsgängen und ergänzenden Dienstleistungen sehr ausgeprägt; teilweise sind auch Korrekturen in der arbeitsteiligen Produktionsweise oder auch gegenläufige Prozesse der Zusammenführung von Produktionsabschnitten festzustellen. In allen Fällen räumlicher Standortkonzentration oder -dekonzentration wird die Optimierung der Verfahrensweisen und Minimierung der Kosten angestrebt; sie können durch endogene technische Entwicklungen oder exogene Einflüsse, zum Beispiel durch besondere Verkehrseignung und Minimierung der Verkehrskosten, modifiziert werden. Die räumliche Arbeitsteilung erhöht die Möglichkeiten der Ausnutzung komparativer Produktionsvorteile.

Als Folge der mehr oder weniger vertieften Arbeitsteilung haben sich die potentiellen *Reichweiten* von Produktions- und Dienstleistungszweigen, die untereinander unterschiedlich intensive Beziehungen unterhalten, erweitert. Die einst weitgehend erzwungene Beschränkung auf nahräumliche Kontakte ist einer Ausdehnung über die ganze bewohnte oder bewirtschaftete Erde hinweg gewichen.

Umgekehrt können sich die distanziellen Beziehungen verfahrensbedingt auch verengen. Entfernungsabhängige Widerstände bestehen weiter, so daß nachbarschaftlichen Kontakten in vielen Fällen der Vorzug gegeben werden wird, nahräumlich geknüpfte Netze somit trotz aller verkehrstechnischen Verbesserungen Vorteile aufweisen. Insbesondere bei vertraglich befristeten Lieferungsbindungen („Just in Time“) und Produktverteilungslogistik („Supply Chain Management“; s. 3.7.1) kann die Wahl des Standorts auf die unmittelbare Nachbarschaft des jeweiligen Kunden fallen. Nahkontakte können auch technisch und wirtschaftlich systembedingt sein und agglomerativ wirken, wenn Massengüter zu liefern sind, wie Natronlauge bei der Aluminiumoxid-Produktion in Stade oder zur Energieausnutzung in der Metallindustrie.

Die **technischen Entwicklungen** ermöglichen Veränderungen im Verhältnis zwischen räumlichen Potentialen und Raumnutzungsanforderungen. So steht das Nachrichtenwesen an der Wende vom 20. zum 21. Jahrhundert in einer Phase technischer Entwicklungssprünge, die zu kurzfristiger Anpassung an neue Möglichkeiten des Informationsaustauschs herausfordern; demgegenüber vollzieht sich der Gütertransport, wenn auch „logistisch“ in der Organisation und in den Transportsystemen modernisiert, in bisherigen technischen Dimensionen. Während die kilometrische Distanz im Verkehr nichtgegenständlicher Transporte von Nachrichten überwiegend zeitlich nahezu ausgeschaltet ist, bleiben die Transportkosten von Gütern und Personen, wenn auch durch Tarife modifiziert, grundsätzlich weitgehend entfernungsabhängig.

Räumliche Diversifikationen infolge unterschiedlicher Potentialausstattung und Distanzüberwindung zwischen Bezugs-, Produktions- sowie Absatz- und Nachfragepunkten sind die Grundlagen räumlich gebundener und raumwirksamer Entscheidungen; sie machen den Austausch von Gütern, Diensten und Nachrichten erforderlich.

Dem entsprechen die fachlichen Arbeitsgebiete, deren räumlicher Bezug die Basis von Theorie und Empirie bildet. Sie umfassen die Untersuchung von Potentialen, Faktoren und Gestaltung im Raum und beziehen Standorte und Standortkomplexe sowie Raumbeziehungen im örtlichen Rahmen bis zur großräumlichen, „welt"wirtschaftlichen Dimensionierung ein.

Die **raumtheoretischen Ordnungsmodelle** werden notwendigerweise abstrakt abgeleitet. Sie dienen ausschließlich als Instrumente zur Bewertung konkreter Situationen sowohl bei Ex-ante- als auch Ex-post-Analysen und bilden die Grundlagen für räumliche Entscheidungen und Handlungsweisen. Abweichungen vom Ideal lassen Unvollkommenheiten erkennen, die mittels Kenntnis der Ableitung dieser Gesetzmäßigkeiten interpretierbar und gegebenenfalls korrigierbar sind.

Ein Beispiel sind die an der Peripherie städtischer Kernräume verbreiteten höherrangigen Einkaufszentren. Soweit sie nicht im gewogenen Mittelpunkt eines Einzugsgebietes liegen, entsprechen sie nicht der theoretisch gebotenen Position, an der die Summe aller Wegeaufwendungen aus dem Einzugsgebiet minimiert wäre. Daß diese Einrichtungen dennoch einen abweichenden Standort wählen (können), ist entweder durch Störfaktoren bedingt, die einer Optimierung der Lage entgegenstehen, wie Mangel an Parkplätzen im Stadtkern, oder erklärt sich durch eine im Einzelfall abweichende Kombination der Gewichtung der Standortfaktoren, wie steuerliche Einflußnahmen, oder durch Fehlbewertung der Standorteignung.

## 1.3 Zusammenfassung der Fragestellungen

a) Erklärung der räumlichen Ordnung der Wirtschaft

b) Mehrstufige Systeme räumlicher Ordnungs- und Gestaltungsprinzipien und Raumgesetzmäßigkeiten (Modelle)

c) Systeme von Standorten und Standortsystemen im räumlichen Verbund in sich überlagernden Ebenen:
   ⇒ lokal
   ⇒ regional
   ⇒ interregional und erdumfassend (global)

d) Wirtschaftsräume als räumliche Gegenstände. Analyse der wirtschaftlichen Erscheinungen und Prozesse in ihrer räumlichen Differenzierung und als differenzierende Kräfte:
   ⇒ die Ökumene und ihre Teilräume
   ⇒ Strukturen, Strukturtypen
   ⇒ Funktionen und Funktionstypen
   ⇒ Raumvergleiche auf der Grundlage der Kenntnis von Inhalt und Wirkungsgefüge
   ⇒ im Raum
   ⇒ Raumtypisierung und Raumindividualität

e) Raumpotentiale in der Wirtschaftsgeographie:
   ⇒ Primärpotentiale
   ⇒ Sekundärpotentiale
   ⇒ Tertiärpotentiale

f) Untersuchung des wirtschaftlichen Verhaltens der Menschen. (Raumwirksame) Entscheidungsträger: Individual-, Gruppen- und öffentliche Planung; generalisierte und generalisierbare Verhaltensweisen

g) Sektorale Gliederungen

h) Regionale Gliederungen

## 1.4 Fachmethodische Ansätze

### 1.4.1 Wirtschaftsgeographie als wirtschaftswissenschaftliche und als geographische Disziplin

Das Fach **Wirtschaftgeographie** ist methodisch und sachlich sowohl Teil der *Geographie* als auch der *Wirtschaftwissenschaften*. Der *geographische Charakter* ist dadurch festgelegt, daß seine Objekte stets geographisch bestimmbaren Standorten oder Räumen zugeordnet, die räumlichen Inhalte als Grundlagen und Faktoren wirksam sind und die individuelle Ausstattung der Räume entsprechend differenzierte Bewertungen erfordert. Daraus, daß die Forschungsobjekte, die räumlichen Strukturen, Verflechtungen und Prozesse, wirtschaftlicher Art sind und sich die Akteure dementsprechend verhalten, leitet sich zugleich die methodische und sachliche Integration in die *Wirtschaftswissenschaften* her. Aus der Kombination der beiden Ansätze ergeben sich die spezifische fachliche Ausrichtung der Wirtschaftsgeographie und die Schwerpunkte ihrer Forschung.

Infolge dieser Schwerpunktbildung unterscheiden sich, bei häufig gleichen Untersuchungsgegenständen, die Fragestellungen der Wirtschaftsgeographie von der Kultur- und der Sozialgeographie. So wird die Bevölkerung in der Kulturgeographie vorwiegend in ihrer Struktur und Dynamik (BÄHR 1983), in der Sozialgeographie in ihrer sozialen Schichtung und in ihrer kulturräumlichen Einordnung behandelt, während in der Wirtschaftsgeographie die Bevölkerung einerseits als Entscheidungsträger und als „Produktionsfaktor" (quantitative und qualitative Eigenschaften der Arbeitskräfte und Arbeitsmärkte) in regionaler Differenzierung sowie andererseits als „Marktteilnehmer" (Nachfrage) im Vordergrund steht.

Mit den Wirtschaftswissenschaften stimmt die Wirtschaftsgeographie bezüglich der Objekte – Betriebe und Unternehmungen, Konsumenten, Volkswirtschaften – überein, unterscheidet sich hier aber durch die Zentrierung auf die raumrelevanten und insbesondere raumdifferenzierten Problemkreise (KRAUS 1933; 1957). Gegenüber den mikroökonomischen betriebswirtschaftlichen Ansätzen werden in der Wirtschaftsgeographie die Verflechtungen mit anderen Raumelementen und die Einordnung in das räumliche Gefüge berücksichtigt; gegenüber makroökonomischen Abstraktionen steht die Beachtung raumdifferenzierender Ausstattung im Vordergrund.

## 1.4.2 Raumtheoretische Grundlagen

Die theoretischen Grundlagen der Wirtschaftsgeographie basieren auf Gesetzmäßigkeiten, die den Raum und mit dem Raum verbundene ökonomische Entscheidungen und Abläufe betreffen. Elemente sind insbesondere:

a) ökonomisch bewertete Lagequalitäts- und Grundstückspreisunterschiede
b) unterschiedliche Lieferungs- und Bezugsreichweiten
c) distanzabhängige Intensitäts- oder Extensitätsunterschiede
d) Preisunterschiede der Produkte
e) räumlich differenzierte Nachfragen und Angebote
f) Kommunikationssysteme unterschiedlicher Eignung

Die Modelle basieren auf bewußt oder unbewußt wirtschaftlichen oder als wirtschaftlich angesehenen Verhaltensweisen. In diesem Katalog ist eine Reihe räumlicher und ökonomischer Elemente enthalten, die in die idealisierten Modelle nur zum Teil aufgenommen sind; denn aus modelltheoretischer Sicht werden Besonderheiten oder „zufällige“ Faktoren, wie unterschiedliche Befähigungen der Wirtschaftssubjekte, bewußt nichtwirtschaftliches Verhalten und Differenzierung der natürlichen Raumausstattung mit Ausnahme von Entfernungen und Lagemerkmalen, nicht berücksichtigt. Diese sind vielmehr bei der Untersuchung und Interpretation konkreter Situationen zu beachten und somit Gegenstand empirischer Analysen.

Die **klassischen raumtheoretischen Modelle** basieren auf derartigen räumlichen Abstraktionen. Insbesondere das Modell Johann Heinrich VON THÜNENS (1783–1850) ordnet sich entwicklungsgeschichtlich in die mit den Namen François QUESNAY (1694–1774), Anne Robert TURGOT (1727–1781), Adam SMITH (1723–1790), Jean Baptiste SAY (1767–1832) und David RICARDO (1772–1823) verbundenen geistigen Strömungen der klassischen Phase der Nationalökonomie ein.

Der Ansatz zur Ableitung wirtschaftlicher Gesetzmäßigkeiten, in dem methodisch von einer Reihe an sich meist differenzierter Raummerkmale abstrahiert wird, wurde insbesondere von Thomas Robert MALTHUS (1766–1834) kritisch bewertet.

Die **Methode isolierender Abstraktion** hat auch VON THÜNEN in seinem Modell angewandt, um die allgemein wirkenden räumlichen Ordnungsprinzipien verdeutlichen zu können. Zu den Restriktionen zählt insbesondere die Annahme von homogenen Räumen hinsichtlich ihrer natürlichen und kulturräumlichen Ausstattung; nur einzelne Variable werden berücksichtigt. Das ursprünglich die Landwirtschaft betreffende Modell hat VON THÜNEN (1826) aus seiner landwirtschaftlichen Praxis in Mecklenburg heraus abgeleitet. Ein wesentliche Teile des Dienstleistungssektors behandelndes Modell stammt von W. CHRISTALLER (1933). Die Standorttheorie der Industrie geht auf eine Studie von W. LAUNHARDT (1882) zurück und ist von A. WEBER (1909) vertieft worden. Zahlreiche weitere Versuche der räumlichen Modell- und Theoriebildung stammen aus dem 19. und 20. Jahrhundert. Hervorzuheben sind die Konzepte von J. G. KOHL (1841) (Verkehrs- und Siedlungsentwicklung), von C. J. GALPIN (1915) (Raummodell der Zentralität) und von W. ROSCHER (1861). Aus dem 20. Jahrhundert sind zu nennen A. LÖSCH (1940), der insbesondere als Interpret der erstgenannten Modelle den Problemkreis durch originelle Ideen bereichert hat, E. M. HOOVER (1948), W. ISARD (1956) und E. VON BÖVENTER (1962 und 1979). Diese Fragen sind in einem umfänglichen Schrifttum behandelt worden. Ein räumliches Modell, das das Standortgefüge aller Sektoren theoretisch umfassend erklärt, konnte bislang nicht abgeleitet werden. Die sektoralen Grundmodelle sind jedoch durch die Variablen Reichweite und Distanzüberwindung verbunden.

In anderen Theorien werden Tatbestände aufgenommen, die ökonomische Entwicklungsprozesse und Verhaltensweisen der Wirtschaftssubjekte beinhalten, so bei der Bewertung von *Produkt- und Produktionszyklen* und im Modell der sektoralen Entwicklung. Weitere Modellansätze befassen sich mit weltwirtschaftlichen Fragestellungen, insbesondere Modelle des sogenannten demographischen Übergangs, der sektoralen Beschäftigungsentwicklung von FOURASTIÉ sowie Stufenentwicklungsmodelle, zum Beispiel von BÜCHER und ROSTOW. BATHELT (1994, S. 63–90) und BENKO (1996, S. 187–204) beschäftigen sich mit dem sogenannten Regulationsansatz im Zusammenhang mit wirtschaftsräumlichen Konzepten (zu wirtschaftswissenschaftlichen räumlichen Wachstums- und Entwicklungstheorien SCHÄTZL 1998). Umfangreich ist im Schrifttum die Behandlung der Globalisierung (SALLY 1998).

Der weitestgehende Ansatz zur Erklärung der räumlichen Ordnung der Wirtschaft ist die Raumtheorie VON THÜNENS, in die sich über das eigentliche Konzept der Begründung agrarwirtschaftlicher Produktionsentscheidungen hinaus auch nichtlandwirtschaftliche gewerbliche Raumelemente einordnen und insbesondere das Muster optimaler städtischer Flächenordnung herleiten lassen (VOPPEL 1984).

### 1.4.3 Raumempirische Analysen

Die bisher formulierten Raum- und Standorttheorien unterliegen zum Zweck der Reduzierung der Anzahl von Variablen weitreichenden Abstraktionen (s. 2.3.3). Daraus ergibt sich die Notwendigkeit, bei ihrer Anwendung auf Standortanalysen von Betrieben, Unternehmungen und Unternehmungsgruppen den Abstraktionsgrad zu reduzieren, indem die spezifischen räumlichen Ausstattungsmerkmale sowie die konkreten Beschaffungs-, Produktions- und Absatzbedingungen berücksichtigt werden. Im Zusammenwirken von Raumtheorie und -empirie können Erkenntnisse und Einsichten in die Zusammenhänge gewonnen werden, die der Entscheidungsfindung förderlich sind.

Die hierbei auftretenden Fragestellungen sind vielfältig; sie betreffen in unterschiedlicher Raumdimensionierung großräumliche ebenso wie lokale Entscheidungsschritte und unterschiedliche Sektoren, Prozesse und Verknüpfungen. Sie sind produktions-, angebots- und nachfragebezogen.

**Die Standortentscheidung als Fragestellung** schien im Laufe des 20. Jahrhunderts in der Betriebswirtschaft und z.T. in der unternehmerischen Praxis an Bedeutung zu verlieren. Entfernungen wurden im Zuge der verkehrstechnischen Verbesserungen kapazitärer und zeitlicher Art sowie im Hinblick auf die teils rückläufige relative Belastung durch Verkehrskosten als „schrumpfend", jedenfalls kaum mehr als relevantes Standortkriterium gesehen. Die Tendenz zur Spezialisierung der Industrie auf die Erzeugung von im Verhältnis zum Gewicht hochwertigen Produkten, wie in der metallverarbeitenden und insbesondere in der Elektronikindustrie, begünstigte die Annahme, es gäbe kaum noch durch räumliche Faktoren begründete Bindungen („footloose industries"), und wenigstens eine Reihe raumrelevanter Gesichtspunkte verlöre hierdurch an Schärfe der Differenzierung.

Auf der anderen Seite häufen sich Äußerungen in Politik und Wirtschaft sowie in den Medien über Standortfragen im einzelnen – in Zeiten größerer Arbeitslosigkeit werden kleinste Zunahmen oder Verluste an Arbeitsplätzen in betrieblichen Einzelstandorten registriert – oder im größeren Rahmen, wenn von Staaten undifferenziert als Standort, beispielsweise vom „Standort Deutschland", gesprochen wird oder wenn sehr pauschal von den industriellen Konkurrenten Europas in Südostasien oder von Entwicklungsländern, von „ersten, zweiten, dritten und vierten Welten" oder gar vom „Norden" und einem diesen gegenüberstehenden „Süden" die Rede ist.

Die räumliche Wirklichkeit ist jedoch komplexer. Zwar setzen Staaten über unmittelbare raumordnende Gesetze, über Steuern, Abgaben und andere in irgendeiner Weise raumbezogene Maßnahmen eine Reihe von Daten, die im jeweiligen Zuständigkeitsbereich generell wirksam sind; jedoch ergeben sich schon im öffentlichen Bereich regionale Besonderheiten. So werden in der Europäischen Union administrative Einheiten nach einem festgelegten Katalog von Kriterien durch Subventionen gefördert, und nachgeordnete Gebietskörperschaften, in Deutschland Bundesländer und Gemeinden, betreiben ebenfalls auf vielfältige Weise differenzierte Regional- und Kommunalpolitik, die durch spezielle Raumfaktoreneigenschaften weiter verstärkt werden. Jeder mikroräumliche Standort weist individuelle Züge auf. Ebenso zeichnen sich größere Raumeinheiten, in welcher Abgrenzung auch immer, durch Einzigartigkeit der in ihnen jeweils wirksamen Faktorenkombinationen aus. In der Diskussion um die Vollendung der Europäischen Union wird denn auch das Prinzip der Subsidiarität besonders betont, und es wird angesichts der globalen Prozesse auf die Ansprüche einer das Besondere betonenden Eigenständigkeit von „Regionen" Wert gelegt, auch wenn die Vorstellungen über deren Größe (zum Beispiel Spannweite der Einwohnerzahl zwischen Luxemburg mit 0,3 und Nordrhein-Westfalen mit 18 Millionen Einwohnern 1:60) und Befugnisse weithin noch sehr unbestimmt sind.

Trotz technischer Entwicklung der Kommunikation im weitesten Sinn bleibt **Regionalität** somit strukturdifferenzierendes Merkmal. Daraus folgt, daß Standortforschung und Standortberatung als Arbeitsfelder des theoretischen und angewandten Bereichs der Wirtschaftsgeographie ihre Bedeutung als Grundlage für Standortentscheidungen oder den Standort betreffenden strategischen Entscheidungen nicht nur behalten; sie werden an Gewicht zunehmen. Standortberatung bezieht sich dabei nicht nur auf die räumliche Festlegung des Standortes von Betriebsstätten, sondern muß angesichts der globalen Dynamik produktionsbegleitend geleistet werden.

Die Betätigungsfelder der Standortforschung haben sich kontinuierlich so ausgeweitet, wie sich die weltwirtschaftlichen Beziehungen aller Wirtschaftssektoren grenzüberschreitend zu einem wachsenden und immer dichter geknüpften Netzwerk entwickelt haben. Damit haben sich traditionelle Faktoren in veränderter Gewichtung mit neuen raumwirksamen Raumelementen verbunden.

# 2 Raum und Wirtschaft

## 2.1 Grundlagen

Die Unternehmungen und Haushalte beanspruchen für ihre Aktivitäten Flächen, die relativ groß (Sammler, Nomaden, offener Bergbau, Flughäfen) oder fast punkthaft klein (Haushalte, kleinere Unternehmungen im produzierenden Gewerbe und im Dienstleistungssektor) sein können (*quantitative Flächenbeanspruchung*); die jeweilige Nutzung stellt zudem unterschiedliche **Anforderungen an die Eigenschaften der beanspruchten Fläche** (Lage, geeigneter Baugrund; Bodenqualitäten besonders bei Land- und Forstwirtschaft; *qualitative Flächenbeanspruchung*) (s. 2.3.2).

Die **räumliche Ordnung der Wirtschaft** als Summe aller ihr zuzurechnenden Standorte ist das Ergebnis grundsätzlich rationaler oder als rational bewerteter Entscheidungen. Die am wirtschaftlichen Geschehen beteiligten Unternehmungen und Haushalte werden dabei einerseits mit unmittelbar räumlich wirksamen Faktoren, die in der Raumausstattung zusammengefaßt sind, konfrontiert; angesichts der Notwendigkeit, zur Wahrnehmung von Kontakten Distanzen zu überwinden, ist zudem die Qualität der örtlichen verfügbaren Verkehrssysteme von Bedeutung. Andererseits müssen sich die Betriebseinheiten mit mittelbar wirksamen Faktoren am Ort auseinandersetzen, wie zum Beispiel mit der jeweiligen Art und Höhe steuerlicher Belastungen oder mit kommunalen Bestimmungen, die den Standort betreffen. Die geplanten Aktivitäten der Unternehmungen können national oder international plaziert werden. Zu ihrer Realisierung sind daher bei den Standortentscheidungen unterschiedliche räumliche Dimensionen zu berücksichtigen.

## 2.2 Räumliche Ordnungs- und Gestaltungsprinzipien

**Wirtschaftliches Verhalten im Raum** ist nicht willkürlich, und die konkrete räumliche Anordnung der wirtschaftlichen Elemente ist nicht chaotisch, auch wenn alle Entscheidungen in den verschiedenen Kulturräumen der Erde im jeweils gegebenen Rahmen individuell oder kollektiv getroffen werden und als solche einmalig sind, so daß jede Regelhaftigkeit ausgeschlossen scheint (s. 2.3.3). Fehlentscheidungen oder durch Wandel der Rahmenbedingungen nicht mehr gerechtfertigte Standortpositionen werden tendenziell korrigiert, wie sich an Verlagerungen von Einzelhandelsgeschäften oder Veränderungen des Warensortiments innerhalb städtischer Geschäftszentren beim Auf- oder Abstieg des Standortmilieus zeigt (Hohe Straße in Köln; Central Business Districts in nordamerikanischen Städten; das Beispiel Gary s. 2.3.4.3)

Die **räumliche Verteilung der Wirtschaft** tendiert trotz dieser Vorgaben und historisch überkommener Prägungen grundsätzlich zu einer gesetzmäßig gestalteten Ordnung, die sich aus der Grundhaltung der Beteiligten herleiten läßt (s. 2.3.2). Das räumliche Verhalten des Menschen entspricht der allgemeinen Veranlagung, die auf einen möglichst großen Erfolg der planmäßig getroffenen Entscheidungen gerichtet ist, wobei hier die den Raum, die Nutzung seiner Möglichkeiten und seine Gestaltung betreffenden Komponenten im Vordergrund stehen. Fragen danach, „wie weit ist das?" und „auf welche Weise gelangt man dorthin, wie schnell und zu welchen Kosten?", deuten dieses Verhalten jedes einzelnen und der Gesamtheit an.

Die **Entscheidungen** werden einerseits durch - auf einen bestimmten Standort bezogen einmalige - Aufwendungen bei der Einrichtung einer Betriebsstätte, durch die produktions-, standort- und absatzbedingten laufenden Kosten sowie durch dessen institutionelles Umfeld beeinflußt. Andererseits sind Entscheidungen, die das räumliche Verhalten und die Raumüberwindung betreffen, im Rahmen der Verknüpfung mit anderen Marktteilnehmern von Entfernungen und dem zu deren Überwindung erforderlichen Aufwand an Zeit, Mühen und Kosten abhängig.

Der Entscheidungsablauf bei der Festlegung von Standorten wird nicht dadurch aufgehoben, daß sich die Bedingungen im räumlichen Umfeld des Standortes ebenso wie externe Faktoren schon kurzfristig ändern können; es kann allerdings bedeuten, daß standortrelevante prognostische Merkmale in stärkerem Umfang berücksichtigt werden müssen.

Daher steht aus wirtschaftlicher Sicht im Vordergrund:

a) die *aufwandswirksamen Distanzen* zwischen den untereinander auf verschiedenartige Weise und in unterschiedlicher Intensität nah- oder fernräumlich in Verbindung stehenden Wirtschaftssubjekten oder Einrichtungen so gering wie möglich zu halten
b) einen *kostenminimalen Standort* zu wählen
c) die *Kosten der Distanzüberwindung* mit verbundenen Unternehmungen zu minimieren.

Dabei ist notwendig, die Trends zu berücksichtigen, die sich aus Veränderungen der Faktoren mit Wirkung auf den zu wählenden Standort und die geplante Produktion ergeben.

Hieraus können statische und dynamische **Konzepte für Gesetzmäßigkeiten** abgeleitet werden, deren Grundlagen insoweit als zeitlos anzusehen sind. In den Raumtheorien ist in diesem Zusammenhang die Reichweite als bewertender Begriff des entfernungsbezogenen Aufwands und Grundstückskostengefälles und somit als regulierender Faktor makro- und mikroräumlicher Entscheidungen und Prozesse bedeutsam. Daran ändert sich grundsätzlich auch nichts, wenn infolge neuerer technischer Entwicklungen der Telekommunikation bei einem Teil der immateriellen wirtschaftlichen Aktivitäten (Informationen, die ohne Zeitverzögerung ihr Ziel erreichen) die Entfernungen nahezu neutralisiert werden.

Dieser Ansatz findet sich in den klassischen **Standorttheorien** aus dem 19. Jahrhundert (VON THÜNEN) und dem ersten Drittel des 20. Jahrhunderts (A. WEBER, CHRISTALLER). Sie bieten ein Fundament für die Erklärung der räumlichen Ordnung von einzelnen Elementen (Betrieben), Standortgemeinschaften und Systemen in sektoraler Gliederung. Sie dienen auch der Erklärung örtlicher, regionaler und globaler Ordnungsbilder und -systeme (s. 2.3.3).

In ihren Beispielen, dem technischen Stand der Produktionsmittel und Verkehrssysteme, den benutzten Maßeinheiten und zum Teil in ihren Rechenoperationen sind sie zwar zeitgebunden, gleichwohl jedoch auf komplexe Fragestellungen der Gegenwart anwendbar. So ist die Theorie WEBERS trotz des einzelbetrieblich ausgerichteten Standortoptimierungsansatzes auch auf das Problem von Standortteilungen nationaler oder internationaler Mehrbetriebsunternehmungen übertragbar; denn die verschiedenen Kontaktfelder und arbeitsteiligen Konzepte, die zwischen einzelnen Konzernunternehmungen und -betrieben bestehen, gehen ihrerseits als Faktoren in die Standortbewertung ein.

Die Verbindung zwischen zwei wirtschaftlich Kommunizierenden – in diesem Zusammenhang handelt es sich stets um bilaterale Kontakte zwischen Absender und Empfänger, zwischen Ratsuchendem und Berater, zwischen Verhandlungs- und Vertragspartnern – wird durch Überwindung der gegebenen Raumdistanz mit verschiedenartigen Verkehrseinrichtungen hergestellt. Auch wenn die Verkehrssysteme an Schnelligkeit gewonnen haben, sicherer geworden sind und bei der Benutzung von Einrichtungen der Nachrichtentechnik die Entfernung weitgehend neutralisiert werden kann, ist, abgesehen von der Notwendigkeit persönlicher Kontakte, Raumüberbrückung stets mit der

Überwindung eines Widerstands verbunden, der sich direkt oder indirekt in Kosten ausdrücken läßt.

Die Überwindung des „**Entfernungswiderstands**" – hierunter sind unmittelbar meßbare Kosten, die aufzuwendende Zeit und sonstige mit Transportvorgängen verbundene Umstände zu verstehen – ist einer der Faktoren, der die Eignung von Standorten und die Funktionsweise des Gefüges von Zentren und Einzugsgebieten beeinflußt. Angesichts der *verkehrstechnischen Fortschritte* und verkehrsstrukturellen Entwicklungen wird dieser Zusammenhang, der die Konzeption aller klassischen raumtheoretischen Modelle betrifft, gegenwärtig vielfach als irrelevant angesehen.

Dazu, daß der **Distanzüberwindung** theoretisch und empirisch vielfach nur noch eine geringe Bedeutung als einem raumprägenden und -ordnenden Faktor zugemessen wird, tragen mehrere Faktoren bei:

- Erstens vermindern sich mit zunehmender spezifischer Leistungsfähigkeit der Verkehrssysteme die *Transportkosten* relativ zu den Gesamtkosten, besonders als Folge der Kostendegression bei größer gewordenen Kapazitäten der Transporteinheiten und infolge der Beschleunigung, die die Kapitalbindung der Güter während des Transportes verringert.
- Zweitens stagnieren in rohstoffarmen alten Industriestaaten die materialintensiven Zweige der Grundstoffaufbereitung und -verarbeitung, oder sie verkleinern sich sogar; daher wächst der Anteil der je Gewichtseinheit höherwertigen Güter mit relativ geringerer Transportkostenbelastung.
- Drittens ist im stark expandierenden Dienstleistungssektor mit Ausnahme eines Teils des Warengroßhandels die Kommunikation mit so geringen Kosten verbunden, daß insoweit direkte Einflußnahmen auf Standorteignungen großenteils entfallen.

Der Aufwand an Transportkosten kann anteilig von so geringer Bedeutung sein, daß die Kosten anderer Standortfaktoren dominieren, etwa wenn arbeitsaufwendige Produktionen oder Produktionsabschnitte einer materialextensiven Produktion aus Ländern mit hohen Arbeitskosten in Niedriglohnländer ausgelagert werden.

Dem steht indessen gegenüber, daß die mehr oder weniger intensiven Verflechtungen, im nahräumlichen Zusammenhang unter der Bezeichnung **Fühlungs- oder Kontaktvorteile** als Standortfaktoren wirksam, abgesehen von telekommunikativen Einrichtungen, auf geeignete Erschließung konventioneller Verkehrssysteme angewiesen sind; zudem werden an die Erreichbarkeit des Produktionsstandortes hohe qualitative Anforderungen gestellt. Im übrigen wird nicht nur aus unmittelbar ökonomischen Gründen angestrebt, die

Summe des Verkehrsaufwands zu minimieren; diese Anforderung trifft auch auf die als Kosten zu bewertenden und bewertbaren ökologischen Belastungen durch den Verkehr zu. Als Beispiele dafür, daß diese Parameter jahrzehntelang nicht hinreichend berücksichtigt worden sind (HESSE 1995), können Planung und Gestaltung städtischer Randbesiedlung sowie die Anlage von Einkaufszentren in der zweiten Hälfte des 20. Jahrhunderts angesehen werden, die zur Erhöhung des nahräumlichen Verkehrsaufwands erheblich beigetragen haben.

Alle **Erschließungssysteme** einschließlich der Telekommunikation haben die Funktion, Kontakte zwischen zwei Punkten herzustellen. Die besiedelten Punkte, dispers oder agglomeriert, werden im Binnenlandverkehr durch *Linien* verbunden. Deren Trassierung kann überwiegend in *Netzform*, *in beiden Richtungen* nutzbar (Eisenbahn-, Straßennetze, teilweise Leitungssysteme), in Haupt- und sich verästelnden Nebensträngen mit Verteilungsfunktion (einige Rohrleitungssysteme, diese überwiegend nur in einer Richtung nutzbar), durch angeschlossene Zubringerwege, wie „*Stichbahnen*“ und *Sackgassen*, oder *überwiegend linear* (Binnenschiffahrt) realisiert sein. Die Erschließungssysteme der Straßen und Schienenbahnen können in regelmäßigen Formen (*Radialerschließung*, „*Schachbrettmuster*“) oder auf andere Weise (Anpassung an das Relief oder sonstige natürliche Hindernisse) gestaltet sein. Die Linien des Luft- und Seeverkehrs werden in den Häfen untereinander vernetzt (Netzknoten).

Entfernungsüberbrückende Beziehungen zwischen Marktteilnehmern werden durch verschiedenartig gestaltete Systeme geknüpft, die als Linien und Liniensysteme (Netze) häufig im Raumbild sichtbar sind oder in anderer Weise (zum Beispiel durch Telekommunikation) hergestellt werden.

Aus den Standortentscheidungsprozessen und den betrieblichen Eigenarten der Produktion ergeben sich **charakteristische Muster räumlicher Ordnung**. Unter der Voraussetzung übereinstimmender oder ähnlicher Zielsetzungen bei der Festlegung von Standorten können sich *Standorthäufungen* (*Agglomerationen*) oder *Standortstreuungen* (*Dispersionen*) bilden. Häufungen können bei der Ausrichtung auf bestimmte Rohstoffe (Kohle, Erze) entstehen, bei technisch-ökonomischem Verbund der Produktion, besonders in der Grundstoffindustrie, bei vielseitigen Zulieferungen (Fahrzeugindustrie), in Funktionszentren der Städte (Banken, Einzelhandel, Großhandel). Streuungen sind charakteristisch für die Verteilung land- und forstwirtschaftlicher Betriebe und für gleichartige Betriebe oder Dienstleistungseinrichtungen mit großem Einzugsgebiet. Der Gegensatz von Dispersion und Agglomeration drückt sich in der Ordnung ländlicher Siedlungen einschließlich ihrer Produktionsflächen sowie städtischer Funktionshäufung und -verdichtung deutlich aus.

Die **ländlichen Betriebe**, deren Produktionsbasis meist mehr oder weniger große Flächen umfaßt, sind ihrer Produktionsweise gemäß in Streulage angeordnet (Einzelsiedlung). Auch Dörfer, ländliche Gruppensiedlungen, als solche Häufungen von Betriebsstätten und Wohnungen, bilden, dem Verhältnis von Betriebsstandort und -fläche entsprechend, in ihrer Gesamtheit grundsätzlich disperse Siedlungsstrukturen. Städteähnliche Dorfsiedlungen sind zuweilen, wie im Orient, aus Gründen der Wasserversorgung oder des Schutzes mit zusätzlichen Funktionen ausgestattet, liegen aber zueinander ebenfalls räumlich gestreut, wobei die Distanzen von den jeweiligen bewirtschafteten Flächen abhängig sind.

**Städtische Verdichtungen** folgen in ihrer Größe agglomerativen Tendenzen der Angebotskonzentration auf unterschiedlichem zentralem Niveau. Je größer die Einzugsgebiete sind, desto größer werden die Abstände der städtischen Agglomerationen zueinander. Daher sind die städtischen Zentren mit Versorgungsfunktionen ebenfalls untereinander dispers angeordnet. Häufungen von Städten als Versorgungskernen gibt es theoretisch, bezogen auf verteilende Dienstleistungsfunktionen, nicht. Gleichwohl haben sich polyzentrische Städtesysteme gebildet. Sie sind entweder *Industrieagglomerationen*, wie in den Kohlerevieren im Ruhrgebiet, in Oberschlesien oder in Lancashire, und daher nicht als zentrale Orte mit überörtlichen Versorgungsfunktionen gewachsen, oder sie sind infolge historischer Grenzziehungen unter Ausnutzung eines gleichartigen Lagepotentials entstanden, wobei sie sich in die Funktionen teilen. In Deutschland sind hierfür Freie Reichsstädte und ihr Umland (Frankfurt, Nürnberg) beispielhaft.

Gleichartige Dienstleistungseinrichtungen, die ein räumlich definierbares Einzugsgebiet versorgen, sind zur Aufrechterhaltung ihrer Existenz auf ein Mindesteinzugsgebiet, das durch den Umfang der Nachfrage bestimmt ist, angewiesen und daher ebenfalls der Bevölkerungsdichte entsprechend grundsätzlich räumlich gestreut. Dem widerspricht nicht, daß sich ungleichartige Einrichtungen zur Versorgung ihres Einzugsgebietes im Geschäftszentrum häufen. Selbst gleichartige Dienstleistungsunternehmungen können dann gehäuft sein, wenn in Orten höherer Zentralität ein hinreichend großes Einzugsgebiet versorgt werden kann und die Standortakkumulation Agglomerationsvorteile erwarten läßt, zum Beispiel im Einzelhandel städtischer Zentren Bekleidungs- und Schuhgeschäfte. Dementsprechend und insoweit sind Städte als Dienstleistungszentren agglomerierte Standorte oder Standortgemeinschaften funktionsbestimmter Einrichtungen; diese gruppieren sich gehäuft in zentraler Lage eines Raumsystems, das aus Kern (agglomeriert) und Versorgungsgebiet (im Prinzip dispers) besteht.

Den bisher aufgeführten im Wirtschaftlichen wurzelnden Einflüssen auf die räumliche Ordnung stehen Faktoren der **naturräumlichen Ordnung** gegenüber. Die Beeinflussung durch *natürliche Raumfaktoren* ist unterschiedlich ausgeprägt; neben von ihnen mehr oder weniger stark abhängigen Zweigen, wie Bergbau, Land- und Forstwirtschaft, weisen die Wirtschaftssektoren der industriellen Produktion und insbesondere der Dienstleistungen ihnen gegenüber eine größere Distanz und Elastizität aus.

So prägen beispielsweise Differenzierungen durch Klimazonen die Produktionsrichtung der diesen zuzuordnenden Kulturpflanzen; dabei können allerdings unterschiedlich große Spielräume durch Abwandlung oder Anpassung von Eigenschaften pflanzlicher Produkte, der Produktionsprogramme sowie des Intensitätsgrades der Bewirtschaftung in der Ausrichtung auf Märkte und als Reaktion auf Änderungen der Marktpositionen genutzt werden. Überwiegend spiegeln sich in der räumlichen Verbreitung der spezieller Erzeugnisse der Land- und Forstwirtschaft horizontal die Klimazonierung der Erde und vertikal die wechselnden Höhenlagen, außerdem die Reliefenergie der Gebirge. Wesentlich für die Ausrichtung auf nah- oder ferngelegene Märkte ist die Verkehrserschließung. Beim Bergbau ist infolge der Bindung an die Vorkommen die Anpassungselastizität zwar geringer; aber es kann den Marktbedürfnissen entsprechend unter den Lagerstätten ausgewählt werden. Damit ergibt sich die Notwendigkeit, die natürlichen Potentiale als Standortfaktoren in der gleichen Weise wie die übrigen Faktoren zu bewerten.

Die Industrie tendiert, wenn auch mit einigen Einschränkungen, eher zur Agglomeration der Produktion im Betrieb oder der Standorte von Betrieben, und zwar begründet durch die Vorteile, die innerhalb der im Ertragsgesetz gesetzten Grenzen die Degression der Stück- und der Gesamtkosten mit wachsender Produktion und externe Faktoren in der Standortregion zu bieten vermögen (Abb. 1).

Industriebetriebe, die innerhalb einer Unternehmung oder selbständig zu räumlichen Standortgemeinschaften herangewachsen sind, bilden je nach dem Grad ihrer Arbeitsteilung und Verflochtenheit Agglomerationen mit vertikalen (aufeinander aufgebauten unterschiedlichen) oder horizontalen (gleichartigen) Produktionsstufen (Abb. 2). Produktionstechnisch bedingte Entwicklungen zu kleineren oder größeren Produktionseinheiten mit geringeren oder größeren Beschäftigtenzahlen können die Entwicklung agglomerativ oder deglomerativ verändern. Auch technische Fortschritte im Kommunikationswesen können die räumlichen Arbeitsbedingungen unterschiedlich beeinflussen; sowohl Streuungen (Heimarbeitsplätze), dezentrale Plätze zur Entscheidungsfindung oder Produktionsstandorte als auch umgekehrt Konzentrationen sind denkbar.

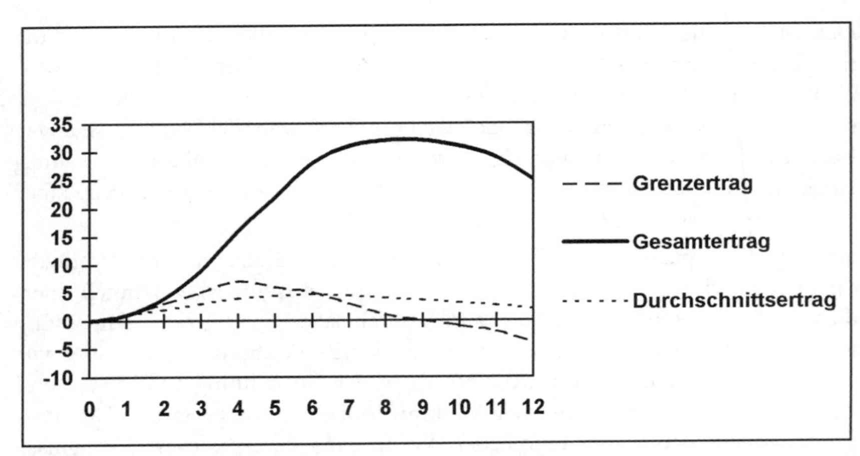


Abb. 1 Der Verlauf des Ertragsgesetzes beim Einsatz von variablen Faktoren (1-12)

| Natürliche Textilrohstoffe (Flachs, Wolle, Baumwolle, Seide, Jute, Hanf) | | | |
|---|---|---|---|
| ↓ | | | |
| Aufbereitung (Wäscherei, Kämmerei) | | | |
| ↓ | ↓ | ↓ | ↓ |
| Spinnerei | Spinnerei | Spinnerei | Spinnerei |
| ↓ | ↓ | | |
| Garnveredelung (Bleicherei, Appretur, Färberei, Druckerei | | ↓ | ↓ |
| ↓↑ | ↓↑ | | |
| Webereien, Zwirnereien, | | Strickereien, Wirkereien, | Klöppeleien |
| ↓ ↓ | | ↓ ↓ | ↓ |
| Bekleidungsindustrie | | Endverbraucher (z.B. Teppiche) | |

Abb. 2 Die frühe Textilindustrie als Beispiel horizontaler und vertikaler Agglomerationen (Schema)

## 2.3 Theoretische Prinzipien als Instrumentarien räumlicher Ordnung

### 2.3.1 Standortpotentiale und Standortfaktoren

Der Vielfalt der Elemente im Raum stehen die jeweiligen Anforderungen an die Eignungen des Standortes, der gewählt werden soll, gegenüber. Im folgenden wird zwischen **Potentialen** und **Standortfaktoren** im Raum unterschieden.

Der Begriff *Standortfaktor* ist bei A. WEBER (1909) als ein Vorteil definiert, der für eine bestimmte Nutzung an einer Örtlichkeit gegeben und erkannt ist. In dieser Situation werden Elemente der Raumausstattung, die als Potentiale im ökonomischen Sinne unbewertet sind, zu bewerteten Standortfaktoren (SPITZER 1982; VOPPEL 1980, 1990).

Die infolge konkreter Nutzungen aktivierten **Potentiale** als ökonomisch bewertete Standortfaktoren können diese Eigenschaft jedoch wieder verlieren, auch ohne gegebenenfalls „verbraucht" worden zu sein und damit nicht mehr zu existieren, wie beim Abbau von mineralischen Vorkommen möglich, wenn sie zum Beispiel infolge mangelnder Konkurrenzfähigkeit keinen „Vorteil" mehr bieten. Staatliche Maßnahmen raumpolitischer Art, wie beispielsweise die Zuteilung regionaler Fördermittel, können kurzfristig geändert werden oder in vollem Umfang entfallen; sie sind dann nicht mehr als Standortfaktor wirksam. Es kann auch eine Veränderung in der Bewertung stattfinden, wenn beispielsweise die erzeugten Produkte durch ein anderes Verkehrsmittel als bisher abtransportiert werden oder örtlich vorkommende Rohstoffe durch andere ersetzt werden.

Es lassen sich drei Potentialkategorien, denen vor allem ordnender Charakter zukommt, unterscheiden.

(1) **Primärpotentiale** *entsprechen der natürlichen Raumausstattung.* Sie sind als solche unveränderlich oder unterliegen, wie etwa natürliche Erosion, langsamer Veränderung. Durch menschliche Eingriffe kann sich die Primärpotentialausstattung allerdings zum Teil erheblich verändern. So können der Boden- und Wasserhaushalt durch nutzungsbegleitende Maßnahmen, wie Düngung oder Überdüngung, beeinträchtigt, die natürlichen Abflußregime von Flüssen durch Kanalisierung verändert werden.

(2) **Sekundärpotentiale** *sind Ergebnis materieller menschlicher Raumgestaltung.* Dazu rechnen Verkehrs- oder Energieversorgungsanlagen, ebenso die Ausstattung

eines Raumes mit Wirtschaftsbetrieben aller Wirtschaftszweige einschließlich öffentlicher Dienstleistungen, zum Beispiel Ausbildungseinrichtungen. Diese Potentiale neigen grundsätzlich zu Veränderungen, die schon kurzfristig oder erst nach längerer Zeit eintreten können. Beim Eingriff in den Naturhaushalt kann die Veränderung dominant sein, so daß eine Zurechnung zum Sekundärpotential sinnvoll ist (kanalisierte Flüsse, Terrassierung von Hängen, Gewächshäuser).

(3) Als **Tertiärpotentiale** werden raumbezogene immaterielle staatliche oder kommunale Maßgaben im weiten Sinne bezeichnet. Sie mögen, wie zum Beispiel das Handelsgesetzbuch, langfristig gültig sein, können sich aber auch relativ kurzfristig verändern, ohne daß die Maßnahmen und deren Auswirkungen vorher absehbar zu sein brauchen. Sie können, bezogen auf ein Staatsgebiet oder einen Staatenbund, generell gültig sein oder aber, wie bei Genehmigungsverfahren im Bauwesen oder im Kartellrecht, Einzelfälle betreffen.

Die bereits genannten tertiärpotentiellen Vorgaben, zum Beispiel Investitionszulagen oder Steuervergünstigungen in Fördergebieten, können bei Inanspruchnahme als Standortfaktoren eine räumlich differenzierende Wirkung haben. Regionale Unterschiede ergeben sich auch aus eigenständiger Regionalpolitik der jeweiligen Stufen der Verwaltungshierarchie, zum Beispiel in Bundesstaaten, wie in Amerika und in Deutschland, oder in Gemeinden bei der Festlegung von Hebesätzen der Gemeindesteuern; ebenso sind bauliche Vorschriften, Bebauungspläne und viele andere raumbezogene Genehmigungsverfahren unterschiedlich ausgestaltet und werden unterschiedlich gehandhabt. Die Bedingungen für den Erwerb von Immobilien im Ländervergleich lassen nicht nur die Differenzierungen deutlich werden, sondern sind ein Beispiel dafür, mit welchen Schwierigkeiten die Entscheidungsprozesse verbunden und wie notwendig spezielle Kenntnisse auf den betroffenen räumlichen Entscheidungsebenen sind.

Tertiärpotentiale treten zunehmend in internationaler Konkurrenz auf und können direkt oder indirekt Bedeutung als Standortfaktoren in globalem Rahmen erlangen. So können steuerliche Lasten, obwohl kurzfristig veränderbar, investitionslenkend wirken. Die Bildung der Europäischen Union und die Schritte zur Verwirklichung ihrer Ziele werden die Bedingungen in den Mitgliedstaaten verändern und eine Reihe von Unterschieden im Tertiärpotential tilgen. Theoretisch könnte dies zu einer Aktivierung anderer lokaler und regionaler räumlicher Potentiale für wirtschaftliche Nutzungen führen; hierdurch könnten die Wirtschaftsleistung erhöht und die Chancen zur Steigerung des Wohlstands in den Mitgliedsstaaten befördert werden, sofern nicht bürokratische Hemmnisse bremsend wirken und durch Subventionierung von Teilräumen oder Wirtschaftszweigen Fehlallokationen konserviert werden.

**Standortfaktoren** als *bewertete Potentiale* fließen in die Kostenrechnung der betroffenen Wirtschaftsbetriebe und Haushalte ein. Sie umfassen eine Fülle von Elementen unterschiedlichen Gewichts, die sich für die jeweiligen Nutzer und Nutzungen individuell zusammensetzen und daher unterschiedlich zu gewichten sind.

In den klassischen Theorien stehen Kosten der Materialbeschaffung und des Absatzes (Transportkosten, in die die Verkehrserschließung in spezifischer Differenzierung einbezogen ist), Kosten der Produktion im engeren und weiteren Sinne (Kosten für die Herstellung der Produkte und für die dispositiven Tätigkeiten der Beschaffung, des Absatzes, der Produktionsstrategie und sonstiger mit den betrieblichen Abläufen verbundenen Dienste) im Vordergrund. Besonders die erstgenannten weisen differenzierte Bindungen an räumliche Eigenschaften auf. Sie werden durch eine Reihe weiterer Standortbedingungen ergänzt, wie Kontaktvorteile mit Konkurrenten oder die Leistung ergänzenden Einrichtungen (Arztpraxisgemeinschaften; Arzt und Apotheke), Eigenschaften des Mikrostandortes, steuerliche Belastungen der Gemeinden und des Staates, Kosten des Umweltschutzes, Ausbildungsstandard, Stabilität der Währung, politische Rahmenbedingungen.

Moderne Wirtschaftsbetriebe mit großer Bezugs- und Absatzreichweite sind meistens in ein System von Kontakten eingeordnet, die bei der Standortfestlegung bedeutsam sind und neben anderen Faktoren berücksichtigt werden müssen. Manche Standortfaktoren, wie etwa die Qualität der Erschließung durch Verkehrssysteme einschließlich der Telekommunikation, sind für alle Nutzer einschlägig, andere wiederum, wie Rohstofflagerstätten oder Bodenqualitäten, nur für spezielle Nutzungen.

Die Vielzahl der zu berücksichtigenden Faktoren und die Veränderlichkeit ihrer Wirksamkeit erschwert eine eindeutige Entscheidung, die alle möglichen Faktoren korrekt in eine Bewertungsrechnung einzubringen vermag, und sie erschwert eine Entscheidungsfindung, die als langfristig richtig zu bezeichnen wäre, da die Nachhaltigkeit der Faktorenwirksamkeit ganz unterschiedlich ist und oftmals zu kurzfristigen Änderungen neigt.

Angesichts der Fülle von Gesichtspunkten mit Bedeutung für standortbezogene Entscheidungen und zum besseren Verständnis des komplexen Gegenstandes werden die Standort- und Raumtheorien durch Betonung der entscheidenden räumlichen Komponenten sowie Abstraktion und Nichtberücksichtigung zahlreicher anderer Faktoren vereinfacht. Dies führt zu der Frage nach ihrem Aussagewert, insbesondere auch als Handlungsanleitung in der Praxis. Die Abstraktion ist methodisch bedingt und läßt Einsicht in die Zusammenhänge der in die Analyse einbezogenen Faktoren gewinnen; die Relevanz anderer Faktoren bleibt davon unberührt. Es kann jedoch keinen generell festgelegten Katalog aller denkbaren Faktoren geben.

### 2.3.2 Raumbindungen von Individual- und Gruppenentscheidungen

Die **Bindung an natürliche Raumfaktoren** ist unterschiedlich je nach Entwicklungsstand und Nutzung. Das Wirtschaften auf einfacher Entwicklungsstufe und die Verarbeitung organischer Stoffe weisen eine größere unmittelbare Bindung auf als technisch fortgeschrittene und rohstoffernere Produktionen sowie Dienstleistungsangebote. Allerdings kann in diesen Fällen der Eingriff in die Natur weitergehende Folgen haben, so daß zur gegebenenfalls notwendig werdenden Vermeidung von Schädigungen oder deren Begrenzung eine andere Art von Abhängigkeit begründet wird.

So sind die **Sammler** von Nahrungsgütern, Holz oder mineralischen Rohstoffen unmittelbar vom natürlichen Angebot extrem abhängig. Sie können allenfalls die Eignung verschiedener Fundstätten vergleichend bewerten. In diesen Fällen ist der räumliche Wirkungsgrad überwiegend gering. Beim Fischfang ohne Bestandsbewirtschaftung können durch Überfischung die Bestände gefährdet werden. Der moderne, technisch hochentwickelte und weltwirtschaftlich integrierte Bergbau kann sich selbstverständlich der Ausrichtung auf mineralische Vorkommen an sich nicht entziehen; er hat jedoch vielfach die Wahl zwischen verschiedenen Lagerstätten. So kann er die jeweiligen Möglichkeiten der Rohstoffgewinnung sowie der Verkehrserschließung abwägen und Gesichtspunkte des Absatzes berücksichtigen.

Die räumlichen Auswirkungen des Bergbaus und der Gewinnung von Steinen und Erden können zumindest örtlich sehr bedeutsam sein, vor allem beim Betrieb offener Gruben. Besonders landschaftsbeherrschende Anlagen sind beispielsweise die Kupferminen in Bingham bei Salt Lake City/Utah und in Chuquicamata/Chile oder Braunkohlengruben in Mittel- und Westdeutschland.

Mit zunehmendem Einsatz technischer Hilfsmittel nimmt die unmittelbare Abhängigkeit von der natürlichen Raumausstattung ab, und es entscheiden neben den Grenzen der technischen Möglichkeiten die (markt)wirtschaftlichen

Bedingungen, wo und auf welche Art eine Bewirtschaftung stattfindet und in welchem Umfang von natürlichen Bedingungen abgewichen werden kann.

Diese Vorgänge vollzogen und vollziehen sich in **Entwicklungsstufen**, die in den Ländern der Erde zu unterschiedlichen Zeiten erreicht und in unterschiedlicher Weise und Dauer durchlaufen werden. Hiernach ist man in Phasen einfachen Entwicklungsstandes den Naturbedingungen unmittelbar und intensiv ausgeliefert. Mit fortschreitender technischer Entwicklung verändert sich dieses Verhältnis. Im Industriezeitalter schienen dabei mit wachsendem Einsatz technischer Mittel die natürlichen Raumfaktoren im Entscheidungsprozeß ihre Bedeutung zu verlieren.

In der jüngsten Phase setzt sich jedoch zunehmend eine differenzierte Betrachtung des Verhältnisses zwischen Natur und Mensch durch, wobei die angestrebten Ziele unter Berücksichtigung ökologisch bewerteter Kriterien der Bewirtschaftung erreicht werden sollen. Man hat erkannt, daß bei wirtschaftlichen Aktivitäten im technischen Zeitalter vermeintlich irrelevante natürliche Raumeigenschaften zu berücksichtigen und gegebenenfalls als Kosten zu bewerten sind.

Räumliche Abhängigkeiten können sich auch aus Restriktionen staatlicher und kommunaler Vorgaben ergeben, so zum Beispiel durch Planvorgaben, Baubestimmungen und Baugenehmigungsverfahren, Umweltschutzgesetzgebung und durch jeweils geltende steuerrechtliche Bestimmungen allgemeiner oder sogar örtlicher Art. Auch die Verhinderung der Verwirklichung von Zielsetzungen ist auf vielfältige Weise möglich.

Die Beziehungen wirtschaftlicher Tätigkeiten zum Raum sind sektoral von unterschiedlichem Gewicht und unterschiedlicher Qualität.

a) **Rauminanspruchnahme** bedeutet zunächst Bedarf an nutzbaren *Flächen*. Die an deren Größe gestellten Anforderungen sind spezifisch differenziert. Land- und Forstwirte benötigen, abhängig von der Art und Intensität der Bewirtschaftung, der klimageographischen Zuordnung und von agrarhistorisch wirksamen Merkmalen, im allgemeinen eine auf die Arbeitskraft oder das Bruttoinlandsprodukt je Flächeneinheit bezogen größere Fläche als Betriebe des Verarbeitenden Gewerbes oder Dienstleistungsbetriebe. Bei extensiver Nutzung, wie im Nomadismus, werden relativ größere Flächen beansprucht als bei intensiver Wirtschaftsweise, wie zum Beispiel im Ackerbau oder in Erwerbsgärtnereien. Besonders in den Kernen hoch verdichteter Wirtschaftsräume ist die Konkurrenz um die bestgeeigneten Flächen auch bei geringem Flächenanspruch ausgeprägt.

b) Zum zweiten unterscheiden sich die Raumansprüche in den jeweils notwendigen **qualitativ differenzierten natürlichen Eigenschaften der nutzbaren Flächen**, wobei die Zusammenhänge in der Wald- oder Landwirtschaft wiederum enger sind als in denjenigen Wirtschaftszweigen, in denen im wesentlichen nur die Eignung als Baugrund erforderlich ist. Allerdings haben das räumliche Erscheinungsbild der betrieblichen Bauten und die Umgebung, in der sie sich befinden, werbenden Charakter und können, insbesondere bei Verwaltungsgebäuden, als Faktor Bedeutung erlangen.
c) Anders ist die Bewertung bei Berücksichtigung der **Verkehrslage der zu nutzenden Flächen**. Angesichts der auf vielfältige Weise und mit unterschiedlicher Intensität extern verflochtenen Betriebe ist die Qualität der Räume unter dem Gesichtspunkt der *Erschließung durch Versorgungsleitungen, Verkehr und Kommunikationssysteme* zu betrachten. Dabei ist weniger die natürliche als vielmehr die durch Linienführung oder Erschließungsqualität und -frequenz der Verkehrssysteme bestimmte ökonomische Distanz der Bewertungsmaßstab.
d) Des weiteren bedeutsam ist die Beachtung der **Raumausstattung**, deren Gefüge durch menschliche Ausgestaltung entwickelt worden ist und deren Bestandteile aus der Sicht der Unternehmungen unterschiedlich zu bewerten sind.
e) Jede **Änderung in der Flächennutzung**, beispielsweise durch Wandel im Produktionsprogramm, oder in den Außenbeziehungen, die mit Lieferanten, Abnehmern oder Dienste Leistenden bestehen, kann Art und Grad der Raumbindungen modifizieren. Bei der Standortbewertung ist somit der *statische* Ansatz der Standortentscheidung durch *dynamische*, die absehbaren Veränderungen der Kriterien der Flächenbindung und -bewertung berücksichtigende Prozesse begleitende Analysen zu ergänzen.

### 2.3.3 Raum- und Standorttheorien als Instrument räumlicher Entscheidungen: Einführung

Die **Raum- und Standorttheorien** sind theoretische Abstraktionen, deren Ableitung auf der Auswahl als bedeutend angesehener Faktoren und somit der Vereinfachung der Komplexität der Zusammenhänge beruhen. Gleichwohl haben die Raumtheorien einen unmittelbaren Bezug zur räumlichen Realität. Sie berücksichtigen implizite, daß alle Entscheidungen von agierenden Menschen getroffen werden. Des weiteren wird unterstellt, daß das Verhalten der

Akteure einer rationalen Grundeinstellung entspricht, also mindestens in die Richtung einer wirtschaftlichen Denkweise tendiert. Die deduktiven Modelle stehen somit nicht im Widerspruch zu jüngeren entscheidungstheoretischen Konzepten, sondern beziehen deren Erkenntnisse ein.

Die **wirtschaftlich ausgerichteten Handlungsweisen** sind grundsätzlich unabhängig vom Entwicklungsstand und von der Wirtschaftsverfassung. Schon auf einfachen Wirtschaftsstufen wird die aufzuwendende Mühe abgeschätzt und zur Erreichung bestimmter Ziele minimiert. Insofern ist das von LÜTGENS (1921) formulierte Wechselwirkungsprinzip, wonach der Mensch vorwiegend auf natürliche Faktoren reagiert, gemäß KRAUS in dem Sinn zu interpretieren, daß dies nur im Unbewußten oder bei Naturereignissen gelte, die unvorhersehbaren oder unabwendbaren Charakter haben (KRAUS 1957, S. 113). Nicht immer wird der eingeschlagene Weg zur Erreichung eines Ziels, der subjektiv als der günstigste eingeschätzt wird, einer objektiven Bewertung in diesem Sinne standhalten. Dies berührt jedoch nicht das Grundsätzliche des Prinzips, kann aber empirisch bedeutsam sein.

Differenzierend wirken im Entwicklungsablauf der unterschiedliche Kenntnisstand, insbesondere auch der interregional bewertbaren Potentiale, und die sich verbessernden Möglichkeiten wissenschaftlicher Erkenntnisse über standörtliche Situationen. Dabei sind sowohl an sich als auch unter Berücksichtigung von Veränderungen am Standort infolge der Faktorendynamik auch bei wissenschaftlich gestütztem Informationsstand Unvollkommenheiten zu erwarten.

Die Handlungen von einzelnen Personen oder von Gruppen sind zwar als solche historisch einmalig, ordnen sich aber bewußt oder unbewußt den Gesetzmäßigkeiten unter, die darauf beruhen, daß ein gesetztes Ziel mit dem geringstem Aufwand erreicht oder bei gegebenem Aufwand das Maximum angestrebt werden soll. Das räumliche Verhalten ist nach KRAUS „auf ein subjektives Optimum gerichtet und daher unabhängig von Kultur- und Wirtschaftsstil dem historischen Element nur wenig verhaftet“ (KRAUS 1966, S. 550-551); es entspricht somit dem *ökonomischen Prinzip*.

Die **weitgehenden Restriktionen der bestehenden Raum- und Standorttheorien** werfen die Frage ihrer Aussagekraft und ihrer Eignung als Entscheidungshilfe in konkreten Situationen auf. Abgesehen von der Erklärung von Zusammenhängen und grundlegenden Wirkweisen im Raum bilden sie einen Orientierungsrahmen, mit dessen Hilfe Abweichungen erklärt und als Fehlentwicklung oder als situationsgemäße Modifikation erklärt gedeutet werden können.

Die **standorttheoretischen Konzepte betreffen jeden einzelnen Betrieb und damit die Summe aller Betriebe**. Die Alternativen der Standortfindung werden auf makro- oder mikroräumlichen Ebenen analysiert; die endgültige Festlegung des Standorts ist **mikroräumlich** ausgerichtet. Mit der betrieblichen Standorttheorie wird angestrebt, zur Optimierung der Lage der Betriebsstätten beizutragen. Die **Raumtheorien** verfolgen dasselbe Ziel, greifen aber in ihren funktionalen Bestandteilen über kleinräumliche Dimensionen unterschiedlich weit hinaus. Auch bei der mikroräumlichen Standortfestlegung ist jedoch zu beachten, daß zunehmend fernräumliche Kriterien wirksam werden können. Daher sind vor Investitionsentscheidungen an einem Standort nicht nur die lokalen oder regionalen Faktoren zu prüfen, sondern auch mögliche direkte oder indirekte Einflüsse entfernt gelegener konkurrierender oder verflochtener Standorte. So können, sofern nicht andere Faktoren dominieren, Unterschiede der Arbeitsproduktivität weit entfernt voneinander gelegener Wirtschaftsräume sogar bei an sich nicht arbeitskostenorientierten Produktionen durch Konkurrenz auf Drittmärkten in die Prozesse der Standortentscheidungen korrigierend einwirken.

Zum Teil beinhalten die Raumtheorien auch **makroräumliche** Ansätze und erklären, wie in der Landwirtschaft, die Art, den Intensitätsgrad und die Ausrichtung der Bewirtschaftung von Produkten und Produktionszweigen.

### 2.3.4 Raum- und Standorttheorien in sektoraler Gliederung

#### 2.3.4.1 Land- und Forstwirtschaft

Die **Erzeugung landwirtschaftlicher Güter** wird als organische Urproduktion in statistisch-sektoralen Gliederungen dem Primärsektor zugerechnet. Sie baut auf der natürlichen Faktorenausstattung auf, wobei die qualitative und quantitative Abhängigkeit zwar unterschiedlich ausgeprägt sein kann, aber grundsätzlich gegeben ist. Modifikationen des Abhängigkeitsgrades, die extrem sein können, verursachen zusätzliche Kosten, die unter der Voraussetzung bestehender Nachfrage in Kauf genommen werden. Differenzierung der natürlichen Faktorenkombination bedeutet daher auch Unterschiedlichkeit im Produktionsprogramm. In seiner Theorie unterstellt J. H. VON THÜNEN (1826) indessen eine homogene Raumausstattung, berücksichtigt also natürliche und durch den Menschen geschaffene sonstige räumliche Individualitäten nicht.

Die Frage VON THÜNENS lautet, ob und welche **Gesetzmäßigkeiten in der Produktion** eines Erzeugnisses oder mehrerer Erzeugnisse im Landbau oder in der Viehzucht in räumlicher Sicht walten. Grundlage für die Ableitung der Theorie sind die Ausrichtung auf den Absatzmarkt und die zu dessen Versorgung benötigten Nutzflächen in unterschiedlicher Distanz vom Markt. Abhängige Variable sind die Produktionsrichtung und die Intensität des Anbaus. Besonderes Gewicht hat VON THÜNEN in seinem Modell auf die Lagerente gelegt, ein Entgelt für die Vorteile, die sich aus einer vergleichbar besseren Lage im raumfunktionalen Marktsystem ergeben.

Das Modell wird dadurch erheblich vereinfacht, daß eine Reihe von Faktoren, die für die Beantwortung der Kernfragen zunächst nicht bedeutsam sind, eliminiert oder als undifferenziert gleichgesetzt werden.

So wird unterstellt, daß im THÜNENschen Raumsystem

a) die genutzten Flächen homogen sind
b) die Betriebsführerqualitäten und die den jeweiligen Anforderungen entsprechenden betrieblichen Größenstrukturen gleichartig sind
c) hinreichende Markttransparenz besteht
d) alle Produktions- und Absatzpunkte allseitig erreichbar und durch Verkehrssysteme gleichartig erschlossen sind
e) die Tarifbildung entfernungsabhängig ist.

Für raumwirtschaftliche Fragestellungen ist die Neutralisierung raumdifferenzierender natürlicher und wirtschaftlicher Faktoren zunächst überraschend. Kritik setzt denn auch an dieser Stelle ein, insbesondere aus der Sicht der Geographie und der Raumpolitik, kommt es diesen doch gerade darauf an, räumliche Unterschiede (Disparitäten) zu verdeutlichen und zu erklären. Die notwendigerweise gewählte Methodik der isolierenden Abstraktion ist die Voraussetzung für Problemlösungen bei der empirischen Bewertung landwirtschaftlicher Strukturen, der differenzierten Betriebsführung und Arbeitsorganisation sowie anderer Faktoren, und sie bildet die Grundlage dafür, die konkreten betrieblichen Situationen am theoretischen Modell zu messen.

Ausgehend vom Preis, der sich theoretisch und bei vollständiger Konkurrenz am Markt durch Angebot und Nachfrage bildet und für gleichartige Produkte, unabhängig davon, woher das Erzeugnis stammt, dort auch gleich hoch ist, ergeben sich **distanzabhängig differenzierte Anbausysteme**. Mit zunehmender Entfernung vom Markt steigen grundsätzlich die Kosten für Güter- sowie Personentransporte einschließlich des Zeitaufwands, der mit Beschaffung und Absatz verbunden ist, während demgegenüber der Wert der Grundstücke sinkt; ebenso nehmen Gesamtaufwand und Gesamtertrag je Flächeneinheit tendenziell ab. Daraus folgt, daß marktnah mit hoher Gesamtintensität gewirtschaftet wird und hohe Flächenerträge erzielt werden müssen. Güter, die, wie schnell verderbliche oder teure Produkte, empfindlich gegenüber langen Transportzeiten sind, oder, wie Kartoffeln und Zuckerrüben, transportkostenempfindlich sind, sowie arbeitsintensive Kulturarten, wie zum Beispiel Gärtnereien und unmittelbar auf die Beschickung städtischer Märkte ausgerichtete bäuerliche Betriebe, befinden sich daher grundsätzlich in Marktnähe; in diesem Sinne weniger anfällige Güter können in größerer Entfernung erzeugt werden.

Bei der überall im „Isolierten Staat" unterstellten gleichen, nur durch unterschiedliche Distanzen modifizierten Erreichbarkeit ergibt sich im Idealfall ein **ringartig gegliedertes Raumsystem**, in dessen Mittelpunkt der Markt liegt (THÜNENsche Ringe). Infolge unterschiedlicher Erschließungsmuster, zum Beispiel bei radialer oder linearer Erschließung, würde sich das ringartige Ordnungsbild abwandeln (Abb. 3).

Die Ringe als Ergebnis der Interpretation der Raumtheorie sind intensitätsstufenartig gegliedert; ihre Grenzen nach beiden Seiten lassen sich durch den Vergleich zweier Produktionsweisen ein und desselben Gutes oder verschiedener Güter errechnen. Die Grenzlinie ist durch eine Gleichgewichtssituation der Erträge der Produktionsweisen in den jeweils benachbarten Ringen charakterisiert. Hieraus ergibt sich der Intensitätsgrad und die Art der Bewirtschaftung im jeweiligen Ring, die in Anlehnung an empirische Befunde beispielhaft dargestellt worden ist (hierzu besonders A. LÖSCH 1944).

Aus heutiger Sicht auffällig ist in dem Ringmodell die Positionierung der Forstwirtschaft – im zweiten Ring vom Zentrum aus –, was vielfach als Anlaß zur Kritik gedient hat. Zu beachten ist dabei jedoch, daß VON THÜNEN seine Berechnungen, die auf den Erfahrungen in seinem Tellower Gutsbetrieb basieren, vor der Einführung von Eisenbahn oder Lastkraftwagen vorgenommen hat. Daher war damals der Transport von sperrigen und im Verhältnis zum spezifischen Gewicht geringwertigen Gütern wie Holz besonders aufwendig; andererseits wies aber das Holz als Rohstoff für Bauzwecke und Energieerzeugung einen größeren Verwendungsbereich auf, als dies heute weithin der Fall ist. Folgerichtig hat VON THÜNEN in seinem Modell eine Differenzierung der intensiveren forstlichen Pflege gegenüber den extensiven Jagdrevieren vorgesehen.

Unter Berücksichtigung dieses Umstandes verringert sich die Gesamtintensität, die Kapital-, Personal- und Transportaufwand je Flächeneinheit oder je

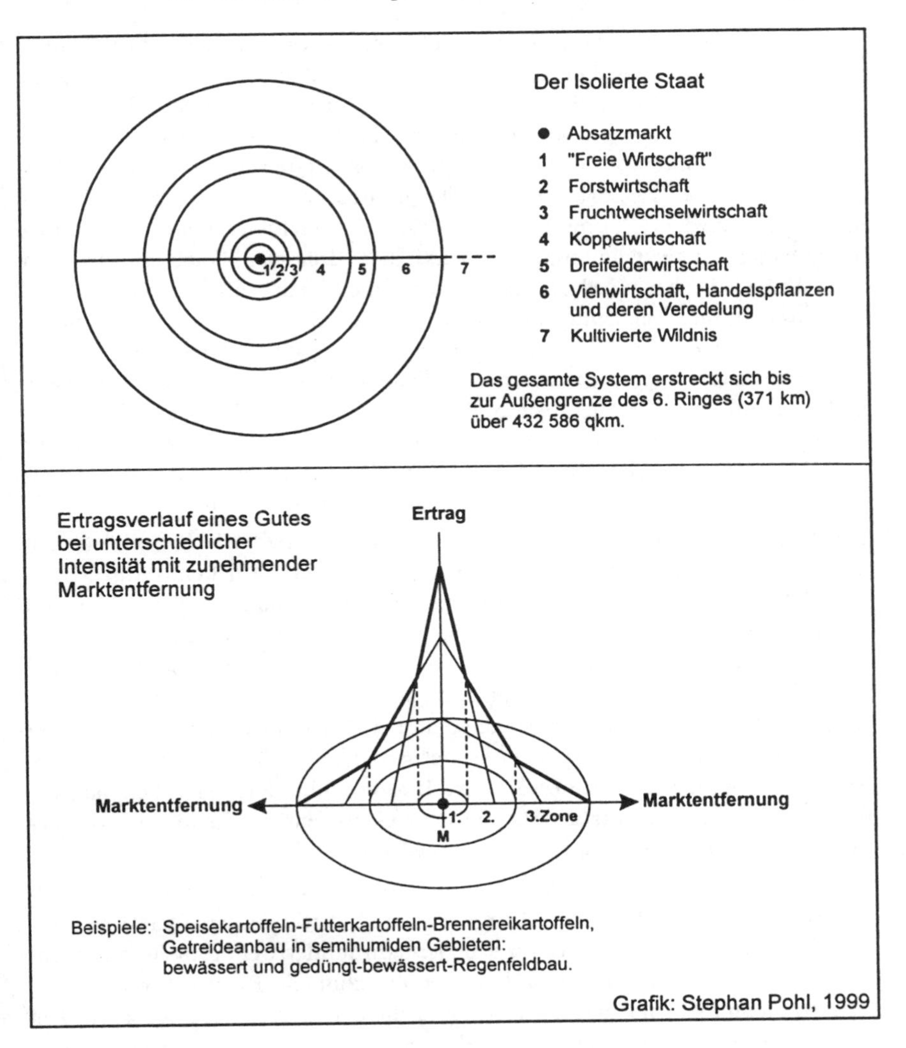


Abb. 3 Die räumliche Ordnung der Landwirtschaft im „Isolierten Staat"
Quelle: VOPPEL 1975, S. 40

Erzeugnismenge beziehungsweise Ertrag je genutzte Fläche umfaßt, mit zunehmender Entfernung stetig von innen nach außen.

Infolge technischer Verbesserungen im Verkehrswesen, in der Anbautechnik und in der spezifischen Leistungsfähigkeit von Saatgut und Nutztieren haben sich die Kriterien für die räumliche Zuordnung der verschiedenen Produktionen geändert. So können (schnell)verderbliche landwirtschaftliche Güter wie Gemüse und Blumen mittels des Einsatzes von Gefriertechnik und des Flugzeugs über große Distanzen transportiert und natürliche Anbauvorteile besser ausgenutzt werden. Beispielsweise sind auf das dichtbesiedelte Westeuropa ausgerichtete Intensivkulturen, wie einst die „Brüsseler Trauben" aus dem Tertiärhügelland bei Hoeilaart südlich von Brüssel, ein Anbau unter Glas und mit zusätzlicher Beheizung außerhalb des natürlichen Verbreitungsgebietes und der Vegetationszeit des Weins, durch ferngelegene Anbaugebiete, etwa im Mittelmeerraum oder sogar auf der Südhalbkugel, substituiert werden. Auch andere Feingemüse- und Obstarten in Westeuropa werden zunehmend mit Erzeugnissen überseeischer Konkurrenten konfrontiert. Voraussetzung hierfür ist jedoch eine Erschließungskette, die den Erreichbarkeitsbedingungen eines intensiven inneren Anbauringes nahekommen (so Bananen aus der Karibik).

Das **Ordnungsmodell** läßt sich auf verschiedene betriebliche Konstellationen und unterschiedlich große Raumeinheiten anwenden, ausgehend vom einzelnen Betrieb bis hin zu interkontinentalen Raumbeziehungen. So werden das Produktionsprogramm und die Verteilung auf die Nutzflächen jedes **einzelnen Betriebes** durch die THÜNENschen Gesetzmäßigkeiten gesteuert und ordnen sich ihnen grundsätzlich entsprechend (Abb. 4); dabei bilden die Betriebsstätten (Stall/Scheune) oder die Sammelstellen einer Absatzorganisation (Getreidesilo) oder ein Verarbeitungsbetrieb (Kartoffelbrennereien bei VON THÜNEN oder Zuckerraffinerien) den Bezugspunkt. Kleinräumlich können eine Stadt als **Marktzentrum** und ein ihrer Größe entsprechendes Einzugsgebiet ein selbständiges räumliches Funktionalsystem bilden.

BÖHM ist der Auffassung, daß die agrarstrukturellen Wandlungen des Gemüse-Intensivanbaugebiets im Vorgebirge und den angrenzenden Rheinterrassen zwischen Köln und Bonn seit der Jahrhundertwende nicht mehr mit dem THÜNENschen Modell erklärt werden können. Er weist jedoch auf Marktbeziehungen hin, die einerseits zwischen dem Köln zugewandten Teil des Anbaugebietes und dem großstädtischen Markt mit für diesen typischen Erzeugnissen bestehen, andererseits zwischen dem von Köln entfernter gelegenen Anbaugebiet und der Versteigerungshalle in Roisdorf, die in diesem Fall als Markt fungiert (BÖHM 1981, S. 192)). Ebenso steuern Häfen den Anbau von exportfähigen Erzeugnissen. Dabei handelt es sich um angepaßte Anwendungsfälle der THÜNENschen Theorie.

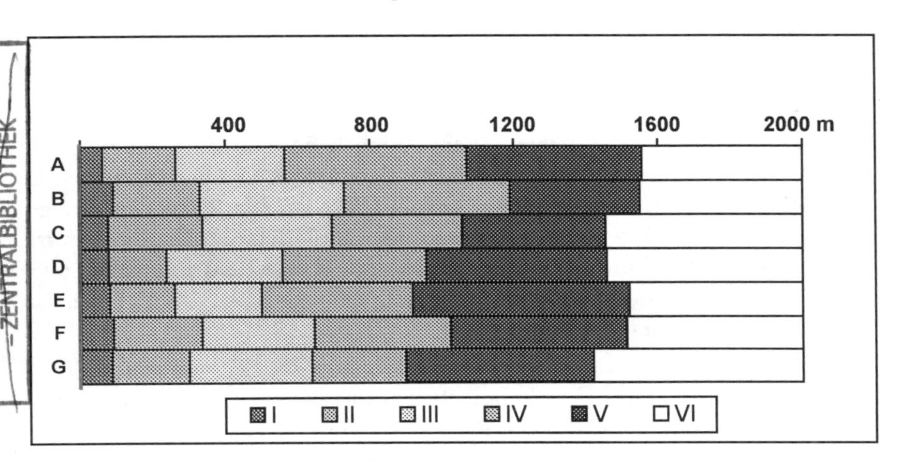



A–G: Betriebe am Verkehrsweg (Straße, Entwässerungskanal)
I: Betriebsgebäude, Gemüsegarten
II–IV: Landwirtschaft mit abnehmender Intensität
V: Extensive Weidewirtschaft
VI: landwirtschaftlich nicht genutzte Fläche (zum Beispiel Wald oder Moorgebiet)

Abb. 4 Das THÜNENsche Raumsystem: Modell einer Hufensiedlung

In großmaßstäblicher Sicht lassen sich, oftmals naturräumlich überlagert, **kontinentale und interkontinentale Intensitätszonen** erkennen.

Naturräumliche Faktordifferenzierungen, etwa in der Bodenqualität oder in der Wasserversorgung, können, innerhalb wirtschaftlich bestimmter Grenzen, durch raumwirtschaftliche Erfordernisse modifiziert werden. Abweichungen von den natürlichen Bedingungen sind immer mit zusätzlichem Aufwand verbunden, der auf Grund der jeweiligen Marktposition gerechtfertigt sein muß. So fallen beim Betrieb von Gewächshäusern („künstliches Klima") erhöhte Anlageinvestitionen und Betriebskosten (Beheizung und Bewässerung) an.

Die innerbetriebliche oder regionale Anbaustruktur wird in ihrer Ausprägung relativiert, wenn die Vielfalt des Anbaus durch Monokulturen zeitweilig oder auf längere Dauer ersetzt worden ist. Spätestens auf der nächsten Stufe, bei der Ausrichtung auf weiter entfernte Märkte, setzt sich die Intensitätsabstufung wieder durch, insbesondere in nicht subventionierten Anbaugebieten oder -betrieben. So ist die Wirtschaftsweise der Weizenbetriebe in marktfernen Teilen der nordamerikanischen Prärie äußerst personalkostenextensiv. Die Flächenerträge, etwa im „Dry-Farming", sind zwar dort erheblich niedriger als in anderen Anbaugebieten dieses Kontinents, aber entscheidend für die Konkurrenzfähigkeit ist in diesen Fällen wie allgemein das Verhältnis von Aufwand und Ertrag.

Die Realisierung einer systemgemäßen, räumlich bestimmten Ordnung kann beeinflußt werden, wenn kulturräumliche Bedingungen entgegenstehen oder staatliche und überstaatliche Eingriffe, wie in der Europäischen Union allgemeine oder produktbezogene Subventionen und Schutzzölle, die Bewirtschaftung steuern. Dies ist beim Vergleich von Theorie und Raumbild sowie Raumstruktur zu beachten. Umgekehrt sind die staatlichen Maßnahmen auf ihre Effizienz hin zu überprüfen.

Das Muster des THÜNENschen Raummodells gründet sich auf seine Prämissen. Die rechnerischen Beispiele sind ebenso wie die VON THÜNEN benutzten Maßeinheiten zeitgebunden. Bei Berücksichtigung natur- oder kulturräumlicher Differenzierung ergeben sich Modifikationen, die jedoch nicht das Prinzip verändern. So werden beispielsweise die „Ringe“ durch die verschiedenen Trassierungsmuster der Verkehrswegenetze in anders geformte Gebilde abgewandelt.

Angesichts der auf der Erde verbreiteten unterschiedlichen agrarstrukturellen Entwicklungsstände begegnet man den verschiedensten **Organisationsformen**. So gibt es Beispiele großer Affinität der Siedlungs- und Flurformen zu den zur Zeit VON THÜNENS gegebenen Bedingungen; in anderen Fällen sind die Technisierung und die Eingliederung in die Welthandelsströme so weit fortgeschritten, daß die interräumlichen Beziehungen intensiver auf die Gestaltung der landwirtschaftlichen Betriebssysteme wirken können. So beziehen manche Viehzuchtbetriebe das benötigte Futter in vollem Umfang aus anderen Regionen oder Kontinenten. Infolge dieser über weite Distanzen reichenden Arbeitsteilung mit Intensitätsdifferenzierung kann Viehhaltung auf relativ kleinen Flächen in Marktnähe (Honschu/Japan, Kalifornien) betrieben werden, während die Futtermittel in einem entfernter gelegenen „Ring“ kostengünstig angebaut werden.

VON THÜNEN hat eine Reihe von „Gesetzen“ formuliert, das *Flächenertragsgesetz*, wonach bei gleichen Produktionskosten marktnäher der höhere Flächenertrag erzielt wird, das *Produktionskostengesetz*, wonach bei gleichem Flächenertrag marktnäher mit niedrigeren Kosten produziert wird, und das *Gesetz der Standortorientierung*, wonach sich die Gesamtersparnis an einem Standort aus dem Produkt von Frachteinheiten und Ersparniseinheiten ergibt.

Die THÜNENsche Theorie ist in erster Linie auf die räumliche Organisation der Landwirtschaft ausgerichtet. Bergbauliche Vorkommen und entsprechende

Aufbereitungen werden sogar willkürlich irgendwo am Rande der zentralen Stadt angenommen. Seine Theorie reicht aber über den agrarischen Sektor hinaus. So wird der landwirtschaftliche Erzeugnisse aufbereitenden und verarbeitenden Industrie ihr Platz im System zugeordnet. Charakteristisch hierfür sind Theorie und Praxis bei Zuckerraffinerien. Die Zuckerrüben verlieren nach ihrer Verarbeitung etwa vier Fünftel ihres Ausgangsgewichtes. Der übrigbleibende Rückstand kann zwar als Viehfutter verwendet werden, aber unter Berücksichtigung der eigentlichen Zielsetzung muß wegen des hohen Gewichtsverlustes der Anbau in der Nähe der Verarbeitung liegen. Die Rübenzuckerraffinerien befinden sich somit in den Börden oder sonstigen geeigneten Anbaugebieten, und sie sichern sich vertraglich den Rohstoff von den benachbarten landwirtschaftlichen Betrieben. Ähnlich wird auch bei der Veredelung von Zuckerrohr verfahren, zumal längere Transporte und größere Liegezeiten in beiden Fällen mit Qualitätsverlusten verbunden sind.

#### 2.3.4.2 Industrie und Gewerbe

Für eine **Standorttheorie der Industrie** haben W. LAUNHARDT (1882) und A. WEBER (1909) die Grundlagen geliefert. Ihre Überlegungen gründen sich auf einen industriellen Entwicklungsstand in Deutschland um die Wende vom 19. zum 20. Jahrhundert. Die Industrialisierung in Großbritannien hatte bereits mehr als hundert Jahre zurückgelegt, Industrieunternehmungen hatten sich im übrigen Europa und in Nordamerika schon weit ausgebreitet, und der Industrialisierungsgrad hatte erhebliche Veränderungen in der räumlichen Verteilung der wirtschaftlichen Potentiale bewirkt. Insbesondere die Herausbildung von Industrieagglomerationen neben Einzelstandorten bildeten die Grundlage für WEBERS Suche nach Gesetzmäßigkeiten bei der Standortfestlegung. In der vorwiegend deduktiven Vorgehensweise war WEBERS Ansatz klassisch. Die von ihm gewonnenen Aussagen beziehen sich jedoch nur auf Standorte von Betrieben; sie bilden kein geschlossenes Raumnutzungssystem wie bei VON THÜNEN und kein flächendeckendes System wie bei CHRISTALLER.

Das Untersuchungsziel ist unter Berücksichtigung aller den Standort beeinflussenden Faktoren die **Ermittlung des optimalen betrieblichen Standortes**. Um dies zu erreichen, wird untersucht, welche Gesichtspunkte bei der Gründung eines industriebetrieblichen Standortes zu berücksichtigen sind.

Schon an dieser Stelle ist darauf hinzuweisen, daß in dem statischen Modell auch während der Bestandszeit der Unternehmung eintretende **Änderungen des Standortfaktorengefüges** berücksichtigt werden können. Zwar ist eine

Reaktion durch Nutzung eines geeigneten anderen Standortes nur selten unmittelbar möglich, wenn die örtlichen Kapitalbindungen bedeutsam sind, aber es können Anpassungen, zum Beispiel durch Änderung des Produktionsprogramms, vorgenommen werden. Gleichwohl häufen sich in der Phase globaler unternehmerischer Strategien um die Wende vom 20. zum 21. Jahrhundert die Fälle rigoroser Standortstillegungen, wenn sie sich auf dem Markt nicht bewähren. Aus dieser Sicht gewinnt die Notwendigkeit, sich in Forschung und unternehmerischer Praxis mit den räumlichen Standortbedingungen intensiv auseinanderzusetzen, an Bedeutung.

Den unternehmerischen Anforderungen an den optimalen Standort stehen die räumlichen Potentiale gegenüber, die der Unternehmer, sofern für ihn bedeutsam, als Standortfaktoren zu bewerten hat.

Bis zur Wende vom 19. zum 20. Jahrhundert war die **Reichweite der Bezugs- und Absatzgebiete** besonders der materialintensiven industriellen Unternehmungen überwiegend kürzer als in der Gegenwart. Seitdem hat sich die Gewichtung der einzelnen räumlichen Ebenen des Entscheidungsprozesses erheblich verschoben.

WEBER hatte bei der Formulierung seiner Theorie insbesondere die zum Anfang des 20. Jahrhunderts in Europa unter den Grundstoffindustrien herausragende Eisen- und Stahlindustrie besonders Großbritanniens, Belgiens, Deutschlands und Nordamerikas vor Augen, deren Absatz- und vor allem Bezugsreichweiten angesichts der spezifisch hohen Belastung durch Transportkosten damals noch relativ eng begrenzt waren. Fortschritte in der Verkehrstechnik haben das Gewicht der Verkehrserschließung und -kosten als Standortfaktor relativ verändert und den Aktionsraum für Fernbeziehungen erheblich vergrößert.

Bei der Standortentscheidung sind mehrere **räumliche Ebenen** zu prüfen. Die Operationsfelder beziehen sich auf

a) eine die Ökumene umfassende interkontinentale Ebene,
b) eine kontinentale Ebene,
c) eine auf Wirtschaftsunionen bezogene internationale sowie gegebenenfalls eine nationale Ebene.
d) Am Ende schließt sich die regionale und lokale klein- und kleinsträumliche Festlegung des Standortes an.

Die Anforderungen an die Eigenschaften und Rahmenbedingungen der verschiedenen Ebenen sind zwar voneinander abhängig, aber die zu berücksichtigenden Faktoren und ihre Gewichtung sind jeweils unterschiedlich. Eine eindeutige Definition von makro, meso- und mikroräumlichen Ebenen ist durch Abgrenzungsprobleme erschwert.

WEBER unterteilt die für die Suche nach dem jeweils geeigneten Standort bedeutsamen Faktoren nach mehreren Ansätzen. Zunächst trennt er nur für einzelne Betriebe bedeutsame besondere Faktoren, wie etwa bestimmte Eignungen der Wasserqualitäten, von allgemeinen, die alle Industriebetriebe zu berücksichtigen haben. Hier sind zu nennen:

a) die Höhe der *Materialkosten* (Inputs), der mit dem Absatz (Outputs) verbundenen Kosten sowie der *Transportkosten*;
b) die Höhe der *Arbeitskosten*;
c) Agglomerations- oder Deglomerationskosten(ersparnisse);
d) sogenannte Fühlungs- oder Kontaktvorteile.

Als weitere Kategorien führt WEBER natürlich-technische und gesellschaftlich-kulturelle Standortfaktoren auf. Zu den letztgenannten, die von ihm nicht weiter berücksichtigt werden, gehören standortbeeinflussende gesetzliche Vorgaben und sonstige Eingriffe der Öffentlichen Hand, denen aus heutiger Sicht größeres Gewicht zuzumessen ist.

Bei den **verarbeiteten Rohstoffen, montierten Teilen und den Erzeugnissen** unterscheidet WEBER zwischen solchen Materialien, die, wie mineralische Rohstoffe, nur mit einem mehr oder weniger großen Anteil ihres Gewichtes in das neue Produkt eingehen („Gewichtsverlustmaterialien"), und solchen, die, wie Montageteile, unverändert und somit, abgesehen von der Verpackung, ohne Gewichtsverlust montiert werden („*Reinmaterialien*").

Die Standorte von Betrieben, die vorwiegend *Gewichtsverlustmaterialien* verarbeiten, tendieren zwecks Vermeidung oder Minimierung von Transporten nicht benötigter Materialanteile in die Nähe ihres Vorkommens, sind also *materialorientiert*. Die Verarbeiter von *Reinmaterialien*, vor allem in Montagebetrieben, sind dagegen insoweit großräumlich eher *absatzorientiert* und können ihren Standort zwischen Lieferanten und Absatzgebiet nach anderen Kriterien festlegen. Während bei der Produktion von Zwischenerzeugnissen ohne Gewichtsverlust die Nähe zum Lieferanten oder Abnehmer in Frage kommt, wenn nicht andere Standortfaktoren größere Bedeutung haben, ist bei Enderzeugnissen (Verbrauchsgütern) auch die Ausrichtung auf den Absatzmarkt denkbar.

Von mehr theoretischer Bedeutung sind die sogenannten *Ubiquitäten*, also Roh-, Hilfs- oder Betriebsstoffe, die überall vorkommen und daher niemals den Standort bestimmen. Absolute Ubiquitäten gibt es nicht; in durchweg elektrifizierten Ländern könnte die nahezu beliebige *Verfügbarkeit* elektrischer

Energie als eine (relative) Ubiquität angesehen werden, soweit dem nicht regionale und interregionale *preisliche Differenzierungen* entgegenstehen.

WEBER gliedert den Prozeß der Ermittlung des optimalen Standortes in mehrere Schritte. Zunächst überprüft er, ohne andere Faktoren zu berücksichtigen, die im Zusammenhang mit dem Produktionsprozeß zu bewegenden *Einsatzmaterialen (Roh-, Hilfs- und Betriebsstoffe) und für den Absatz bestimmten Erzeugnisse (Materialkosten)*. Um die Zahl der Variablen zu minimieren, faßt er die *Transportkosten* mit den Material- und Vorproduktkosten zusammen, so daß er mit höheren Transportkosten belastete Einsatzstoffe gegenüber solchen mit niedrigeren Transportkosten wie teurere Rohstoffe und umgekehrt behandeln kann. Dort, wo die Summe der Transport- einschließlich der Materialkosten minimal ist, liegt der vorläufig ermittelte Standort. Diese Stelle wird als *Transportkostenminimalpunkt* bezeichnet.

In einem zweiten Schritt werden die **Arbeitskosten** in die Standortkostenrechnung einbezogen. Theoretisch sind Arbeitskosten in unterschiedlicher Höhe auch in kleineren räumlichen Dimensionen denkbar. Wo für eine bestimmte Produktion die Arbeitskosten am niedrigsten liegen, befindet sich der *Arbeitskostenminimalpunkt*. Nunmehr sind die beiden Minimalpunkte zueinander in Beziehung zu setzen. Jede Abweichung vom errechneten vorläufigen Standort ist – ex definitione – mit einer Erhöhung der Partialkosten verbunden. Eine Abweichung vom Transportkostenminimalpunkt ist somit nur gerechtfertigt, wenn die Mehrbelastung der Material- und Transportkosten durch niedrigere Arbeitskosten mindestens ausgeglichen wird. Umgekehrt müssen höhere Kosten bei Abweichung vom Arbeitskostenminimalpunkt durch niedrigere Transportkosten gerechtfertigt sein.

In einer dritten Stufe werden die Einwirkungen durch **Agglomerations- oder Deglomerationsbildung** auf die Standortenscheidung geprüft. Auf Grund des Verlaufs des Ertragsgesetzes wachsen die Kosten bei der Ausweitung der Produktion bis zum Betriebsoptimum nur degressiv, so daß die Stückkosten sinken und ohne Berücksichtigung anderer Faktorenänderungen ein Vorteil gegenüber nicht agglomerierten Produktionsweisen entsteht (Abb. 1). Bei einem Wachstum über das Optimum hinaus können sich die Vorteile durch Überlastung des Produktionssystems in progressiv wachsenden zusätzlichen Kostenbelastungen niederschlagen, die eine Tendenz zur Deglomeration und im räumlichen Sinne die Dispersion der Standorte begünstigen. Das Bestreben, synergetische Vorteile durch Unternehmungszusammenschlüsse zu erlangen, ist um die Wende vom 20. zum 21. Jahrhundert besonders ausgeprägt. Deutlich wird bei diesen Prozessen jedoch, daß sich neben betriebswirtschaftlichen Komplikationen, die in der erschwerten Überschaubarkeit durch Entfernung von der Konzentration auf Kerngeschäftsfelder erwachsen, auch Probleme aus der Organisation räumlicher Streuung der Standorte der Unternehmung ergeben.

Die Festlegung des Standortes in dieser dritten Stufe vollzieht sich im Modell in der für die ersten Stufen dargestellten Weise; eine Abweichung vom zuvor als am kostengünstigsten errechneten Standort am Transportkosten- oder demjenigen vorläufigen Kostenminimalpunkt, der Material- und Arbeitskosten zusammengefaßt berücksichtigt, kann durch Agglomerations- oder Deglomerationsersparnisse gerechtfertigt sein, wenn diese größer als die durch die Abweichung vom errechneten Minimum verursachten Mehrkosten sind.

Es lassen sich mehrere Agglomerationstypen unterscheiden. Neben dem bereits dargestellten innerbetrieblichen Wachstumsprozeß kann Agglomeration durch die Ansammlung von Betrieben gleicher Produktionsrichtung und Produktionsstufe (*horizontale Agglomeration*), wie zum Beispiel im Silikon-Valley in Kalifornien, oder der gleichen Branche, aber technisch aufeinander folgender Stufen unterschiedlichen Produktreifegrades (*vertikale Agglomeration*), wie in der Metallverhüttung und -veredlung, begründet werden. Unter *Zufallsagglomeration* versteht WEBER die Ansammlung von Industriebetrieben verschiedener Branchen, wie sie sich in Stadtregionen öfter bilden.

Die Standorttheorie A. WEBERS beruht infolge der Abstraktionen zwar wie die übrigen Raumtheorien ebenfalls auf stark vereinfachten Annahmen; sie hat jedoch Modellcharakter, was bei der Untersuchung der Eignung von Standorten zu berücksichtigen ist. Sie ist im übrigen ausbaufähig, wenn zusätzliche bewertbare Faktoren zu berücksichtigen sind, die im Einzelfall gegebenenfalls bei der Standortentscheidung den Ausschlag geben können. Die Gewichtung der wirksamen Standortfaktoren ist von Fall zu Fall unterschiedlich. Durch empirische Untersuchungen ist belegt, daß in vergleichbaren Branchen und Betrieben in der Industrie und in den Dienstleistungssektoren jeweils ähnliche Faktorenanforderungen genannt werden (CHRISTY, C. V., IRONSIDE, R. G. 1987, S. 246 und 247; VOPPEL 1990, S. 53 ff).

In Kritiken der Standorttheorie WEBERS wird besonders betont, sie sei zu stark auf die Eisen- und Stahlindustrie ausgerichtet. In diesem Industriezweig werden überwiegend Gewichtsverlustmaterialien verarbeitet, wodurch sich seine Ausrichtung auf den Transportkostenminimalpunkt erkläre. Gegenwärtig sei dieser Industriezweig von relativ geringerer Bedeutung. In anderen Zweigen hätten hingegen andere Faktoren an Bedeutung gewonnen; außerdem werde gegenwärtig beispielsweise in Japan, in der Republik Korea und in einer Reihe europäischer Staaten, so in Italien, Dänemark und in den Niederlanden,

Roheisen ohne eigene Roh- und Hilfsstoffbasis (Koks) hergestellt, so daß der Charakter der Materialorientierung nicht mehr deutlich erkennbar sei.

Im Laufe des 20. Jahrhunderts hat sich zwar die **Transportreichweite** auch für Massenrohstoffe erheblich vergrößert, so daß Ferntransporte zwischen Kontinenten nicht nur möglich geworden sind, sondern durchgeführt werden. Es handelt sich in diesen Fällen jedoch überwiegend um Hochseetransporte, die sich infolge gewachsener Schiffsgrößen erheblich verbilligt haben. Sobald Landtransporte erforderlich sind, werden die Kostennachteile schon auf relativ geringen Distanzen wirksam. Die japanischen und koreanischen Hütten- und Massenstahlwerke liegen an der Küste, so daß Rohstoffe und Erzeugnisse für den Export unmittelbar im Hafenstandort umgeschlagen werden können; auch Verarbeiter nehmen die verkehrsgeographischen Vorteile dieser Position wahr. Zum Teil wird im übrigen der Rohstoff in den Herkunftsgebieten so angereichert, daß er bei der Verarbeitung nur noch geringe Gewichtsverluste erleidet. Weiter ist zu beachten, daß die Erzeugnisse der Stahlwerke zwar Reinmaterialien sein können, aber die Relation Wert/Gewicht die Berücksichtigung der Transportkosten zum Absatz nahelegt; in zahlreichen Fällen können zusätzlich unmittelbare Kontakte mit den Abnehmern erforderlich sein. In dem teilweise mißglückten Projekt der Planification in Fos-sur-Mer ist gerade dieser Gesichtspunkt nicht hinreichend gewürdigt worden.

Mit Hilfe des WEBERschen Konzeptes läßt sich somit die Entstehung der Standorte der Eisen- und Stahlindustrie im Ruhrgebiet bis zur Jahrhundertwende und ihre räumliche Neuordnung seit den fünfziger Jahren mit der Aufgabe von Standorten abseits der Schiffahrtswege ebenso erklären wie auch die Entstehung der Küstenstandorte in Ostasien und an anderen Stellen.

Die industriellen Produktionsstrukturen haben sich im Laufe der Zeit nicht nur technisch verändert, sondern auch organisatorisch gewandelt. So wirkt sich die Arbeitsteilung nicht nur in den einzelnen Produktionsschritten innerhalb eines Betriebes und bei einem Erzeugnis aus, sondern auch zwischenbetrieblich und zwischen Unternehmungen in räumlicher Nachbarschaft ebenso wie über weite Distanzen hinweg. Dies betrifft sowohl die Teileerzeugung, die in allen Stufen bis zur Montage ausgegliedert werden kann, als auch die konstruktiven Vorstufen der Entwicklung bis hin zum Prototyp eines neuen Erzeugnisses. Dabei überlagern sich Tendenzen der arbeitsteiligen Gliederung und der Zusammenführung von Dienstleistungen bei Lieferanten, die ihrerseits wieder Hilfslieferanten einschalten mögen. Es wird deutlich, daß im Dienstleistungstransfer der Reichweite als Faktor oftmals nicht eine so schwerwiegende Bedeutung zukommt wie bei den Lieferanten von Produkten, die zeitlich in den Produktionsprozeß integriert sein können oder müssen.

Der zweite Faktorenkomplex der Standorttheorie schließt **Arbeitslöhne, Lohnnebenkosten** sowie die spezifischen Arbeitsleistungen (**Arbeitsproduktivität**) ein. In die Arbeitskosten sind die qualitativen Merkmale der Arbeit einzubeziehen, die die individuellen Fähigkeiten und Gestaltungsideen der Beschäftigten, die Produktions- und Arbeitsorganisation sowie deren Flexibilität in den Betrieben und Unternehmungen berücksichtigen. So werden die teilweise erheblichen Unterschiede der nominellen Lohnkosten in Hoch- und Niedriglohnländern modifiziert.

Die Arbeitskosten haben insbesondere großräumlich erheblich an Gewicht gewonnen; denn infolge der Verbilligung der Güterferntransporte und der dichter gewordenen internationalen fernräumlichen Beziehungen können die Arbeitskosten als Standortfaktor auch interkontinental mittelbar oder unmittelbar in Konkurrenz treten. WEBER führte in diesem Zusammenhang den Begriff des **Arbeitskoeffizienten** *ein*. Er setzt im Standortvergleich Arbeitskosten und bewegte Materialmengen in Beziehung, um den in Kilometern ausgedrückten möglichen standörtlichen Ablenkungsspielraum ermitteln zu können, den eine Produktion infolge niedriger Arbeitskosten an einem anderen Standort gegenüber einem gegebenen gewinnt (VOPPEL 1990, S. 77 ff.). Im Prozeß zur Entwicklung intensiverer internationaler Verflechtungen und erleichterter Verkehrsbedingungen hat die praktische Bedeutung des Arbeitskoeffizienten erheblich gewonnen.

*Material- und transportkostenintensive* Produktionen, wie die Metallgrundstofferzeugung, können Vorteile aus der unterschiedlichen Höhe der Arbeitskosten durch Verlegung der Produktion weg vom Transportkostenminimalpunkt nicht unmittelbar wahrnehmen. Indirekt können sich jedoch erheblich voneinander abweichende Arbeitskostenniveaus auswirken, insbesondere in der Konkurrenz mit Drittmärkten. *Arbeitsintensive Zweige* mit geringem Gewichts-/Wertverhältnis erreichen demgegenüber Ablenkungspotentiale aus Wirtschaftsräumen mit hohem Lohnniveau, die bei hinreichender Differenzierung der Höhe der Arbeitskosten Verlagerungen ganzer Produktionen oder die Wahrnehmung von Arbeitskostenvorteilen bei einzelnen Produktionsstufen erdweit gestatten. Im internationalen Vergleich stark voneinander abweichende Niveaus der Arbeitskosten haben somit vielfach die Stillegung oder den Export insbesondere weniger qualifizierter Arbeitsplätze aus den traditionellen Industriestaaten zur Folge.

Als weitere Faktoren sind sogenannte **Fühlungs- oder Kontaktvorteile** wirksam. Hierbei handelt es sich um verschiedenartige Standortfaktoren, die sich als Vorteil aus der räumlichen Nähe von Zulieferern, Abnehmern und Dienste leistenden privaten oder öffentlichen Einrichtungen ergeben können. Zum Teil sind diese Dienstleistungen in die Betriebe integriert, zum größeren Teil selbständig.

Aus diesen theoretischen Erörterungen läßt sich ableiten, daß die Verarbeiter von Rohstoffen mit Gewichtsverlusten überwiegend auf deren Verbreitungsgebiete ausgerichtet sind. Beispiele hierfür sind Braunkohlekraftwerke, Zukkerraffinerien oder Aluminiumoxidfabriken. Angesichts der Verkehrsentwicklung hat sich zwar der Aktionsspielraum, unter verschiedenen Vorkommen räumlich auszuwählen, erweitert, aber nur mit Einschränkungen. So kann sich der bestehende Standort eines Elektrokraftwerks auf der Basis Braunkohle nicht auf weiter entfernt gelegene, gegebenenfalls einstandskostengünstigere Vorkommen ausrichten; Entscheidungsspielräume können nur bei neuen Anlagen wahrgenommen werden.

Arbeitsintensive Industriebetriebe werden ihre Standorte unter der Voraussetzung vergleichbaren qualitativen Standards dort wählen, wo die Höhe der Arbeitskosten oder die Arbeitsproduktivität Kostenvorteile versprechen.

Wenn WEBER kurz nach der Wende vom 19. zum 20. Jahrhundert von großen Umwälzungen der industrieräumlichen Ordnung auf der Erde spricht, die besonders durch die Energievorkommen und die Grundstoffindustrie in Europa und Nordamerika gesteuert worden seien, so sorgen um die Wende vom 20. zum 21. Jahrhundert die erheblichen Arbeitskostenunterschiede innerhalb Europas und zwischen den älteren und den jüngeren Industrieländern, besonders in Südost- und Ostasien, für große Mobilität industrieller Produktionskapazitäten und für Veränderungen in der Verteilung der Industrie auf der Erde.

Der Katalog der Standortfaktoren in der Theorie A. WEBERS ist sinngemäß auf die Erfordernisse der Gegenwart zu übertragen, und aus methodischen Gründen vorgenommene Vereinfachungen sind zu korrigieren. So errechnet WEBER die Transportkosten als Produkt von Menge und Entfernung. Tatsächlich wurde und wird dieser Ansatz durch spezielle Tarifbildung, wie Entfernungs- und Wertstaffel, unterschiedliche Nachfrageintensität auf den einzelnen Strecken sowie Sondertarife aus verschiedenen Gründen, zum Beispiel Konkurrenz zwischen Verkehrsträgern, modifiziert. Die Arbeitskosten ergeben sich aus dem Stundenlohn und aus Zusatzkosten für Versicherungen, Sonderzahlungen (Urlaub, Weihnachten, besondere betriebliche Vereinbarungen zur Alterssicherung); im internationalen Vergleich der Arbeitskosten sind zudem Wechselkurse und deren Schwankungen zu berücksichtigen. Entscheidend ist das Maß der Arbeitsproduktivität, des Produktionsergebnisses je

Zeiteinheit, in das Maschinenlaufzeiten sowie Jahresarbeitszeiten einschließlich unterschiedlicher Urlaubsregelungen einzelner Betriebe, Tarifgebiete oder Staaten eingehen.

In allen diesen Fällen handelt es sich um Kosten, die als solche in die Berechnung der Standortkosten einfließen und somit operationabel sind.

Es ist notwendig, verstärkt **dispositive Merkmale des industriellen Produktionsprozesses** zu berücksichtigen. Dies ist für zahlreiche namentlich jüngere Industriezweige, etwa die Elektronik- und Kommunikationsindustrie oder die Biotechnik, Anlaß, räumlichen Kontakt mit einschlägigen Forschungsinstituten zu halten. Spezialisierte branchenbezogene Dienstleistungen, etwa für die Filmindustrie, können eine ähnliche raumprägende Wirkung haben. Hierdurch wird zugleich die Bildung horizontaler Agglomerationen begünstigt. Dieser Zusammenhang wird auch in Industrie- oder sogenannten "Technologieparks" genutzt, wo, manchmal in der Nähe technischer Ausbildungsstätten, gleichartige oder einander ergänzende Betriebe räumlich benachbart sind.

Häufig wird auf weitere Elemente der Beeinflussung von Standortentscheidungen verwiesen, die sich nicht unmittelbar als Kosten ausweisen lassen. Dabei handelt es sich teilweise um betriebsinterne oder -externe Motive, die im sozialen Bereich liegen können, teils um äußerliche, dem Ansehen einer Firma für förderlich erachtete Faktoren, wie die landschaftliche Einordnung, oder zufallsbedingte Ansätze, wie den Wohnort des Firmengründers, die jedoch auf Dauer die den Standort kostenentlastenden oder -belastenden Faktoren nicht ersetzen können.

Ein Einwand gegenüber der deduktiv abgeleiteten Standorttheorie WEBERS betrifft ihre **Anwendbarkeit**. Sie sei dadurch eingeschränkt, daß sie als Instrument, falls überhaupt, nur vor einer Standortentscheidung eingesetzt werden könne und danach Korrekturen kaum mehr möglich seien. Die Eisen- und Stahlindustrie ist hierfür ein Beispiel. Die Bindungskräfte an einem Standort sind so hoch, daß angesichts der dort getätigten Investitionen auch unter veränderten Bedingungen eine Reaktion hierauf nur schwer möglich sei (Anpassungsverzögerung durch Beharrung: *inertia* nach RODGERS 1952). Auch seien die Kontakte am Standort eng verwurzelt, die den Bindungsgrad erhöhen (REICHARDT 1996, S. 16). Diese Überlegungen sind angesichts der Beschleunigung der Geschwindigkeit von Veränderungen berechtigt. Daraus ergibt sich jedoch die Notwendigkeit, in denjenigen Fällen, in denen es möglich und notwendig ist, neue Formen der Standortorganisation zu entwickeln, etwa die Voraussetzung dafür zu schaffen, daß die Produzenten in der Lage sind, kurzfristigere Standortbindungen eingehen zu können. Dies wäre beispielsweise dadurch erreichbar, daß Betriebsgebäude und nebenbetriebliche Einrichtungen zur Versorgung, wie Kantinen und Betriebsfeuerwehren, durch externe Betreiber zur Verfügung gestellt und Gebäude durch die Produzenten befristet angemietet werden. Im übrigen sollte die Produktion oder der Grad der räumlichen Arbeitsteilung der Produktion den Veränderungen angepaßt werden. Bedeutsam ist es in diesem Zusammenhang, auf die durch interne und externe Entwicklungen entstehenden Einflüsse prozeßbegleitend zu reagieren.

Beispiele nicht rechtzeitig vollzogener Anpassung an gewandelte Standortbedingungen sind insbesondere ehemals kohle- und erzständige Betriebe der Eisen- und Stahlindustrie in Europa und Nordamerika, die mangels internationaler Konkurrenzfähigkeit zum Teil durch erhebliche Subventionen gestützt worden sind oder noch werden. Zunehmend werden jedoch die Folgen der Standortnachteile durch Stillegung der Grundstufen und Spezialisierung oder durch vollständige Aufgabe der Standorte korrigiert. Im westlichen Europa waren trotz verlorengegangener Konkurrenzfähigkeit besonders Betriebe der Grundstoffindustrie und des Bergbaus auch aus regional- und sozialpolitischen Gesichtspunkten weitergeführt worden, was die betroffenen Volkswirtschaften schwer belastet hat.

Neben dem theoretischen Konzept WEBERS zur Ermittlung optimaler *einzelbetrieblicher Standorte* stehen gesamtwirtschaftliche Ansätze einer Industriestandortlehre nach KAISER (1979), die die Verbreitung industrieller Standorte in Volkswirtschaften unter Betonung standortspezifischer Betriebstypen zum Gegenstand hat (s. 3.5).

### 2.3.4.3 Standorte von Versorgungseinrichtungen

Im **Dienstleistungssektor**, der statistisch traditionell dem tertiären Sektor zugeordnet ist, sind Einrichtungen mit sehr verschiedenartigen Aufgaben zusammengefaßt. Allen gemeinsam ist die Funktion der Versorgung, wobei diese sich auf Haushalte, Betriebe und öffentliche Einrichtungen beziehen kann. Die Vielfalt ergibt sich in wirtschaftsgeographischer Sicht daraus, daß der Raumbezug bei weit gestreuten Aufgabenstellungen der Funktionen sehr unterschiedlich sein und der Standortbindungsgrad daher weit auseinandergehen kann.

Eine Sonderstellung nimmt das **Verkehrswesen** ein. Der nicht betriebliche Individualverkehr erfüllt wesentliche Verkehrsaufgaben, ohne jedoch den Dienstleistungen zugerechnet zu werden. Der von Unternehmungen betriebene Verkehr erfüllt unterschiedliche Funktionen der Personen-, Güter- und

Nachrichtenbeförderung. Die Transportvorgänge sind nicht fest verortet. Lediglich die Stationen (Postämter, Bahnhöfe, Häfen, Flughäfen sowie ein großer Teil der Telekommunikationseinrichtungen) haben einen festen Standort, der mit denjenigen Versorgungseinrichtungen vergleichbar ist, die von ihrem Standort aus ein Einzugsgebiet versorgen.

Das Dienstleistungswesen kann unter wirtschaftsgeographischen Aspekten in zwei Gruppen gegliedert werden, einmal in die Unternehmungen und Einrichtungen zur Versorgung von Endverbrauchern im engeren Sinne (private Haushalte), wozu in besiedelten Räumen eine flächendeckende Versorgung erforderlich ist („*haushaltorientiert*"), und zum anderen in solche, die insbesondere Unternehmungen mit speziellen Dienstleistungen versorgen („*produktionsorientiert*"). Nachfolgend wird die erste Kategorie behandelt.

Bei den **Dienstleistungseinrichtungen**, die überwiegend von ihrem Standort aus ein **Einzugsgebiet** versorgen, besteht ein enger Zusammenhang zwischen der Stätte des Angebots und dem Gebiet der Nachfrage. Abweichungen gibt es, wenn sich Versorgungseinrichtungen ohne flächendeckende Angebote auf wenige oder nur einen Abnehmer ausgerichtet haben. Sonderfälle bieten sich im mobilen Angebot des ambulanten Handels (zum Beispiel Tiefkühlwaren, Backwaren) oder von semiambulanten Dienstleistungen (Beschickung von Märkten; Büchereien, Banken); in diesen Fällen ist die räumliche Beziehung zu den Abnehmern deutlich. Auch beratende Dienstleistungen, zum Beispiel der Außendienst von Versicherungen und Steuerberatungen, können ambulant sein. Die Wahrnehmung von dienstleistenden Sonderfunktionen, wie die Planung von Bauwerken oder Siedlungen, lassen eine dauerhafte Nahraumbeziehung zwischen Anbieter und jeweiligem Abnehmer nicht sinnvoll erscheinen.

Von W. CHRISTALLER (1933) ist in diesem Zusammenhang der Begriff der **Zentralität** eingeführt worden. Als zentral in seinem Sinne werden ausschließlich *Dienstleistungsfunktionen* bezeichnet, deren Angebot über den örtlichen Rahmen hinausgeht und von jenseits der örtlichen Grenzen nachgefragt wird. Derartige Dienstleistungen werden in sogenannten *zentralen Orten* erbracht. Auf diese bezogen erzielen sie einen *Bedeutungsüberschuß*. Sie zeichnen sich als Standorte entsprechender Dienstleistungsfunktionen gegenüber **dispersen Orten** oder Regionen aus, die ihrerseits ein *Angebotsdefizit, aber einen Nachfrageüberschuß* aufweisen. Eine zentrale Funktion kann daher nur wahrgenommen werden, wenn ein Umland mit entsprechendem Bedeutungsdefizit existiert. Durch Angebotskombinationen oder besondere Angebotsformen und infolge von Funktionsstörungen können auch in disperser Lage zentrale Funktionen wirksam werden, wie in Freizeitparks und peripherisch gelegenen Einkaufszentren. Als Sonderfall sind Neue Städte („New Towns" in Großbritannien) anzusehen, die ins bestehende zentralörtliche Gefüge implantiert werden und, sofern sie sich nicht selbstversorgen, zu Anpassungsreaktionen der bestehenden zentralen Orte zwingen.

Überschüsse, die jenseits des lokalen Umfelds abgesetzt werden, erzielen typischerweise auch marktbezogene Produktionsunternehmungen, zum Beispiel viele landwirtschaftliche und die meisten Industriebetriebe. In der Regel sind derartige Produktionsbetriebe jedoch nicht mit einem systematisch zu versorgenden Einzugsgebiet, das durch Reichweiten definiert ist, verknüpft; diese Betriebe können nahräumlich, aber auch fernräumlich und global mit Abnehmern verknüpft sein. Das trifft insbesondere auf die Nutzer integraler Netzwerke (Internet-Standard) zu, die zu Beginn des neuen Jahrtausends verstärkt das Marktgeschehen steuern werden.

CHRISTALLER hat sein theoretisches Konzept auf Örtlichkeiten ausgerichtet, die Standort zentraler Einrichtungen sind; er hat in seinem empirischen Teil als Kriterium des Bedeutungsüberschusses, der die Zentralität eines Ortes bestimmt, dessen Gemeindegrenzen zugrunde gelegt. Diese können jedoch kurzfristig durch Verwaltungsakt verschoben werden, ohne daß davon, mit Ausnahme administrativer Dienste, die Versorgungssituation der Nachfrager und Anbieter unmittelbar betroffen zu sein braucht. Das Kriterium der Versorgungszentralität ist jedoch für die Fragestellung nicht ausreichend (BOBEK 1938 und 1972). Entsprechend der Systematik der übrigen Raum- und Standorttheorien steht auch bei der Theorie der **Versorgungsfunktionen** die räumliche Ordnung der betrieblichen Standorte einschließlich der zugehörigen Versorgungsgebiete im Vordergrund; es geht um die Art und den Umfang des *Dienstleistungsangebots* des jeweiligen Betriebs, beispielsweise im Einzelhandel, oder der jeweiligen Einrichtung, zum Beispiel von Theatern, und um die *Nachfrage nach Leistungen* aus dem jeweiligen Versorgungsgebiet. Dabei können die Verwaltungsgrenzen als methodisches Ordnungskriterium nicht oder nur mit Einschränkungen berücksichtigt werden. Ausgenommen hiervon sind jedoch öffentliche und andere Dienstleistungen, deren jeweilige Zuständigkeit sich auf Verwaltungsgebiete bezieht, so Stadt- und Kreisverwaltungen, einige Schulen, Finanzämter und Gerichte.

Neben den Dienstleistungsfunktionen, die der Versorgung von durch Reichweiten bestimmten Einzugsgebieten dienen, sind vorwiegend unter **produktionsorientierten Dienstleistungen** solche, deren Abnehmer sich nicht oder nicht ausschließlich in einem den Standort umgebenden Einzugsgebiet zu befinden brauchen, sondern in räumlicher Streuung verbreitet sein können. Leistungen solcher Art werden durch Beratungsdienste für Betriebe der Landwirtschaft, der Industrie, des Handwerks oder anderer Dienstleistungsbetriebe angeboten. Sie können auf eine Unternehmung konzentriert oder auf eine unbestimmte oder bestimmte Anzahl von Kunden ausgerichtet sein. Ihr Standort kann abhängig oder unabhängig von den Abnehmern sein. Während regionale Marktveranstaltungen und regionale Ausstellungen zentrale Leistungen für ihr Einzugsgebiet anbieten, sind überregionale Veranstaltungen, zum Beispiel Kraftfahrzeugschauen oder Sonderausstellungen von Museen, sowie internationale Messeveranstaltungen Einrichtungen hoher Zentralität, aber meist nicht auf ein durch Reichweiten definiertes Umland ausgerichtet.

Die Hinweise, wonach die Zentrale-Orte-Konzeption modernen Fragestellungen der Raumordnung nicht mehr entspreche (zusammengefaßt in GEBHARDT 1996, S. 1–7), betreffen weder Methode noch Inhalt des raumtheoretischen Ansatzes, sondern sind auf planerische Anwendungen und Systementwicklungen im Einzelhandel mit diesen entsprechenden Standortanforderungen gerichtet.

Die Theorie CHRISTALLERS basiert auf homogenen Raumbedingungen und ist insoweit methodisch ähnlich angelegt wie die THÜNENsche Raumtheorie. CHRISTALLER unterstellt ein gleichartiges Verhalten der Marktteilnehmer auf Seiten des Angebots und der Nachfrage sowie gleiche Verteilung der Kaufkraft. Auf diese Weise gelingt es ihm, die für die Fragestellung entscheidenden Raumbeziehungen zu erklären und die Grundlagen für die daraus abzuleitenden unternehmerischen Entscheidungen zu verdeutlichen. Die Theorie beinhaltet ein System der Zentralität, das diejenigen Versorgungsfunktionen umfaßt, die flächenhaft nachgefragte Dienste von einem auf das Gebiet der Nachfrage bezogenen Standort anbieten. Das System ist durch *Reichweiten bestimmt.*

Die **Reichweiten der Nachfrage** von Gütern und Leistungen sind von der Periodizität der Nachfrage und dem Wert der Leistung abhängig. Häufig bis täglich nachgefragte Güter vertragen gegenüber seltener nachgefragten und hochwertigen Gütern einen geringeren Zeit- und Transportkostenaufwand. Es bilden sich also typische Reichweiten heraus, die die äußerst mögliche Entfernung zwischen Angebot und Nachfrage festlegen. Diese ist einerseits von der Nachfrage, andererseits von den Anbietern abhängig, deren Leistung nur wirksam werden kann, wenn die Nachfrage danach hinreichend groß ist.

CHRISTALLER unterscheidet daher zwischen einer *inneren* oder *unteren Reichweite*, die das Mindesteinzugsgebiet der Anbieter definiert, und einer *äußeren* oder *oberen Reichweite*, die die äußere Grenze der möglichen Nachfrage nach einer Dienstleistung bezeichnet. Liegt die Kurve der äußeren Reichweite (Nachfragekurve), bezogen auf den Angebotspunkt, jenseits der inneren (Angebotskurve), kommen sowohl Angebot als auch Nachfrage zustande; je größer der Abstand der beiden Kurven ist, desto elastischer ist der betriebsstrategische Spielraum des Anbieters, der sein Sortiment darauf ausrichten kann. Verläuft jedoch die Kurve der Angebotsreichweite, ebenfalls bezogen auf den Angebotspunkt, jenseits der Nachfragekurve, ist die wirtschaftliche Grundlage für das Angebot nicht gegeben. Unter diesen Bedingungen kommt ein Angebot nicht zustande, oder es kann nicht mehr in der bisherigen Weise aufrechterhalten werden.

Grundsätzlich versorgt jede einzelne Dienstleistungseinrichtung ihr eigenes Versorgungsgebiet, so daß theoretisch ebenso viele Raumsysteme wie Dienstleistungen existieren. Es bilden sich jedoch hierarchisch gestaffelte typische Reichweiten heraus, die mit dem Wert und der Periodizität der Nachfrage und mit den Vorteilen der horizontalen Agglomeration im Zusammenhang stehen; denn es bieten sich Vorteile, wenn sich gleichartige (Konkurrenzakkumulation) oder unterschiedliche, aber sich ergänzende oder verschiedenartige Einrichtungen des Angebotes in enger Nachbarschaft häufen, wie zum Beispiel in Geschäftszentren.

CHRISTALLER (1933) hat bis zum sogenannten L-Ort (Landeshauptort) acht **Zentralitätsstufen** benannt, die theoriegemäß hierarchisch abgestuft Versorgungsfunktionen in einem räumlich zugeordneten Einzugsgebiet flächendeckend zu leisten haben, wobei die jeweils höhere Stufe der Zentralität grundsätzlich eine größere Reichweite erlangt. In diesem System werden in jedem Ort mit übergeordneter Zentralität zugleich die Leistungen der untergeordneten Zentralitätsstufe(n) angeboten. So wächst mit dem zentralen Rang und den Reichweiten der an einem Ort angebotenen Dienstleistungen die Zentralität überproportional stark an. Den untersten Rang mit voller Zentralität der ersten Stufe belegt der „Marktort". Darüber ordnen sich die übrigen Angebotsstufen mit jeweils höherer Zentralität und daher mit jeweils größeren Reichweiten (Abb. 5, in der vier Zentralitätsstufen dargestellt sind).

Den L-Orten übergeordnet sieht CHRISTALLER Funktionen weiterreichender Zentralität von staatshaupt- oder weltstädtischem Rang. Einige der räumlichen Beziehungen solcher Städte greifen über die Grenzen auch größerer Staaten hinaus, so zum Beispiel die Börsen und Banken in New York, London und Tokyo, die ihre Aufgaben in Räumen sich ergänzender Zeitkorridore wahrnehmen und untereinander verflochten sind. Dienstleistungen derartiger Zentralität, deren Einfluß über größere Teile der besiedelten Erde reichen kann, in New York zum Beispiel auch das politische Zentrum der Vereinten Nationen, begründen einen Rang der sie tragenden Städte, die als „**Weltstädte**" oder als

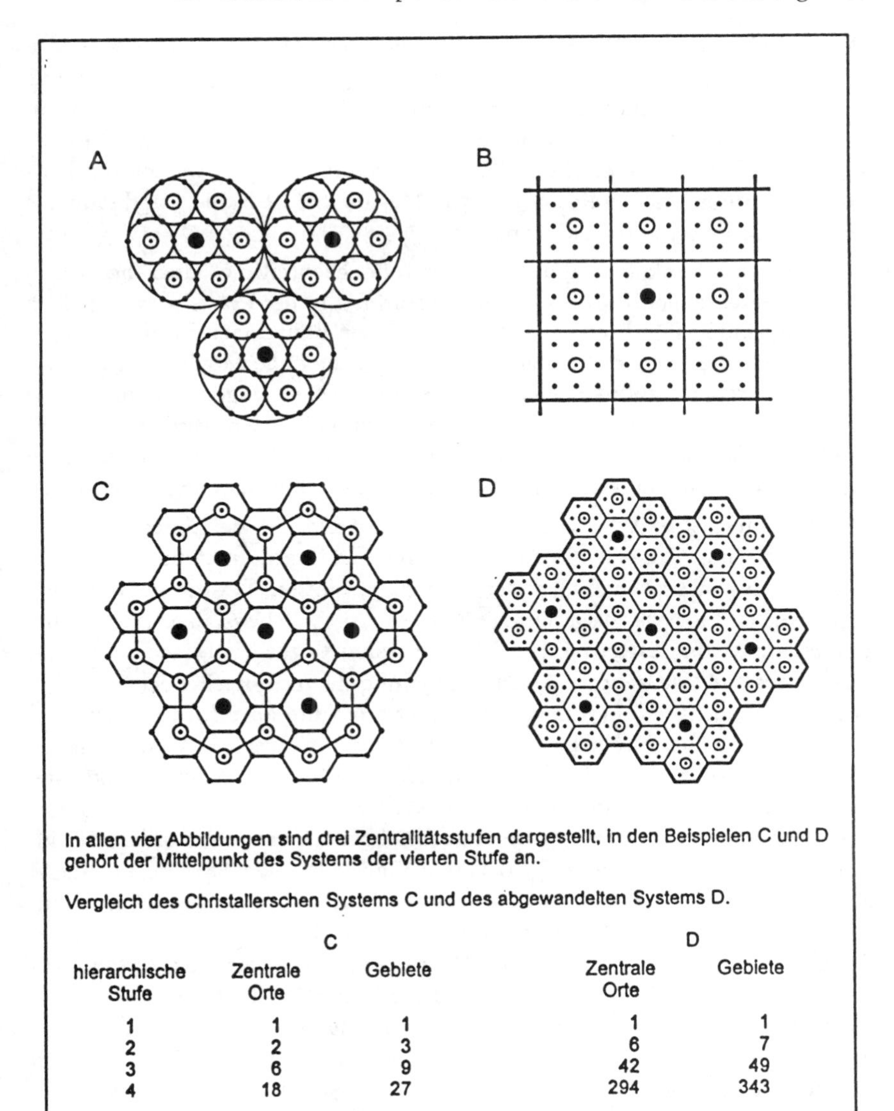


In allen vier Abbildungen sind drei Zentralitätsstufen dargestellt, in den Beispielen C und D gehört der Mittelpunkt des Systems der vierten Stufe an.

Vergleich des Christallerschen Systems C und des abgewandelten Systems D.

| | C | | D | |
|---|---|---|---|---|
| hierarchische Stufe | Zentrale Orte | Gebiete | Zentrale Orte | Gebiete |
| 1 | 1 | 1 | 1 | 1 |
| 2 | 2 | 3 | 6 | 7 |
| 3 | 6 | 9 | 42 | 49 |
| 4 | 18 | 27 | 294 | 343 |

Grafik: Stephan Pohl, 1999

Abb. 5 Die räumliche Ordnung des Angebotes zentraler Güter und Dienste zur Versorgung der Bevölkerung und zugleich der zentralen Orte
Quelle: VOPPEL 1975, S. 48

**„Global Cities"** (SASSEN 1991a und b, 1996) bezeichnet werden. Diese weisen in einigen Funktionsbereichen einen hohen Grad an Eigenständigkeit auf, konkurrieren auf Teilmärkten, können aber, sich in ihren Funktionen ergänzend, untereinander verflochten sein. Elemente globaler Aktivitäten finden sich auch in zahlreichen weiteren als den genannten Städten, wie etwa in Paris und in Singapur, oder an Standorten von Messen, die als fachlich und räumlich umfassende Veranstaltung konzipiert sind.

Bei räumlicher Funktionsteilung sind diesen hochzentralen Städten theoretisch auch in diesen Fällen Einzugsgebiete zugeordnet. In der Praxis werden jedoch Überschneidungen auftreten, da die angebotenen Funktionen nicht gleichartig zu sein brauchen; der Börsenhandel nimmt ja gerade die Möglichkeiten wahr, die sich durch Reaktionsträgheit und Zeitunterschiede ergeben können. Die großen Reichweiten dieser hochrangigen Funktionszentren werden durch die modernen Standards der Nachrichtenübertragungstechnik, aber auch durch die Beschleunigung und relative Kostensenkung des Flugverkehrs begünstigt.

Das System CHRISTALLERS beruht unter anderem auf der Annahme einer Gleichverteilung der Bevölkerung und ihrer Kaufkraft. In dünn besiedelten Räumen mit entsprechend niedriger Nachfrage, wie zum Beispiel in ländlichen Gebieten, ist ein voll ausgestatteter Marktort nicht lebensfähig. Hierfür hat CHRISTALLER die Kategorie des **„hilfszentralen Ortes"** vorgesehen, der auf Grund des für eine zentrale Grundausstattung nicht ausreichenden Nachfragepotentials nicht alle Leistungen der untersten Stufe im erforderlichen Umfang bereitzustellen in der Lage ist. Entweder kommt kein Angebot zustande (siehe oben), oder es werden in diesem Fall die Angebote mehrerer Branchen kombiniert; die Sortimente sind breiter, aber von geringerer Tiefe. Derartige Läden finden sich in dünn besiedelten ländlichen Gebieten (nordamerikanische Prärie), aber auch in aufgelockerten randstädtischen Siedlungen. Reicht auch für solche Einrichtungen das Nachfragepotential nicht aus, kann ambulanter Handel die Lücken schließen oder, wie zum Beispiel in dünn besiedelten Teilen der Vereinigten Staaten von Amerika oder Kanadas, der Versandhandel. Bewegliche Anbieter, zum Beispiel ländlicher Produkte und von Tiefkühlware, Banken, Postämter und Büchereien nehmen ähnliche Funktionen wahr. Die Variante der Hilfszentralität ist eine Abwandlung des Modells, da in diesem Fall von der Gleichverteilung der Bevölkerung abgewichen wird; es handelt sich um eine realitätsbezogene Modifikation der Theorie.

Die theoretischen Ergebnisse hat CHRISTALLER (1933) empirisch am Beispiel Süddeutschlands erprobt. Da sein theoretisches Konzept wie die anderen Standorttheorien auf Abstraktionen beruht, ergibt sich ein den gegebenen Voraussetzungen entsprechendes Idealbild von Kreisflächen, die, das Einzugsgebiet repräsentierend, den Standort des Anbieters mit dem Radius der jeweils erforderlichen und möglichen Reichweite umgeben. Um in seinem System Überschneidungen oder unversorgte Restflächen auszuschalten, hat CHRISTALLER mit dem Sechseck im Modell die der Kreisfläche am nächsten kommende geometrische Figur zugrunde gelegt, die zugleich die Bedingung der vollen Flächenversorgung erfüllt. Die sich hieraus ergebenden, jeder zentralen Ebene zugeordneten kontinuierlichen Sechseckmuster verdeutlichen bildhaft die im Prinzip flächendeckende Funktion der dafür in Frage kommenden Dienstleistungen, sind aber methodisch ohne Belang.

Die Theorie CHRISTALLERS ist wie die anderen Raumtheorien auf Grund der methodischen Vorgehensweise idealisierter Bedingungen des Raumes und der Akteure kritisiert worden. CHRISTALLER hat unter anderem die Gleichverteilung der Kaufkraft, des entscheidenden Kriteriums der Nachfrage, gleichartiges Nachfrageverhalten und eine gleichartige Qualifikation der Anbieter von Dienstleistungen ebenso wie allseitig gleiche Erreichbarkeit angenommen. Auf dieses Weise gelingt es ihm jedoch, das Grundsätzliche der Raumbeziehungen zwischen Anbietern und Konsumenten von Dienstleistungen zu verdeutlichen. Alle Raumstrukturen, die von dem von ihm abgeleiteten regelhaften Ordnungssystem infolge von Faktoren, die den Annahmen nicht entsprechen, abweichen, können somit beurteilt, Fehlentwicklungen gegebenenfalls korrigiert werden.

Auch dieses **raumtheoretische Modell** ist **als ein Instrumentarium** aufzufassen, mit dessen Hilfe die Zusammmenhänge der Versorgungszentralität erkannt werden und in zweckbezogener Bewertung der jeweils konkreten Raumsituation räumliche Entscheidungen getroffen werden können. So hat das Zentrale-Orte-Konzept Eingang ins Planungswesen gefunden. Seine Grundsätze wurden beispielsweise bei der räumlichen Gestaltung des trockengelegten Nordostpolders in den Niederlanden, der hierfür ein ausgezeichnetes Experimentierfeld darstellte, berücksichtigt. Die Abstraktionen sind in konkreten Entscheidungssituationen Zug um Zug durch die gegebenen Standortfaktoren zu ersetzen, wobei die dynamischen Prozesse räumlichen Wandels zu berücksichtigen sind.

Eine geographisch wichtige Modifikation ergibt sich aus der tatsächlichen **Bevölkerungsverteilung**. Die landwirtschaftliche Bevölkerung ist im Zusammenhang mit der notwendigen Betriebsfläche jeweils unter ähnlichen Anbaubedingungen verhältnismäßig gleich verteilt, aber relativ gering verdichtet, wie zum Beispiel in der nordamerikanischen Prärie. Demgegenüber hat die Industrialisierung infolge relativer und absoluter Konzentrationen der Beschäftigung ebenso zur ungleichen Verteilung der Bevölkerung beigetragen wie Betriebsstätten des tertiären Sektors, die häufig in großen Städten in Agglomerationen konzentriert sind; in derartig geprägten Wirtschaftsräumen ist die Annahme gleicher Bevölkerungsverteilung unrealistisch. Auch die Verteilung der Bevölkerung in städtischen Agglomerationen hat sich mit der Zunahme der persönlichen Mobilität und zum Teil infolge der Verlagerung von Industrie- und Gewerbebetrieben an die Peripherie von Städten relativ aufgelockert, so daß sich das Muster der Standorte flächendeckender Dienstleistungsbetriebe ebenfalls gewandelt hat (BOBEK 1972).

Dieses Problem ist von CHRISTALLER erkannt worden, der in seinem süddeutschen Arbeitsfeld mit München, Stuttgart, dem Rhein-Neckar- und dem Rhein-Main-Gebiet Verdichtungsräume unterschiedlicher Ausprägung vorfand. Er hat in einigen Rechenbeispielen gezeigt, welche Konsequenzen Bevölkerungsverdichtungen oder -reduktionen für die Versorgung mit zentralen Gütern und Diensten haben. Die Reduktion der angebotsorientierten Reichweitenkurve erhöht das Nachfragepotential und bewirkt grundsätzlich eine Verbesserung der Versorgung des Raumes. So ergibt sich im Ruhrgebiet von Dortmund bis Duisburg und an seinen industrialisierten Rändern des bergisch-märkischen Landes und in Düsseldorf die Möglichkeit, von administrativen Dienstleistungen abgesehen jeweils aus den Angeboten von wenigstens zwei Oberzentren wählen zu können.

Die Summe des kilometrischen Aufwands zur Befriedigung der Nachfrage ist in verdichteten Räumen durchschnittlich kleiner, in dünn besiedelten Gebieten jedoch größer.

Die Reichweite der Nachfrage kann als Folge individueller Einschätzungen von Entfernungen und Bewertungen und der Kosten ihrer Überwindung von ihrem theoretisch errechneten Maß abweichen. Sie wird durch **externe Einflüsse**, wie zum Beispiel die **Erreichbarkeit der städtischen Kerne** bei Benutzung des Privatkraftfahrzeugs, systeminkonform beeinflußt. Ein großflächiges **Einkaufszentrum am Rande von städtischen Agglomerationsräumen** verfehlt, sofern die gesamte städtische Region zu versorgen und die gewogene Mitte innerhalb des Einzugsgebietes nicht realisiert ist, den theoretisch gebotenen Standort mit dem geringsten Transportgesamtaufwand und stellt grundsätzlich eine gesamtwirtschaftliche Belastung dar.

Das räumliche Verhältnis zwischen Nachfrage und Angebot im Einzelhandel ist durch Veränderungen geprägt, die als Folge des **Wandels der Strukturen der Gesamtnachfrage** und der **Verkehrserschließung** wirksam werden. So verschieben sich mit steigendem Wohlstand (Engelsches Gesetz) die Anteile der Ausgaben für Konsumgüter des täglichen Bedarfs zugunsten langlebiger oder neuartiger Güter. Daneben finden auch Umschichtungen innerhalb der Ausgabenpalette statt, zum Beispiel zugunsten der Nachfrage nach Freizeit- und Fremdenverkehrsleistungen.

Verkehrsbedingte Änderungen ergeben sich durch die Zunahme des Individualkraftverkehrs und den Mangel an Abstellflächen in den städtischen Kernregionen. Hierdurch verschlechtert sich die Erreichbarkeit der Einkaufszentren in den städtischen Kernen und zum Teil auch in den Subzentren. Infolgedessen wandert ein Teil des Einzelhandels an die Peripherie und in die Randgebiete der Städte ab. Die Verstärkung des Angebots in Verkehrsstationen, wie Bahnhöfen, Flugplätzen und Tankstellen gründet sich zum Teil auf die längerdauernden Öffnungszeiten.

Diese **absoluten oder relativen Verluste der städtischen Kernzentren**, zuerst in den Vereinigten Staaten von Amerika, werden als „trading down" bezeichnet. Traditionell hochwertiges Angebot wird durch nachrangige Angebote ersetzt. In den peripherischen Standorten dominieren in der Regel **neuere Einzelhandelsbetriebsformen**. So etablieren sich in exzentrischen Positionen großflächige Fachmärkte und polyfunktionale **Einkaufszentren** (shopping centres) in unterschiedlicher Ausstattung und Organisation; sie sind teilweise mit ergänzenden Versorgungsfunktionen, wie Postämtern, Filmtheatern und gastronomischen Betrieben, und weiteren Einrichtungen, die der Freizeitbetätigung dienen, ausgestattet. Als Beispiel kann das Einkaufszentrum North Dartmouth Mall 10 km westlich von New Bedford/Mass. gelten, das sich in isolierter Position bisher schon über mehrere Jahrzehnte als lebensfähig erwiesen hat (Abb. 6). Vielfach lädt die Ausstattung solcher Zentren zum sonntäglichen Familienausflug ein. In manchen Städten ist das Dienstleistungszentrum im Innern fast völlig durch randliche Standorte substituiert worden. Charakteristisch hierfür ist die Entwicklung der Hauptstraße in Gary/Indiana, einem größeren Stahlindustriestandort an der südlichen Peripherie von Chicago, die seit mehreren Jahrzehnten durch Niedergang und Stagnation auf niedrigem Niveau gekennzeichnet ist. Das „neue Zentrum" in Oberhausen, am Rande der bisherigen „Mitte", zielt auf ein Einflußgebiet, das tief in das Hinterland der benachbarten Oberzentren Essen und Duisburg und darüber hinaus eingreift. Dieses Einkaufszentrum wird durch eine benachbarte große Mehrzweckhalle und Freizeiteinrichtungen am Rhein-Herne-Kanal ergänzt.

Teilweise entsprechen die räumlichen Verlagerungen des Einzelhandels veränderten Reichweiten im Zusammenhang mit Koppelungen von Angeboten, wie bei den genannten Verkehrsstationen, anderenteils, wie bei randstädtischen Einkaufszentren, den dort im Gegensatz zu den städtischen Kernen gegebe-

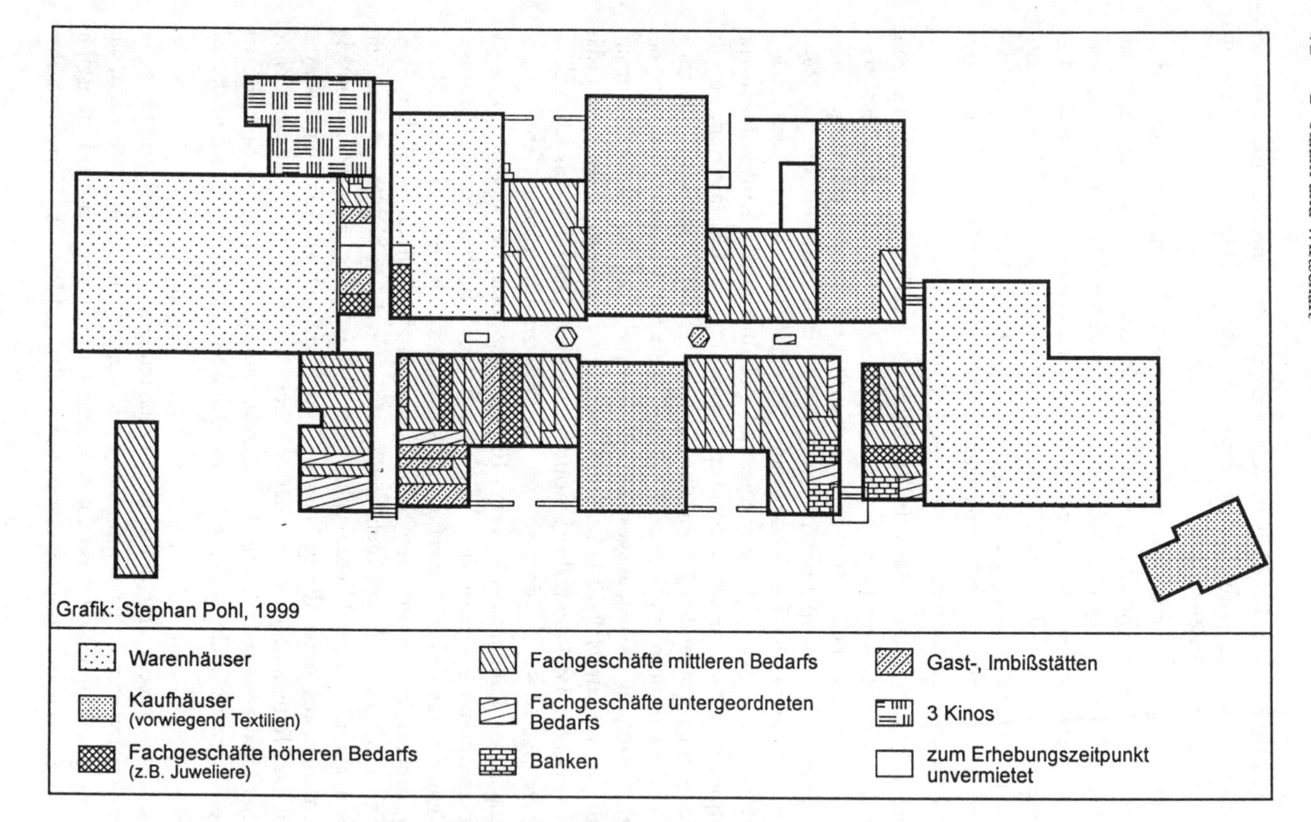


Abb. 6 Das Einkaufszentrum in North Dartmouth Mall/Mass. Quelle: Eigener Entwurf

nen Möglichkeiten, großzügig Abstellraum für Fahrzeuge der Kunden, überwiegend gebührenfrei, zur Verfügung zu stellen. Die hierdurch entstandenen räumlichen Funktionsteilungen könnten gemindert werden, wenn die Nachteile im Kern durch geeignete verkehrspolitische und stadtgestalterische Konzepte beseitigt werden könnten.

In der frühen Eisenbahnentwicklungsphase hatten Bahnhöfe die Bildung von „Bahnhofstraßen“ als Geschäftsstraßen entlang der Verbindung der Station mit dem zugehörigen Stadtzentrum begünstigt. Seit den neunziger Jahren des 20. Jahrhunderts ist man bestrebt, das Passantenpotential von Bahnhöfen und verfügbare Flächen in den Bahnhöfen wieder stärker zu nutzen, indem das Bahnhofsareal als Geschäftszentrum ausgestattet wird. Beispiele hierfür sind in Deutschland Leipzig, Köln, Dortmund und Hannover. In Japan, wo die Nutzung der Bahnen durch Pendler und Fernreisende sehr intensiv ist, ist die Kombination meist im Untergrund gelegener Geschäfts- und Restaurationszentren mit der Verkehrsfrequenz schon seit längerem sehr ausgeprägt (zum Beispiel Bahnhof Tokyo und Umeda/Osaka). In Kyoto/Japan ist in den neunziger Jahren durch partielle Überbauung des Bahnhofs ein modernes architektonisch originelles Zentrum, das sogar ein Theater einschließt, entstanden.

Modifikationen der zentralörtlich bedingten Raumbeziehungen ideeller und dinglicher Zentralitätsströme werden sich bei der Anwendung von Kommunikationsnetzen, zum Beispiel des Internet, ergeben, wenn Bestellungen von Waren, Eintrittskarten und Buchungen von Leistungen vom jeweiligen Aufenthaltsort des Kunden aus vorgenommen werden.

In Europa wird – Vorbildern aus Nordamerika folgend – angestrebt, Erzeugnisse von Industriebetrieben in **Fabrikverkaufszentren** oder sogenannten **Factory Outlet Centers** einzurichten, in denen nachsaisonale Waren und teilweise Artikel zweiter Wahl Verbrauchern unmittelbar angeboten werden. Vor allem das Bekleidungsgewerbe und die Lederverarbeitung, aber auch andere Branchen sind an diesem Konzept beteiligt. Soweit diese, anders als die schon länger existierenden Verkaufsstellen von Produzenten am Standort ihres Betriebes, disperse Positionen an Stadträndern oder in größerer Entfernung von der potentiellen Kaufkraft innehaben, entspricht ihre Lage nicht dem Erfordernis der Minimierung des Verkehrsaufwands.

In Deutschland ist eine Reihe solcher Verkaufszentren geplant, einige an Standorten, die wie Geiselwind zwischen Würzburg und Nürnberg oder Großmehring bei Ingolstadt, die exzentrische Lage erkennen lassen.

Andere sollen in der Nähe von größeren Agglomerationen, so in Nordrhein-Westfalen und im Berliner Raum in Wustermark, Oranienburg und Lichterfelde, oder sogar im städtischen Kern selbst, zum Beispiel im innerstädtischen Kern Leipzigs, eingerichtet werden. Zum Teil ist vorgesehen, daß sich die Verkaufsstellen an größeren Standorten zu Einkaufszentren gruppieren.

Ein jüngeres System, durch Dispersion Kundennähe zu erlangen, ist das sogenannte **Franchising.** So kann eine speziell entwickelte Form des Angebots (Unternehmungsidee) durch selbständige Unternehmer verbreitet werden, wobei die Risiken auf Franchise-Nehmer und -Geber verteilt sind. Entscheidend im wirtschaftsgeographischen Sinne ist die Möglichkeit, die Standorte des Angebots räumlich schnell und bei begrenzten Investitionen zu vervielfachen. Das System entwickelt sich insbesondere im Dienstleistungswesen und Handwerk.

Die produktionsorientierten Dienstleistungen können ebenfalls räumlich auf ihre Kunden ausgerichtet sein, wenn sich diese in einem Einzugsgebiet räumlich zuordnen lassen (zum Beispiel Steuerberatung). Sie können jedoch auch spezialisiert sein, so daß ihre Klienten in großer räumlicher Streuung versorgt werden müssen. Auch eine zeitweilige Ausrichtung auf Kunden durch ambulante Tätigkeit, zum Beispiel bei Unternehmungsberatungen und Betriebsprüfungen, ist denkbar. Grundsätzlich liegt diesen Fällen ebenfalls die Minimierung des Reisekosten- und -zeitaufwands zugrunde, aber der Spezialisierungsgrad erlaubt größere Reichweiten.

Die Überschußproduktion von Agrar- und Industrieerzeugnissen begründet Bedeutungsüberschuß am Produktionsstandort („basics"), aber die Verteilung dieser Produkte vollzieht sich über den Großhandel und, soweit endverbrauchsbezogen, nachgeordnet oder unmittelbar über den Einzelhandel, die ihrerseits den Ordnungskriterien zentraler Funktionalität folgen.

Beim Blick auf die existierenden Städtesysteme zeigen sich **Modifikationen des theoretischen Idealbildes**, die die jeweilige kulturräumliche Entwicklung widerspiegeln. Deutlich wird beispielsweise der aus der historischen Entwicklung entstandene Unterschied im Vergleich föderalistischer Strukturen, wie in Deutschland, und zentralistischer Strukturen, wie in Frankreich. Während hier Paris als Metropole alle wesentlichen hochzentralen Funktionen umfaßt, haben sich in Deutschland entsprechend der Größe der Territorien zahlreiche kleinere und größere Residenzen entwickelt, von denen einzelne zwar einen höheren Rang erlangen konnten, wie München, Stuttgart und Dresden, ohne aber mangels hinreichender Konzentration der höheren und höchsten Funktionen weltstädtische Zentralität gewinnen zu können. So ergibt sich im Vergleich des Städtesystems von Frankreich und Deutschland eine Hierarchie, bei der Paris mit großem Abstand an der Spitze steht, die theoretisch nachfolgenden Stufen aber mindestens nur unzureichend vertreten sind, während sie in Deutschland vorhanden sind und ein verhältnismäßig regelmäßiges Verbreitungsbild zeigen. In dem relativ großflächigen Frankreich bedeutet dies eine relative Stärkung von oberzentralen Funktionen in den Provinzstädten wie Nantes, Montpellier oder Bordeaux.

### 2.3.5 Theoretische Grundlagen für die räumliche Ordnung von Siedlungen

Das THÜNENsche Modell erklärt neben der räumlichen Ordnung der Landwirtschaft auch die **räumliche Gliederung von Siedlungen**, insbesondere von Städten. Hier ist eine Verbindung mit der CHRISTALLERschen Standorttheorie der zentralen Einrichtungen und ihrer Einzugsgebiete gegeben, die als einzelne oder in räumlicher Gesellschaft mit anderen Anbietern ihren optimalen Standort im Zentrum des Versorgungsgebietes finden. Dabei kommen Ordnungssysteme der betrieblichen Standorte in Abhängigkeit von der Zentralitätsstufe der jeweiligen Einrichtung und von den Standortkosten, die jeweils zu entrichten sind, zustande.

Der Ansatz VON THÜNENS geht jedoch über den von CHRISTALLER hinaus, da alle städtischen Elemente, neben den Basics auch die Nonbasics, zum Beispiel Wohnviertel in sozialer Differenzierung, grundsätzlich in das Modell einbezogen werden. Räumliche Verflochtenheit und Intensität der einzelnen Funktionen, ihre unterschiedlichen Reichweiten sowie die spezifischen Flächenansprüche sind zu berücksichtigen. In der historischen Betrachtung sind sich verändernde Anforderungen für die Interpretation der Standortmuster bedeutsam. So ist zum Beispiel der Flächenbedarf durch Bevorzugung von Flach- anstelle von Hochbauten bei Handels- und Industriebetrieben gewachsen. Tendenzen zur Agglomeration oder Deglomeration und der Optimierung der inneren Organisation der Flächennutzung von Warenhäusern und Einkaufszentren sind dem theoretischen Ansatz zuzuordnen.

Das THÜNENsche Konzept ist von J. G. KOHL aufgenommen worden, der als Grundlage der städtischen Ordnung eine raumökonomische Optimierung der jeweiligen städtischen Funktionen unterstellt (1841, S. 173 ff.) Im Ringmodell nehmen, von außen gesehen, die Grundstückspreise als Folge steigender Nachfrage jenseits des innersten Rings der "freien Wirtschaft" innerhalb der

Stadt bis zu ihrer Mitte mit größerer Intensität zu. Die **Grundstückspreisdifferenzierung** ist bei großen Städten mit höherzentralen Funktionen ausgeprägter und tiefer gestaffelt als in kleineren Städten oder in ländlichen Siedlungen. Im THÜNENschen Modell wird nur ein Zentrum, das allerdings ein Gebiet von etwa 400000 km² zu versorgen hat, angenommen, so daß dessen Kern als große die Ordnung der Produktionen steuernde Agglomeration anzusehen ist.

Auch innerhalb städtischer Siedlungen werden die Standorte der Nutzer grundsätzlich durch marktwirtschaftliche Kriterien geordnet. Die Knappheit der im Hinblick auf die Nachfrager zentral gelegenen Grundstücke bewirkt dichtere und höhere Bebauung und führt zur räumlichen Sortierung der städtischen Einrichtungen in Abhängigkeit vom jeweiligen Zentralitätsgrad. Auf die ganze Stadt und darüber hinaus ausgerichtete Institutionen, wie die Stadtverwaltung (Rathaus), höhere Verwaltungsfunktionen (Kreis, Bezirk, Gerichte), Einzelhandel und sonstige Dienstleistungen, sammeln sich im Kern, wobei die Feinsortierung grundsätzlich in Abhängigkeit von der Besucherintensität und dem genannten Prinzip der Leistungsfähigkeit entspricht. Standorte von Einrichtungen der öffentlichen Verwaltung weichen, da keiner Konkurrenz unterworfen, zuweilen von der für die Wahrnehmung ihrer Aufgaben erforderlichen Position ab. Auch die Eigentumsstruktur (Kirchen, öffentliche Hand) kann Abwandlungen in der Nutzung bewirken.

Wird die marktwirtschaftliche Grundstückspreisbildung als Regulator ausgeschaltet, kann es zu systeminkonformen und damit unwirtschaftlichen Standortbildungen kommen, wie dies in den Staatsverwaltungswirtschaften Osteuropas der Fall war. Charakteristischerweise ist dort mancherorts mit Als-ob-Preisen operiert worden, um Fehlentwicklungen in der kernräumlichen Nutzung zu korrigieren.

Dieses Konzept räumlicher Ordnungen ist, in enger Anlehnung an VON THÜNEN, auf ländliche Siedlungen anwendbar, und es ist ebenso auf die innere Ordnung von landwirtschaftlichen und von Industriebetrieben übertragbar. Insoweit kann die Theorie der THÜNENschen Ringe als universale Raum- und Flächennutzungstheorie angesehen werden (VOPPEL 1984).

Abweichungen vom ökonomischen Optimum können, abgesehen von nicht funktionierenden Grundstücksmärkten oder überkommenen Eigentumsstrukturen, auch durch planmäßige Raumgestaltungspolitik, eintreten, wenn zum Beispiel die Kerne im Rahmen planerischer Konzepte durch Wohnbesiedlung aufgelockert oder durch andere Planungen in ihrer Substanz beeinflußt werden sollen. Auch die Überlastung der Kerne insbesondere durch Individualverkehr und mit der Folge mangelnder Stellflächen ist in diesem Sinne als "Störfaktor" anzusehen. Dem wird beispielsweise durch Nutzung des Untergrundes (ein- und mehrgeschossige Parkkeller) oder höherer Geschoßebenen oder die Anlage von U-Bahnen und Straßentunnels, besonders in den städtischen Kernen, zu begegnen versucht.

Im Ergebnis haben die Einrichtungen mit dem größten Einzugsgebiet, mit relativ großer Nutzerzahl und, soweit dies, wie im Einzelhandel, berechenbar ist, mit den höchsten Umsätzen je Flächeneinheit, ihren Standort im Kern. Durch enge Bebauung wird die Nutzung der Flächeneinheit erhöht und durch hohe Bebauung vervielfacht.

Nach außen nimmt die Flächenintensität ab. Es finden sich großflächige Einrichtungen mit niedrigeren Flächenumsätzen, wie Baumärkte und Möbelhandlungen, sowie mit geringerer Zentralität. Die Verkaufsfläche des Möbelhandels erreicht mehr als das Zehnfache des Uhrenhandels. Dabei kann die Vertikale nach oben hin wie die Nutzung von der Mitte nach außen gedeutet werden. Mit zunehmender Stockwerkszahl nimmt die Intensität der Flächennutzung im ökonomischen Sinn ab, so daß Mischnutzungen möglich sind, zum Beispiel im Hancock-Center in Chicago (Abb. 7).

Das Ringmodell sowohl innerhalb von Städten als auch außerhalb wird durch die Verkehrswegeerschließung verändert. KOHL hat die VON THÜNEN unterstellte allseitige Erreichbarkeit durch das Modell einer Hierarchie der Wertigkeit der Erschließungswege ersetzt (Abb. 8). Entlang den radial verlaufenden Hauptausfallstraßen verstärken sich dank ihrer größeren Leistungsfähigkeit und Passantenfrequenz die Funktionen gegenüber untergeordneten Nebenstrecken; Vorort- und Untergrundbahnhöfe, Stadtbahn- und Straßenbahnstationen erhöhen im unmittelbaren Umfeld die Grundstückspreise, und es bilden sich Konzentrationen von Betrieben mit lokalem Einzugsbereich (Abb. 9).

Bei der empirischen Festlegung der Standorte auf der mikroräumlichen Entscheidungsebene steht der räumliche Grundansatz der zentralen Lage im Vordergrund. So werden die Eignung der Erschließung für Nah- und Fernverkehr und die Erreichbarkeit der Bediensteten und der Kunden gefordert. Daneben werden Gesichtspunkte geltend gemacht, die das äußere Erscheinungsbild des Gebäudes und dessen landschaftliche Umgebung betreffen. Zeitweilige Tendenzen, eine Lage am Agglomerationsrand zu wählen, haben sich teilweise zugunsten von als geeignet angesehenen Grundstücken inmitten städtischer Vielfältigkeit in kernnahen Positionen verändert.

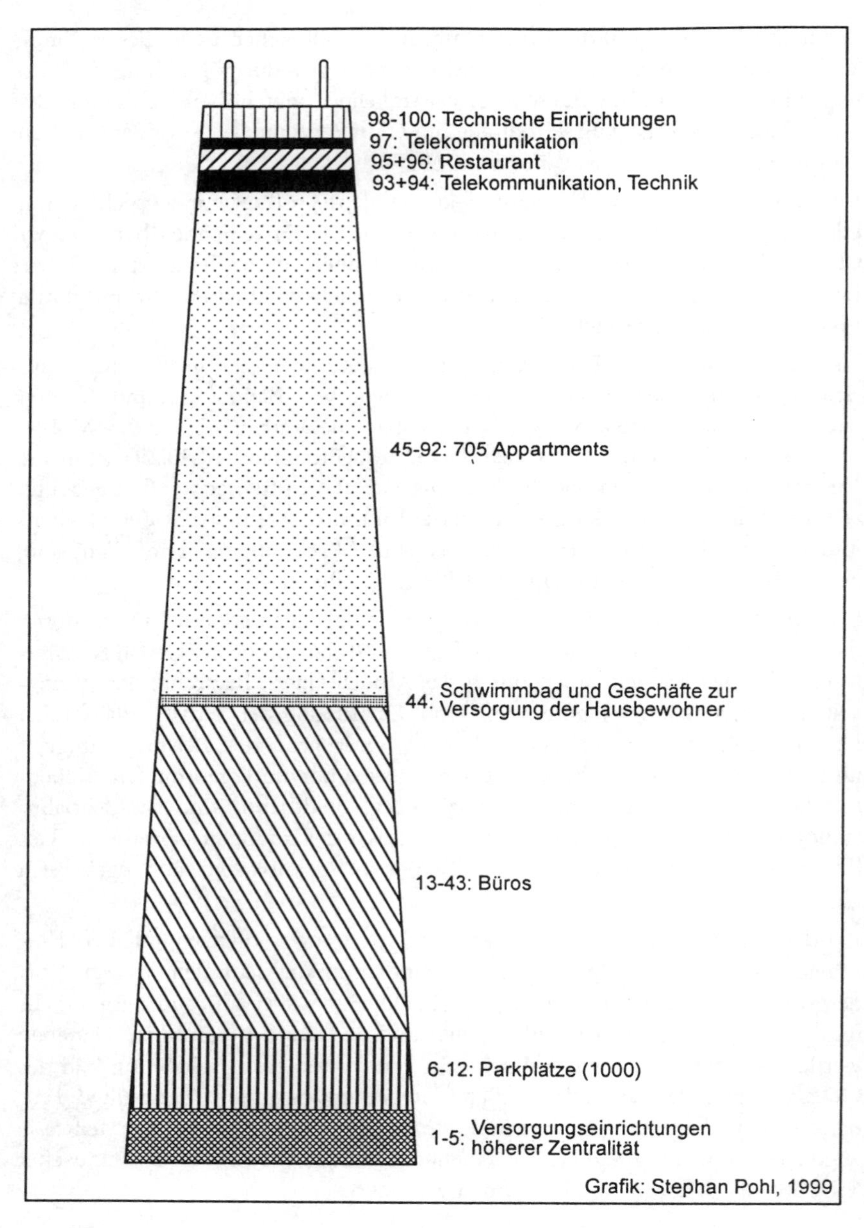


Abb. 7 Das John-Hancock-Center in Chicago. Quelle: Eigener Entwurf

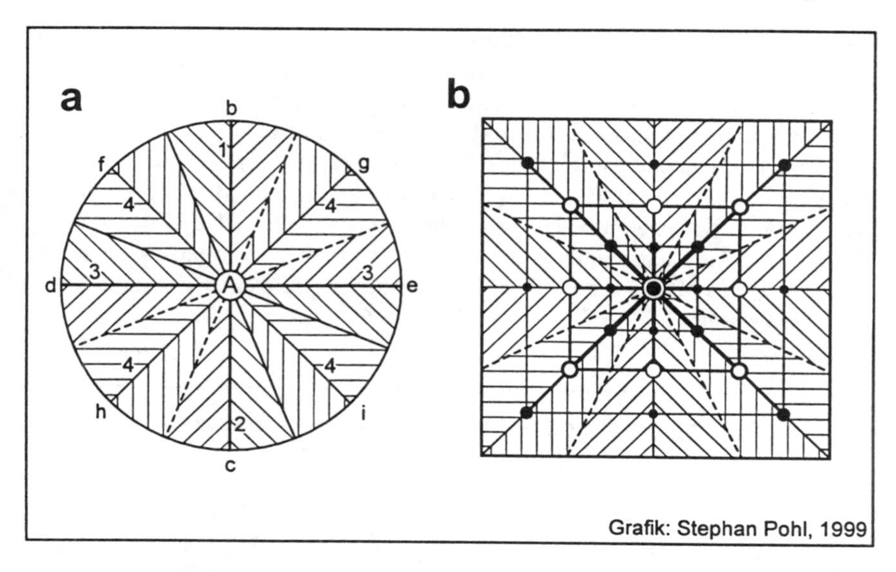


Abb. 8 Raumerschließungsmodell nach KOHL.Quelle: VOPPEL 1980 nach KOHL 1841

Die Modellansätze bedingen den zugrundegelegten Annahmen entsprechend Idealbilder. Dem steht gegenüber, daß die Städte wie die Kulturlandschaft insgesamt historisch gewachsen sind und sich hierdurch Abwandlungen ergeben, die das räumliche Ordnungssystem zu individualisieren scheinen. Wie bei den übrigen Raumtheorien ist es notwendig, die grundsätzlichen Wirkmechanismen und Anforderungen an die Standorte zu kennen und sie auf die konkreten Einzelsituationen anzuwenden. Städtisches Wachstum als dynamischer Prozeß basiert stets auf der überkommenen Ordnung, die ihrerseits vom Idealbild mehr oder weniger ausgeprägt durch lokale Faktoren abweicht. Funktionswandel kann insbesondere dort, wo Eigentum geschützt ist, nur mit zeitlicher Verzögerung wirksam werden. Die Grundstückskostenentwicklung ist für den Nutzungswandel ursächlich. Idealtypisch wäre bei städtischem Funktionswandel das konzentrische Wachstum. Die Nutzungsringe werden hierbei nach außen verschoben, wie sich zum Beispiel an der mehrfachen Verlagerung der Industrieringe in Köln beobachten läßt. Insbesondere die Verkehrserschließung begünstigt die Bildung radialer und punktaxialer Agglomerationen.

Abwandlungen der Raumerschließung und Unterschiede in der Viertelbildung ergeben sich aus natürlicher Differenzierung – Flüsse, Relief, Baugrund, vorherrschende Windrichtung –, durch besondere örtliche Gegebenheiten, zum

Beispiel den Verlauf von Bahndämmen und Stadtautobahnen sowie aus den jeweiligen Erschließungssystemen. Die Radialerschließung begünstigt dort eine eindeutige Zentrierung, wo die Straßen zusammenlaufen (Köln), während parallel angeordnete und sich rechtwinklig schneidende Straßen („Schachbrettmuster") im Hinblick auf Entfernungsminimierung und Zentrenbildung weniger geeignet sind (Los Angeles). Bei undifferenziertem regelmäßigem Stadtgrundriß sind im übrigen alle Straßen gleichrangig, so daß sich in der Kernregion die Position des Geschäftszentrums in andere Quadranten verlagern kann (Abb. 9). Dem daraus erwachsenden Mangel einer herausgehobenen Zentrenbildung wurde teilweise durch Einfügung von Diagonalen begegnet (Detroit).

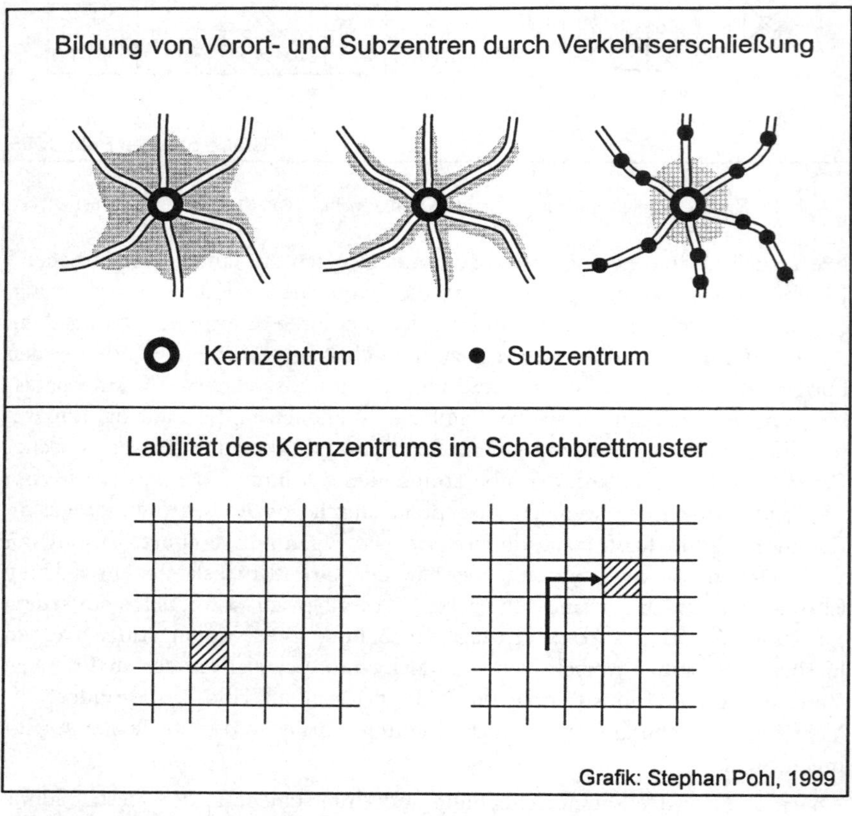


Abb. 9 Stadtentwicklungen bei unterschiedlichen Erschließungstypen
Quelle: Eigener Entwurf

Die „Kreistheorie" von BURGESS (1925) lehnt sich an das Modell VON THÜNENS an. Die Entwürfe von HOYT („Sektorentheorie" 1939) sowie von HARRIS und ULLMAN („Mehr-Kerne-Theorie" 1945) (HOFMEISTER 1994) sind keine selbständigen Ansätze, sondern anwendungsbezogene Abwandlungen des Basismodells, in denen ebenso wie bei BURGESS unter Berücksichtigung unterschiedlicher Sozialviertelbildung radiale (HOYT) und rechtwinklige Verkehrserschließung (HARRIS und ULLMAN) zugrunde gelegt werden.

### 2.3.6 Innerbetriebliche Ordnungsansätze

Für den *wirtschaftlichen Erfolg einer Unternehmung* ist die **räumliche Organisation** des innerbetrieblichen Ablaufs bedeutsam. Dies kann sich auf eine einzelne Betriebsstätte oder eine Kombination von Betriebsstätten beziehen, wobei die letztgenannten voneinander abhängig sein oder sich ergänzen können oder aus anderen Gründen agglomeriert sind. Im wesentlichen handelt es sich um *logistische Konzepte der innerbetrieblichen Verkehrserschließung* mit der Zielsetzung, für eine zu erbringende Leistung die Kosten für die erforderlichen Flächen und Gebäude und den zeitlichen Aufwand zu minimieren und den innerbetrieblichen Transport entsprechend zu gestalten. Im Produzierenden Gewerbe sind vielfältige Techniken bis hin zu automatisierten Fahrzeugen zur Beförderung der Rohstoffe, Teile und Erzeugnisse entwickelt worden, sei es innerhalb der Betriebsgebäude, sei es zwischen Betriebsgebäuden. MIKUS (1974) spricht in diesem Zusammenhang von Verkehrszellen.

Als Beispiele seien der Materialfluß in einem integrierten Schwerindustriekomplex von der Aufbereitung (Sinteranlage) Eisenhütte über das Stahlwerk bis zum Warmwalzwerk oder die Montage am Fließband einer Kraftfahrzeugproduktion genannt. Bei der Anlage verkehrsfunktional integrierter Flughäfen sind Konzepte zu entwickeln, die die Erreichbarkeit der zentralen Abfertigung durch die Flugzeuge und durch die Fluggäste oder Flugfrachten an den jeweiligen Kontaktstellen optimieren und die der intermodalen Erschließung der Anlage durch Fern- und Nahverkehrssysteme auf Schiene und Straße Rechnung tragen. Auch die Standorte ergänzender Einrichtungen, wie Büros von Fluggesellschaften und Speditionen, und Nebenfunktionen, wie Einkaufsgelegenheiten und Restaurants müssen den jeweiligen Aufgabenstellungen entsprechend in das räumliche System eingefügt werden.

## 2.4 Räumliche Potentiale in groß- und kleinräumlicher Sicht

### 2.4.1 Bevölkerung und Wirtschaft

#### 2.4.1.1 Bevölkerung und Ressourcen (Tragfähigkeit)

Die Menschen haben eine Reihe von natürlichen Korrektiven, wie Seuchen, überwunden oder so in ihrer Wirkung reduziert, daß sich die Zahl der Bewohner auf der Erde seit langem ohne Unterbrechung und gegenüber zurückliegenden Jahrhunderten mit größerer Beschleunigung erhöht.

Um 1700 wurde die Erde von etwa 600 Mio. Menschen bewohnt; das sind doppelt so viele vor 800 Jahren. Besonders seit Beginn der Industrialisierung in Großbritannien, die zeitlich mit Verbesserungen in der Hygiene und Medizin verbunden war, ist die Zahl der die Erde bewohnenden Menschen stark angewachsen. So war die Erde 1850 bereits von 1,2 Mrd. Menschen besiedelt. Die Dauer, während derer sich die Zahl der Erdbewohner verdoppelt hat – als Maßstab der vergleichenden Bewertung des Wachstumsprozesses –, verkürzte sich stetig. Von 1850 bis 1950 dauerte dies noch etwa 100 Jahre; auf der Basis von 1960 (etwa 3 Mrd.) verdoppelt sich die Zahl bereits nach 40 Jahren bis zum Jahr 2000 (über 6 Mrd.). Zu Beginn des dritten Jahrtausends wird eine Bevölkerungszahl von etwa 6 Mrd. Menschen überschritten sein (Abb. 10).

Die Bevölkerungsentwicklung im 20. und 21. Jahrhundert erhöht daher die Nachfrage nach Gütern, die der Gewährleistung der Grundversorgung mit Wasser, Nahrungsmitteln, Energie, Bekleidung und Investitionsgütern dienen. Zur Vermeidung von Engpässen und zur nachhaltigen Sicherstellung der Versorgung ist eine funktionierende Weltwirtschaft erforderlich. Daher sind wachsende Aufgaben in der Bewirtschaftung der Erde zur Sicherung der Produktion entsprechender Güter zur Befriedigung des wachsenden Bedarfs gestellt. Art und Intensität der Inanspruchnahme von natürlichen Ressourcen der Erde durch Güterproduktion werden durch die Nachfrage gesteuert. Die Spannweite der Fragestellung reicht neben grundsätzlichen raumbezogenen betriebswirtschaftlichen Erwägungen über den Extensitäts- oder Intensitätsgrad der Bewirtschaftung von lokalen und regionalen Problemlösungen, etwa durch Wanderfeldbau und Brandrodung (*shifting cultivation*) oder durch diversifizierten *Stockwerkanbau in tropischen Waldgebieten* über nationale und internationale Konzepte, bis zum weltwirtschaftlichen Austausch von Nahrungsgütern und Industrieerzeugnissen, um Mangel und Überschuß auszugleichen, Engpässe zu überwinden oder das Nahrungsmittelangebot zu bereichern.

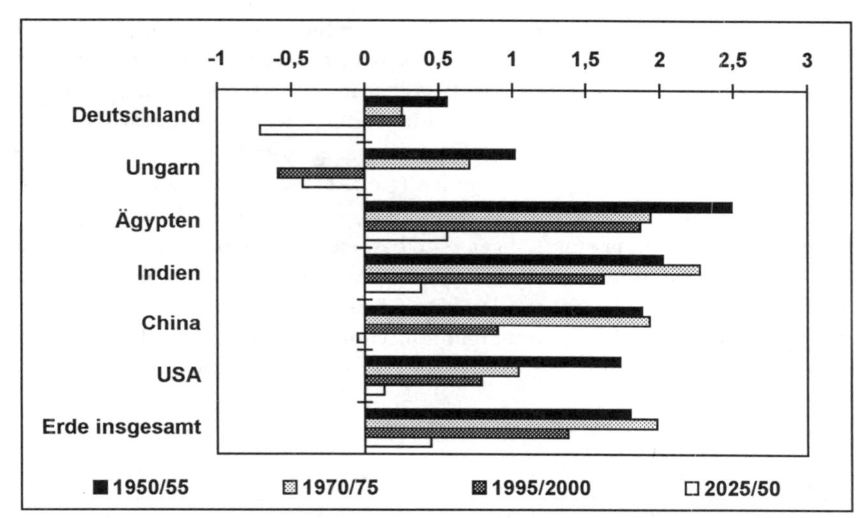


Abb. 10 Jährliche Bevölkerungszuwachsraten auf der Erde: Berechnungen und Schätzungen der Entwicklung in Prozent
Quellen: Statistisches Bundesamt (Hrsg.): Statist. Jahrbuch für das Ausland 1995 und 1998

Die gegenwärtige und künftige **Sicherstellung der Nahrungsversorgung** für die Erdbevölkerung auf der Grundlage begrenzter, aber in Grenzen ausbaufähiger Potentiale ist die wichtigste internationale politische und wirtschaftliche Aufgabenstellung, an deren Bearbeitung und Lösung eine Reihe von wissenschaftlichen Disziplinen beteiligt ist.

Daneben ist in diesen Fragenkreis auch die Nutzung nicht unmittelbar der Nahrungsversorgung dienender anderer Ressourcen der Erde einzubeziehen; denn zur Erreichung der Bewirtschaftungsziele, der Produktion von Lebensmitteln und der Bereitstellung von Wasser, Kleidung und von anderen lebenswichtigen Produkten, müssen Investitionsgüter verschiedenster Art eingesetzt werden. Auch wenn Hilfsprogramme auf politischer Ebene realisiert werden, so beruht die Leistungsfähigkeit der Produktion auch im weltwirtschaftlichen Rahmen grundsätzlich auf den weiter oben dargestellten marktwirtschaftlichen Prinzipien.

Die Frage nach den **Potentialen und Grenzen der Versorgung der Menschheit mit Nahrungsgütern**, die *Tragfähigkeit der Erde,* ist von R. MALTHUS (1798) angesprochen worden. Seine These, wonach sich die Nahrungsmittelproduktion etwa in arithmetischer Steigerung, die Bevölkerungszahl in geometrischer Progression entwickele und sich infolgedessen angesichts des wachsenden Ungleichgewichtes zwischen beiden Komplexen eine Katastrophe einstellen werde, hat sich nicht in der von ihm angenommenen Weise bestätigt. Zwar hat sich die Bevölkerungszahl seitdem innerhalb von 200 Jahren von knapp einer Milliarde auf sechs Milliarden versechsfacht, die spezifische Leistungsfähigkeit der Bodennutzung konnte jedoch im ganzen überproportional stark gesteigert werden (Abb. 11). Gleichwohl bleibt das Erfordernis dauerhaft gewährleisteter Versorgungssicherheit der Erdbevölkerung unter Berücksichtigung langfristiger Nutzbarkeit der Ressourcen für die Nahrungsmittelproduktion stets aktuell. Störungen bei klimageographischen Anomalitäten oder innenpolitische Problemfällen zeigen jedoch die Anfälligkeit der Sicherung der Nahrungsversorgung in einigen Regionen der Erde. In der Geographie wurde die Frage zuerst von A. PENCK (1925) und FISCHER (1925) behandelt.

Tab. 1 Erträge ausgewählter Agrarerzeugnisse im Vergleich 1934/38 und 1996

| Agrarerzeugnis | Anbaufläche Mio. ha | | Flächenertrag dt/ha | | Ertrag Mio. t | |
|---|---|---|---|---|---|---|
| | 1934/38 | 1996 | 1934/38 | 1996 | 1934/38 | 1996 |
| Weizen | 128,1 | 230,2 | 10,1 | 25,4 | 129,3 | 584,9 |
| Körnermais | 83,8 | 140,1 | 13,2 | 41,2 | 110,4 | 576,8 |
| Reis | 85,8 | 150,8 | 17,6 | 37,3 | 151,2 | 562,3 |
| Sojabohnen | 11,2 | 62,6 | 11,0 | 20,8 | 12,3 | 130,3 |
| Zuckerrüben | 2,2 | 7,5 | 272,0 | 341,4 | 58,3 | 255,5 |
| Zuckerrohr | 4,2 | 19,5 | 382,6 | 613,0 | 160,0 | 1192,6 |
| Baumwolle | 31,2 | 34,2 | 19,3 | 15,8 | 6,0 | 54,1 |

Quellen: Statistische Jahrbücher für das Deutsche Reich 1938 und die Bundesrepublik Deutschland 1997

Die **Erträge der Nahrungsmittelproduktion** haben sich seit Beginn der Industrialisierung sowohl absolut als auch flächenbezogen erhöht (Abb. 11 und Tab. 1).

Seit dem 18. Jahrhundert wurden die Fruchtfolgesysteme wissenschaftlich erforscht (Thaer) und in die Praxis umgesetzt. Der Feld-Graswirtschaft, der einfachen Dreifelderwirtschaft (zum Beispiel in der Abfolge von Wintergetreide, Sommergetreide, Brache) und der verbesserten Dreifelderwirtschaft (zum Beispiel Grünlandnutzung anstelle der Brachephase) folgten räumlich differenzierte Verfahren des Fruchtwechsels, dessen Rhythmus sich bis über mehr als zehn Jahre erstrecken konnte (Norfolker Fruchtwechsel). Auch bei der Erzielung von mehr als einer Ernte je Jahr in klimatisch begünstigten Regionen können einander verschiedene Kulturarten folgen.

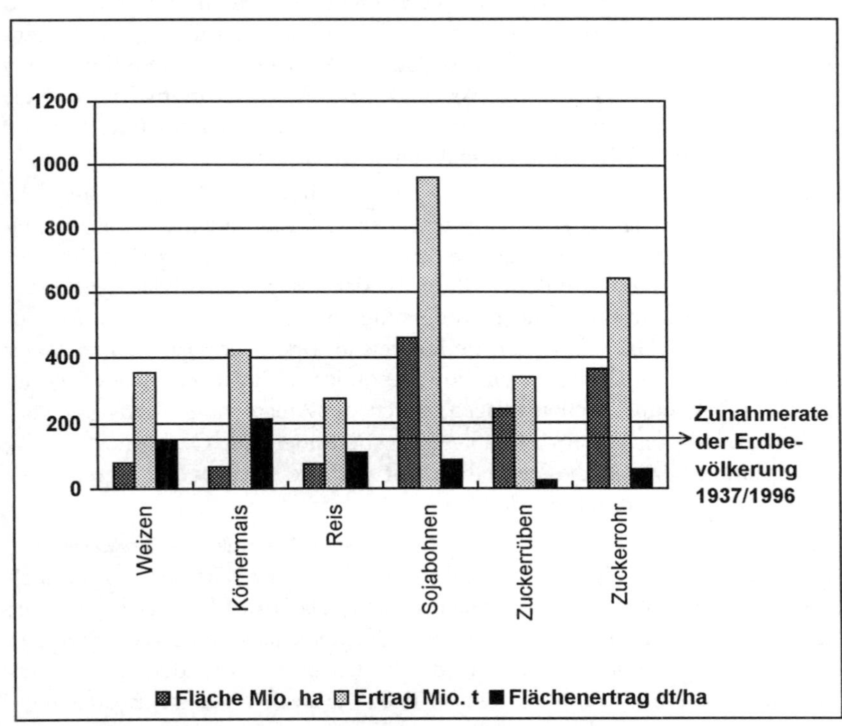


Abb. 11 Die Entwicklung ausgewählter Agrarerzeugnisse: Anbauflächen, Gesamtertrag und Flächenertrag (in Prozent) 1934/38-1996

Neben der Kultivierung von bisher nicht genutzten Flächen und der spezifischen Leistungserhöhung durch Maßnahmen wie *künstlicher Bewässerung* haben die Ergebnisse der *agrarchemischen, agrarbiologischen und agrartechnischen Forschung* maßgebend zur *Ertragssteigerung* beigetragen. Zu nennen sind insbesondere die *Saat- und Pflanzenzucht,* Maßnahmen zur *Sicherung und Verbesserung der Bodenqualität* durch angepaßte und technisch fortschreitende Bearbeitungstechniken und *künstliche Düngung*, ebenso die *Bekämpfung von Pflanzenschädlingen*, insbesondere bei Monokulturen. In jüngerer und jüngster Zeit richten sich *gentechnische Forschungen* auf die Veränderung bestimmter Eigenschaften von Pflanzen und

Tieren zur Erzielung sicherer und höherer Erträge. Es sind Pflanzensorten mit erhöhter Widerstandsfähigkeit gegenüber Schädlingen und Kälte sowie ertragsergiebigere Arten in verbesserter Qualität gezüchtet worden. Die Wachstumsdauer von Getreide wurde so wesentlich beeinflußt, daß die Anbaugebiete an der jeweiligen Polargrenze erheblich ausgedehnt werden konnten. So hat sich der Anbau von Weizen mit kürzerer Vegetationsdauer über große Distanzen hinweg polwärts großflächig, besonders in Nordamerika und Sibirien, ausbreiten können. Auch Züchtungsergebnisse beim Mais (Hybridmais) haben die Ausdehnung des Anbaus ermöglicht. Die Nutztierzucht hat ebenfalls zur Leistungssteigerung geführt, zum Beispiel in der Milchwirtschaft.

Eine erhebliche Ausdehnung der nutzbaren Flächen wird durch Maßnahmen künstlicher Bewässerung erzielt. Dem dienen seit Tausenden von Jahren kulturräumlich differenzierte und an die örtlichen Gegebenheiten angepaßte Verfahren auf einfacher technischer Stufe. In der Gegenwart bildet die Anlage leistungsfähiger Stauwerke und Leitungssysteme zum Teil über große Distanzen hinweg die Grundlage für umfangreiche Bewässerungsverfahren. Der Wärmehaushalt wird, abgesehen von besonderen Situationen, etwa gegen Frost in Obst- und Weinbauanlagen, durch die Anlage von Flach- oder beheizbaren Hochglashäusern modifiziert. Insbesondere für Obst und Gemüse sowie Blumen können die Vegetationszeit und die Qualität der Erzeugnisse auf diese Weise beeinflußt werden.

Die arbeitsextensive, aber relativ kapitalintensive Technik des *Trockenfeldbaus (dry farming)* im Getreideanbau ermöglicht bei extensiver Wirtschaftsweise auch jenseits der natürlichen Trockengrenze zwar je Flächeneinheit relativ geringe, aber wirtschaftliche Erträge, indem die Niederschläge mehrerer Perioden durch vorübergehende Versiegelung der Böden und Verminderung der Verdunstung zusammengefaßt werden, so daß – je nach Niederschlagsregime – zum Beispiel ein zweijähriger Rhythmus oder zwei Ernten in drei Jahren erreicht werden.

Alle Maßnahmen der Flächennutzung unterliegen dem Gebot nachhaltiger Nutzbarkeit. Daraus folgt, daß die Inanspruchnahme der natürlichen Ressourcen als Kosten zu bewerten sind, die ebenso wie die Inanspruchnahme von Kapitalgütern und Arbeitskräften abzugelten sind. Unter diesen Voraussetzungen sind Austauschbeziehungen unter marktwirtschaftlichen Bedingungen möglich, und die Optimierung der Erträge ist notwendig. Unzuträglich ist demgegenüber die Bildung von Regionalkartellen, die, wie die Europäische Union, subventionierte Erzeugnisse auf den Weltmarkt bringen und damit den freien Güteraustausch stören.

Die Daten in Tab. 1 und in Abb. 11 dienen der vergleichenden Bewertung der Ertragsentwicklung ausgewählter weltwirtschaftlich bedeutsamer Agrarerzeugnisse. In den allgemeinen internationalen statistischen Ausweisungen sind namentlich in den Tropen genutzte Kulturarten nicht enthalten oder unvollständig registriert. Sie erfüllen jedoch, wie zum Beispiel der Maniokstrauch (Cassava), eine stärkehaltige tropische Knollenpflanze, bedeutsame lokale und regionale Versorgungsfunktionen; ebenso wie die weltwirtschaftlich bedeutsameren Anbaugüter sind sie Gegenstand von Pflanzenforschungen mit dem Ziel der Ertragssteigerung.

*Tragfähigkeit* beinhaltet das Verhältnis zwischen dem Bedarf der Bevölkerung an Nahrungsmitteln und deren möglicher Erzeugung in einer räumlichen Einheit. *Unter Tragfähigkeit ist die Zahl der Menschen zu verstehen, die in einem Raum unter Ausnutzung aller gegebenen natürlichen, wirtschaftlichen und technischen Potentiale langfristig ernährt werden können.*

Der Begriff läßt sich in partielle und globale Tragfähigkeit gliedern. *Partielle Tragfähigkeiten* beschränken sich auf einzelne Erdausschnitte, zum Beispiel Verwaltungseinheiten. In diesen Fällen ist eine Eigenversorgung mit agrarwirtschaftlichen Gütern nicht erforderlich, sofern das Versorgungsdefizit durch Importe aus Ländern mit Überschuß ausgeglichen werden kann. Dies trifft in erster Linie auf Stadtstaaten ohne hinreichende landwirtschaftlich nutzbare Flächen zu, aber auch auf eine Reihe von dicht besiedelten, in manchen Fällen agrarwirtschaftlich spezialisierten Industriestaaten, in denen für einige Agrarerzeugnisse die Selbstversorgung gewährleistet ist, für andere aber nicht. Während zum Beispiel in Japan die Versorgung von Getreide nur zu knapp 30% aus eigener, zum Teil stark subventionierter Reisproduktion befriedigt werden kann, wird in einigen Staaten der Europäischen Union, weithin ebenfalls infolge von Subventionierungen, ein Angebotsüberschuß erzielt, der auf den Weltmarkt drängt. Demgegenüber ist die Fettversorgung in beiden Großräumen nicht gewährleistet. Die intensiveren Kulturarten, wie Gemüse, Früchte und Milcherzeugnisse, tragen zur Versorgung in den Industriestaaten der EU und in Japan erheblich mehr als im Gesamtdurchschnitt bei. Die Viehhaltung ist in einigen Industriestaaten, besonders in Japan, auf erhebliche Importe von Futtermitteln angewiesen. Zahlreiche Staaten in Asien und besonders in Afrika weisen periodische oder strukturelle Defizite ihrer Agrargüter auf; in diesen Ländern ist die (bezogen auf die Weltwirtschaft partielle) Tragfähigkeit somit nicht gewährleistet.

Weltwirtschaftlich entscheidend ist die **globale Tragfähigkeit**, das nutzbare Leistungspotential der Erde insgesamt zur Gewährleistung einer ausreichenden Versorgung der Bevölkerung sowohl gegenwärtig als auch in überschaubarer Zukunft. Die höchsterreichbare globale Tragfähigkeit errechnet sich aus dem natürlichen Potential und den jeweils auf dessen Grundlage erreichbaren Gesamterträgen; darin sind Modifikationen durch technische Maßnahmen einbezogen. Die Differenz zwischen dem Potential und der jeweiligen Nutzung ergibt die Reserven, die zu einem bestimmten Zeitpunkt existieren. Es stehen sich also die durch die Gesamtbevölkerungszahl bestimmte Nachfrage und die zusammengefaßten globalen agrarräumlichen Ressourcen gegenüber.

Zur genauen **Quantifizierung der natürlichen Potentiale** ist eine qualifizierte Bewertung in räumlicher Differenzierung („*Bonitierung*“ nach A. PENCK) erforderlich. Zur **Ermittlung der Nachfrage** sind als beteiligte Faktoren neben der Bevölkerung (undifferenzierter Ansatz) deren Sozialstruktur und Altersaufbau, der technische und wirtschaftliche Entwicklungsstand der agrarischen Bevölkerung und die auf die Ernährung bezogenen Verbrauchsgewohnheiten (differenzierter Ansatz) zu beachten. Infolge natürlicher und technischer Ausprägungen ergeben sich große Ertragsunterschiede; beim Weizenanbau in Trockengebieten (Regenfeldbau) können die Erträge weit unter 10 dt/ha liegen, zum Beispiel in Kasachstan 6,3 und in Turkmenistan 5,8 dt/ha, in von Natur begünstigten und hochintensiven Anbaugebieten können sie das Vielfache davon erreichen, zum Beispiel in den Niederlanden, in Belgien und Irland 90 dt/ha (1996). In mittel- und westeuropäischen Börden werden 100 dt/ha überschritten (Abb. 12). In den Abb. 13 und 14 werden die Flächenerträge für Weizen und Reis in erdweiter Verbreitung, soweit statistisch ausgewiesen, dargestellt. Die höchsten flächenbezogenen Ertragsintensitäten werden in Europa erzielt, ohne daß dabei zugleich auch die höchsten Produktivitäten erreicht werden (s. 2.3.4.1).

Zu beachten ist bei diesen Vergleichen, daß in den warmen Klimaten bei für die Ernährung wichtigen Erzeugnissen, wie Getreide und Hackfrüchten, mehrere Ernten erreicht werden können, während demgegenüber in Trockengebieten ohne oder gegebenenfalls auch mit Bewässerungsmaßnahmen teilweise Brachephasen dazwischengeschaltet werden müssen.

Intensitätsgrad und Wirtschaftsweise der landwirtschaftlichen Betriebe werden vor allem durch ihre Lage und Ausrichtung auf Märkte sowie auf deren Größe bestimmt.

Technische und wissenschaftliche Fortschritte verändern die Rechenbasis ebenso wie die Kultivierung bisher ungenutzten Landes oder der Verlust von nutzbarem Land, etwa durch Bodenabtragung, Überlastung oder Schädigung des natürlichen Potentials infolge nachteiliger Veränderung des Mineralhaushaltes, durch die Stillegung von Flächen aus wirtschaftlichen oder anderen

Gründen oder durch Umwidmung der Flächennutzung in nichtlandwirtschaftliche Nutzung, besonders städtische Siedlungen, Verkehrs-, Bergbau- und Industrieanlagen.

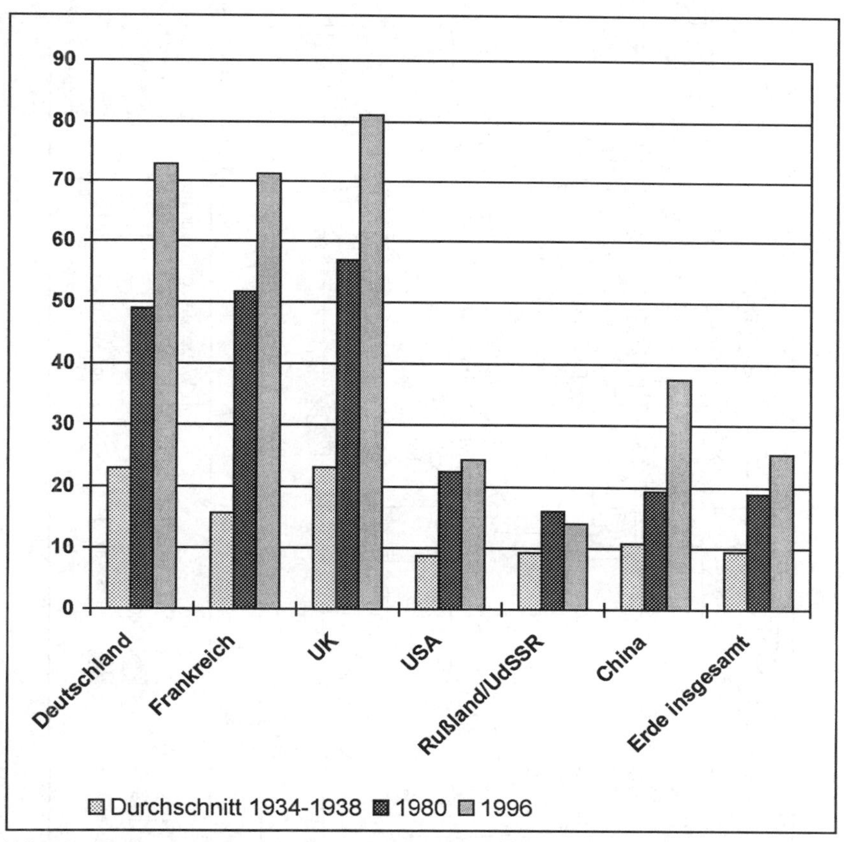


Abb. 12 Flächenertragsentwicklung von Weizen dt/ha
Quellen: Statistisches Bundesamt (Hrsg.): Statistisches Jahrbuch 1952 und 1982 für die Bundesrepublik Deutschland sowie 1998 für das Ausland

Die erdumspannende **Bewertung der Ernährungslage** ist bei raumpolitischer Betrachtungsweise mit Störungen in einzelnen Ländern und Regionen konfrontiert. Daraus erklärt sich, daß die Zahl derer, die Hunger leiden und unterernährt sind, viele Millionen Menschen umfaßt, obwohl derzeit grundsätzlich die Versorgung mit Nahrungsmitteln auf der ganzen Erde gewährlei-

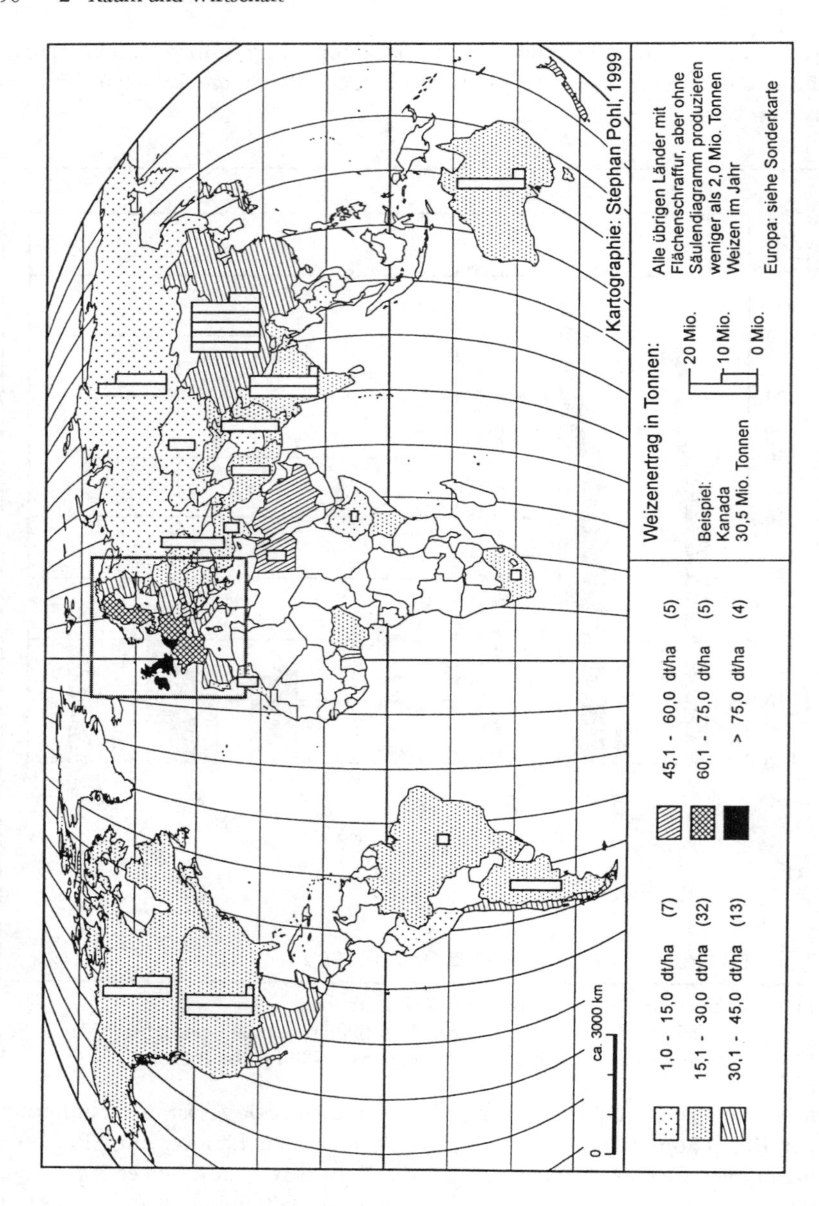


Abb. 13 Die Weizenerträge auf der Erde
Quelle: Statistisches Bundesamt (Hrsg.): Statist. Jahrbuch 1998 für das Ausland

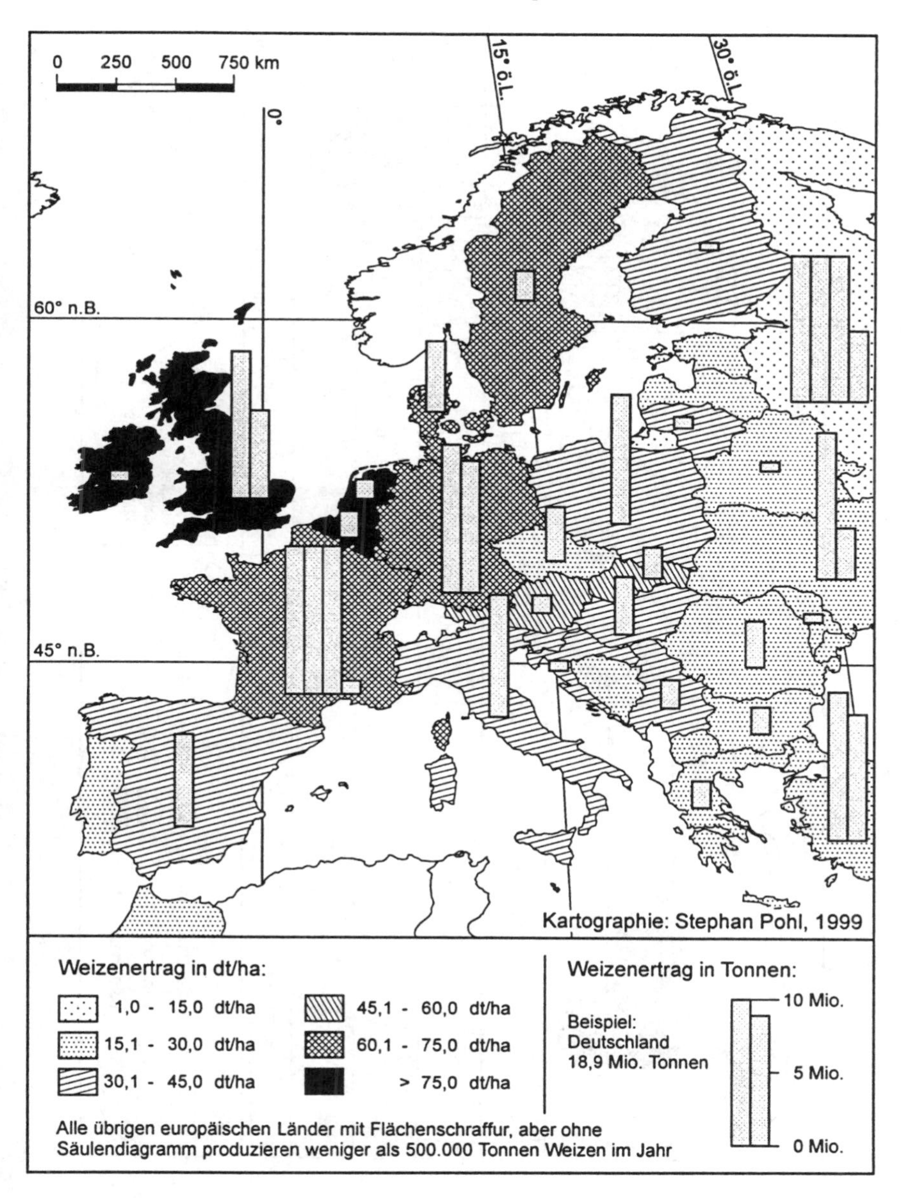


Abb. 13a Die Weizenerträge in Europa
Quelle: Statistisches Bundesamt (Hrsg.): Statist. Jahrbuch 1998 für das Ausland

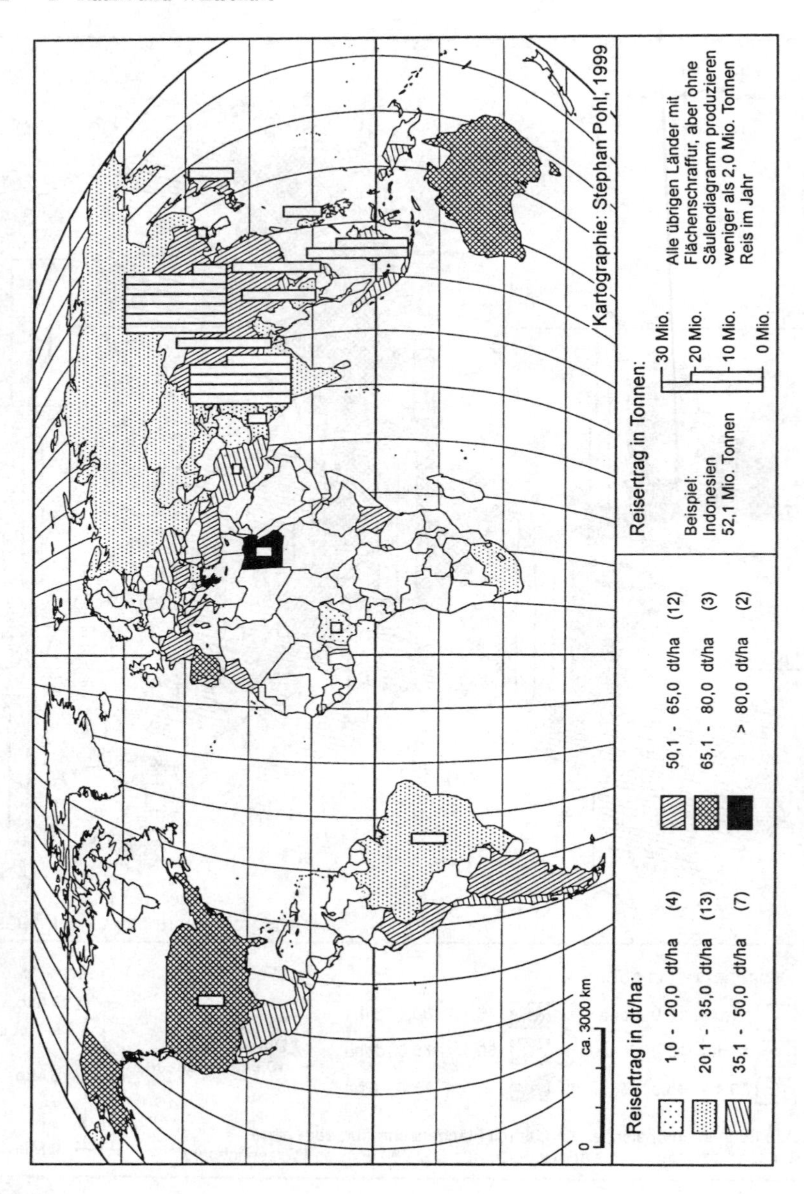


Abb. 14 Die Reiserträge auf der Erde
Quelle: Statistisches Bundesamt (Hrsg.): Statist. Jahrbuch 1998 für das Ausland

stet ist und sich im Laufe der zweiten Hälfte des 20. Jahrhunderts trotz der reichlichen Verdoppelung der Bewohner der Erde relativ verbessert hat (Abb. 11). Zum Teil sind infolge mangelnder Aufnahmefähigkeit der Märkte sogar Flächen stillgelegt oder die Intensitäten des Anbaus reduziert worden. Auch ist durch Vorhaltung von Reserven Vorsorge für Ertragseinbrüche durch Ernteausfälle getroffen.

Zu unterscheiden sind zeitweilige Störungen in der Nahrungsmittelversorgung, zum Beispiel durch Mißernten, von strukturellen Mangelerscheinungen. Die Food and Agricultural Organization der Vereinten Nationen (FAO) schätzte 1970 etwa 36% der Bewohner in Entwicklungsländern (920 Millionen Menschen) als mangelhaft ernährt ein. Um die Mitte der neunziger Jahre des 20. Jahrhunderts betrug die Zahl der unterernährten Menschen nach Angaben der FAO 840, 1998 noch 828 Millionen; das entspricht im Durchschnitt etwa 20% der Bevölkerung in Entwicklungsländern. In den afrikanischen Ländern südlich der Sahara war der Anteil mit knapp 40 % am höchsten. Wesentliche Ursachen hierfür sind Ungleichgewichte, die zwischen der Bevölkerungszahl einer Region oder eines Staates und der ihr gegenüberstehenden allgemeinen wirtschaftlichen oder speziellen agrarischen Leistungsfähigkeit bestehen.

Ungleichgewichtig ist auch die Zusammensetzung der für die Ernährung wichtigen Bestandteile. In den Entwicklungsländern überwiegt der Anteil der Getreideversorgung mit etwa 60 %, während die Versorgung mit Fett unzureichend ist.

Während die mangelhafte Versorgung mit Nahrungsmitteln absolut die meisten Menschen in Südasien betrifft, finden sich die relativ höchsten Defizite mit mehr als 60% neben Afghanistan und Kambodscha sowie Haiti im tropischen Afrika, besonders in Somalia, Eritrea, Kongo, Moçambique, Äthiopien, in der Zentralafrikanischen Republik und im Tschad.

Vor allem Stammesfehden, kriegerische Verwicklungen, politische Schwächen und organisatorische Defizite, zum Teil mangelhafte Verkehrserschließung, besonders in Afrika sind Ursachen dafür, daß Lebensmitteltransporte häufig das vorgesehene Ziel nicht erreichen.

Bedeutsam ist außerdem, daß örtlich und regional durch Erschließungsmaßnahmen das natürliche Gleichgewicht so gestört wird, daß nur kurzfristig Ertragssteigerungen zu erzielen sind und sich danach die Lage gegenüber der Ausgangssituation verschlechtern kann. Dabei wird das Gebot der Nachhaltigkeit nicht hinreichend oder überhaupt nicht beachtet, weil die Kulturarten und die Bewirtschaftungssysteme und der Grad der Nutzungsintensität nicht geeignet sind. Häufig geht die Rodung von Wäldern über lokale Gepflogenheiten der turnusmäßigen Wechselnutzung zwischen Ackerbau und Waldwuchs (shifting cultivation) weit hinaus, ohne daß die damit verbundenen ökologischen Schäden durch Störung eines sehr anfälligen Gleichgewichts beachtet werden. Diese Wirkung kann auch bei einer durchgreifenden Verbesserung der regionalen Ernährungslage durch verbesserte Anbautechnik eintreten. Umgekehrt können Mangelsituationen als natürliches Korrektiv zur Verminderung der Geburtenraten beitragen.

Um die Wende vom 20. zum 21. Jahrhundert ist festzustellen, daß namentlich in Industriestaaten der Nordhalbkugel ein Teil einst bewirtschafteter Flächen stillgelegt ist oder mit verringerter Intensität bearbeitet wird, weil eine wirtschaftliche Nutzung unter den jeweils gegebenen Rahmenbedingungen innerstaatlicher und internationaler Konkurrenz nicht oder nicht mehr gewährleistet ist. Ihre Reaktivierung ist also im Bedarfsfall möglich. Zum Teil setzten unwirtschaftliche Betriebe in den Industriestaaten ihre Tätigkeit im Schutz von Zollbestimmungen fort, wie zum Beispiel im Rahmen der Agrarunion in Europa.

#### 2.4.1.2 Das Bevölkerungswachstum als Motor globaler wirtschaftlicher Prozesse (Bevölkerungsdynamik)

Die **Bevölkerung als Träger des Wirtschaftslebens** und als Konsumenten beeinflußt pauschal einerseits die **Nachfrage** nach Gütern und Diensten, andererseits stellt sie das **Arbeitskräftepotential**. Die Bevölkerungszahl und deren Wachstum steuern die wirtschaftlichen Prozesse auf der Erde. Bei der Ermittlung dieser Größen sind die kulturräumlichen Differenzierungen zu berücksichtigen und gegliederte räumliche Teilanalysen zur Bewertung der unterschiedlichen Lebensgewohnheiten erforderlich.

**Sektorale Umschichtungen durch Rationalisierungen** in der Landwirtschaft, in der Industrie und im Dienstleistungssektor lösen raumdynamische Prozesse der Bevölkerungverteilung aus. Aus den intersektoralen Veränderungen folgen Wanderungsströme, da die Standorte landwirtschaftlicher und industrieller Betätigung häufig makro- und mikroräumlich nicht übereinstimmen. Dabei ergeben sich, in den Kultur- und Wirtschaftsräumen der Erde zeitlich versetzt, Anpassungsprobleme beim Übergang von der Landwirtschaft mit ihren jeweiligen Arbeitsrhythmen und dörflichen Strukturen in eine städtisch-industrielle Umwelt. In Industrieländern mit fortgeschrittener Entwicklung folgen aus dem sich beschleunigenden technischen Wandel einschneidende Veränderungen. Rationalisierungsprozesse bewirken Änderungen der Arbeitsplatz- und Tätigkeitsmerkmale; eine abgeschlossene Berufsausbildung reicht oftmals nicht mehr für eine Lebensarbeitszeit aus und nötigt in vielen Fällen zu einer die Berufstätigkeit begleitenden, ergänzenden Weiterbildung oder zur Erlernung neuer Berufe.

Eine größere betriebliche Standortdynamik stellt im übrigen erhöhte Anforderungen an die **Mobilitätsbereitschaft** der Betroffenen, wobei globale Prozesse grenzüberschreitende Entscheidungen bedingen, so daß sich nicht nur in der Landwirtschaft, sondern auch in den nichtlandwirtschaftlichen Sektoren örtliche Bindungen infolge von Wanderungen zur Wahrnehmung beruflicher Chancen auflösen können (s. 2.4.1.3).

Tab. 2 Die Bevölkerungsverteilung auf der Erde in Millionen

| | 1650 | 1750 | 1850 | 1900 | 1950 | 1997 |
|---|---|---|---|---|---|---|
| Europa | 100 | 140 | 266 | 401 | 572 | 682 |
| Asien | 250 | 406 | 671 | 859 | 1368 | 3554 |
| Afrika | 100 | 100 | 100 | 141 | 219 | 750 |
| Amerika | 13 | 12 | 59 | 144 | 330 | 786 |
| Australien, Ozeanien | 2 | 2 | 2 | 6 | 13 | 32 |
| Erde | 465 | 660 | 1098 | 1551 | 2501 | 5804 |

Quellen: WITTHAUER, K.: Die Bevölkerung der Erde. – Gotha 1958, S. 20 (bis 1900); Statistisches Bundesamt (Hrsg.): Statistisches Jahrbuch 1982 für die Bundesrepublik Deutschland und 1998 für das Ausland

Im Jahr 1997 lebten auf einer Fläche von 135,8 Millionen km² etwa 5,8 Milliarden Menschen. 1999 erreicht die **Bevölkerungszahl** sechs Milliarden. Die Bevölkerungszahlen entwickeln sich auf der Erde in interkontinental unterschiedlichen Rhythmen (Tab. 2 und Abb. 16 und 17). Zwischen 1990 und 1997 hat sich die Bevölkerungszahl um 540 Millionen Menschen erhöht. Im Laufe der neunziger Jahre nimmt die Bevölkerungszahl (Geburten abzüglich Sterbefälle) täglich um 220000 bis 230000 Menschen zu.

Die jährliche Zunahmerate der Erdbevölkerung erreichte zwischen 1960 und 1965 mit durchschnittlich zwei Prozent und zwischen 1965 und 1970 mit 2,06 % ihren Höhepunkt; seitdem geht sie zurück, bis 2000 auf etwa 1,4 %. Für die ersten Jahrzehnte des 21. Jahrhunderts wird ein weiter verlangsamtes Wachstum angenommen; 2050 werden 0,45 Prozent erwartet. Die Bevölkerungszahl steigt jedoch bis 2025 auf über acht und bis zur Jahrhundertmitte auf über neun Milliarden an.

Der Rückgang der Geburtenraten ist einerseits mit Verhaltensweisen zu begründen, die mit steigendem Wohlstand und zunehmender Verstädterung im Zusammenhang stehen und in den älteren Industrieländern zur Verringerung der Geburtenraten beigetragen haben; andererseits zeigen sich Folgen bevölkerungspolitischer Maßnahmen, die auf verschiedene Weise gehandhabt werden und unterschiedliche Ergebnisse erbringen. Das generative Verhalten scheint sich weithin zu verändern.

Die Bevölkerungsentwicklung auf der Erde wird mit dem Modell des *demographischen Übergangs* erklärt. Danach wird in einem vorindustriellen Stadium (Phase 1) von hohen Geburten- und Sterberaten ausgegangen; die Bevölkerungszahl steigt, ohne besondere Störungen, wie Naturkatastrophen, Seuchen und Kriegshandlungen, nur leicht an. Als Folge technischer, medizinisch-hygienischer und wirtschaftlicher Fortschritte geht in einer 2. Phase die Sterberate stark zurück, während die Geburtenrate noch in der bisherigen Höhe verharrt, so daß die wachsende Amplitude zwischen beiden Raten zu hohen Geburtenüberschüssen führt. In der 3. Phase, die durch wirtschaftlichen Aufschwung und steigenden Wohlstand charakterisiert sein mag, paßt sich die Geburtenrate der veränderten Situation an und verringert sich so stark, daß sie am Ende des Übergangs auf niedrigem Niveau der Sterberate wieder angenähert ist. In einer Reihe europäischer Staaten ist diese Phase zur Jahrtausendwende durch leichte Geburten- oder Sterbeüberschüsse gekennzeichnet (Abb. 15).

Während die Steigerungsraten in Europa insgesamt sehr gering ausfallen, sind vor allem der Vordere Orient, Ost- und Zentralafrika sowie einige Staaten in Ostasien noch über Jahrzehnte durch hohe Zuwächse charakterisiert. Die Extreme der Bevölkerungsentwicklung zwischen 1995 und 2000 lagen, von Fällen kriegerischer Auseinandersetzungen abgesehen, in den von den Vereinten Nationen zur Berechnung herangezogenen Staaten zwischen -3,50 in Italien und -1,12 in Lettland sowie +2,25 in Kenia (auch Abb. 10 und Tab. 3).

Die **Prognosen** lassen großräumlich und für die nahe Zukunft Bewertungen der Bevölkerungsentwicklung zu. Da jedoch künftige Änderungen im generativen Verhalten sowie künftige Wanderungssituationen nur schwer überschaubar sind, haften den Zahlen mittel- und vor allem langfristig generell, besonders aber in detaillierter regionaler Differenzierung, Unsicherheiten an.

Die unregelmäßige Verteilung der Bevölkerung ist durch die natürliche Raumausstattung, besonders durch die klimageographische Differenzierung, bedingt; der Verdichtungsgrad der Besiedlung der Erde ist von kulturräumlichen Merkmalen und wirtschaftlichen Entwicklungsstandards abhängig.

Aus der unterschiedlichen **Verteilung der Bevölkerung** sowie aus ihrer spezifischen Nachfrage und der jeweils gegebenen Kaufkraft folgen weltwirtschaftliche Strukturen und Beziehungen, deren Intensität und Schwerpunkte sich in langen Zeiträumen und kürzeren Zyklen räumlich verändern.

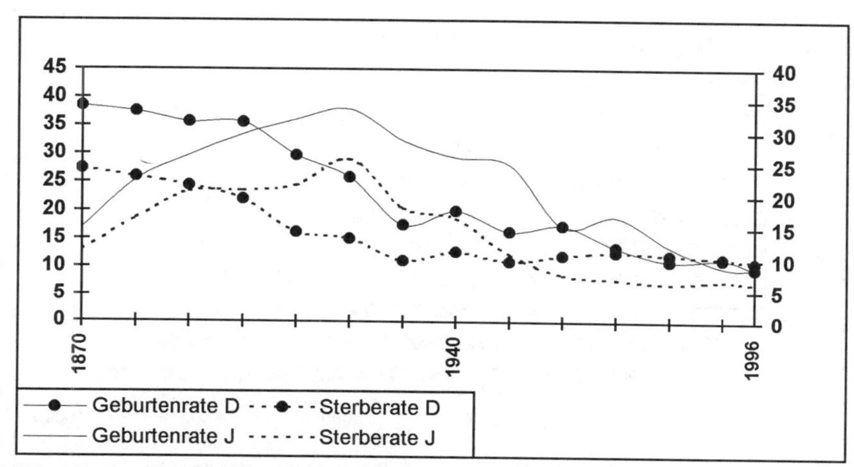


Abb. 15 Entwicklung der Geburten- und Sterberaten in Deutschland (unterschiedliche Abgrenzungen) und in Japan (je 1000 Ew) (D = Deutschland, J = Japan).
Quelle: Statistisches Bundesamt (Hrsg.): Statist. Jahrbuch 1998 für das Ausland

1996 lebten über sechzig Prozent der Bevölkerung in Asien; bis 1980 war das Wachstum relativ stark, hat sich seitdem jedoch abgeschwächt. Der Rückgang ist vor allem durch Ostasien und China verursacht; auch in Indien zeigen die Geburtenraten nach Jahrzehnten bevölkerungspolitischer Bemühungen sinkende Tendenz. Der höchste relative Zuwachs bis 1996 entfällt auf Afrika, dessen Anteil an der Gesamtbevölkerung sich seit 1980 um 2,2 Prozentpunkte erhöht hat; ein Anstieg ist auch in Südamerika festzustellen. Überproportional ist die Bevölkerungszunahme Australiens, wozu wesentlich Einwanderungen beitragen. Europas Bevölkerungsanteil ist demgegenüber zwischen 1980 und 1997 um 2,9 Prozentpunkte zurückgegangen. Während die Bevölkerungszahl in Europa in dieser Zeitspanne insgesamt nur wenig Veränderungen zeigt, hat sie sich in Asien um 927 Millionen erhöht.

Das **Bevölkerungswachstum** konzentriert sich auf die gegenwärtig als Entwicklungsländer eingestuften Staaten, deren Bevölkerungsanteil von 67,8 % im Jahre 1950 über 79,4 % (1995) bis 2005 auf etwa 81,6 % zunehmen wird (Abb. 16 und 17). In einzelnen Industriestaaten geht demgegenüber ohne Berücksichtigung von grenzüberschreitenden Wanderungen die Bevölkerungszahl zurück. Dieser Prozeß wird sich, ebenfalls ohne Berücksichtigung von Wanderungen, nach 2000 erheblich verstärken.

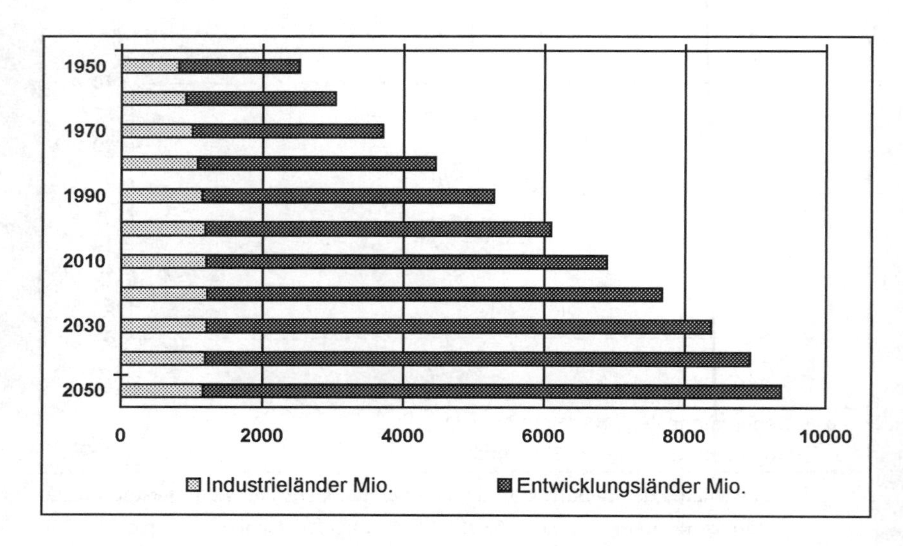


Abb. 16 Die Bevölkerung in Industrie- und Entwicklungsländern 1950 bis 2050 in Mio. Quelle: Statistisches Bundesamt (Hrsg.): Statist.Jahrbuch 1998 für das Ausland (S. 214: Industrieländer: Europa, Nordamerika, Japan, Australien und Neuseeland)

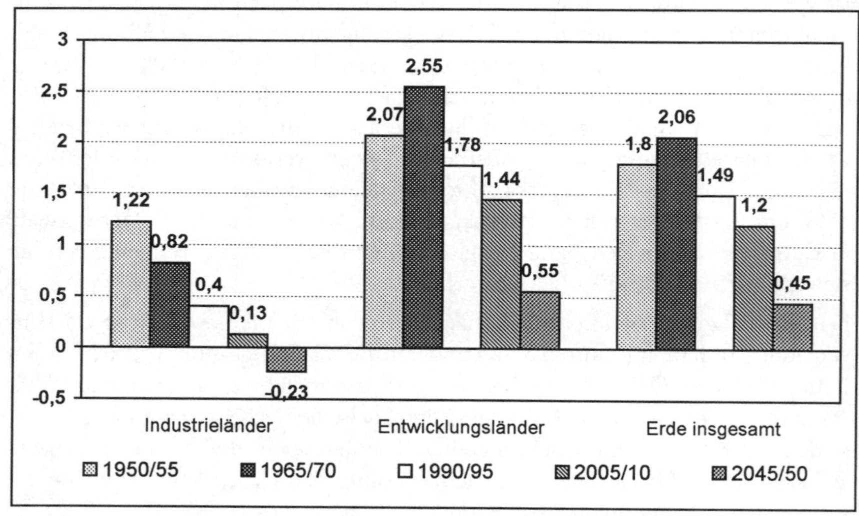


Abb. 17 Die Wachstumsraten der Bevölkerung auf der Erde (Ablauf und Prognosen) Quelle: Statistisches Bundesamt (Hrsg.): Statist. Jahrbuch 1998 für das Ausland

Tab. 3 Die bevölkerungsreichsten Staaten der Erde in den Jahren 2025 und 2050 Schätzungen der Vereinten Nationen (UN)

| | Mio. 2025 | in % der Erdbevölkerung 2025 | Mio. 2050 | in % der Erdbevölkerung 2050 |
|---|---|---|---|---|
| Äthiopien | 136,3 | 1,7 | 212,7 | 2,3 |
| Nigeria | 238,4 | 3,0 | 338,5 | 3,6 |
| Brasilien | 216,6 | 2,7 | 243,3 | 2,6 |
| USA | 332,5 | 4,1 | 347,5 | 3,7 |
| Bangladesch | 180,0 | 2,2 | 218,2 | 2,3 |
| China | 1480,4 | 18,4 | 1516,7 | 16,2 |
| Indien | 1330,2 | 16,5 | 1532,7 | 16,4 |
| Indonesien | 275,2 | 3,4 | 318,3 | 3,4 |
| Pakistan | 268,9 | 3,3 | 357,4 | 3,1 |
| 9 Staaten | 4458,5 | 55,3 | 5085,3 | 53,6 |
| Erde insgesamt | 8039,1 | 100,0 | 9366,7 | 100,0 |

Quelle: Statistisches Bundesamt (Hrsg.): Statistisches Jahrbuch 1998 für das Ausland

Nach Berechnungen der UN sind von den 9 Staaten, die – auf der Basis gegenwärtiger Abgrenzungen – im Jahr 2050 von über 200 Mio. Menschen bewohnt sein werden, 8 Entwicklungsländer. Allein auf dem indischen Subkontinent könnten mehr als 2 Mia. Menschen konzentriert sein. Auch wenn die Schätzungen infolge zahlreicher Unsicherheitsfaktoren der Berechnungsgrundlagen stark zu modifizieren sein werden, wird der Umfang der Problematik deutlich, der durch hohe Belastungen der Tragfähigkeit der meisten dieser Staaten charakterisiert ist.

Vergrößert hat sich absolut und relativ die Zahl der in **Städten**, besonders in großen Städten, lebenden Menschen. Zu Beginn der 90er Jahre gab es auf der Erde etwa 28 Städte, die als Verwaltungseinheiten oder Agglomerationen mehr als 5 Mio. Einwohner zählten; davon lagen 20 außerhalb der Industriestaaten. Dort bewirkt die Zuwanderung als Massenerscheinung gravierende organisatorische und soziale Probleme, bis die Integration derer möglich ist, die aus ländlichen Gebieten und oftmals geordneten sozialen Umfeldern abgewandert sind. Da jedoch die Zuwanderungsströme andauern und sich zum Teil vergrößern, entstehen jeweils neue Slumgebiete an den Stadträndern. *Die Dimensionen zeigen, welchen Herausforderungen sich die Menschheit infolge des Bevölkerungsdrucks und des wirtschaftlichen Strukturgefälles in den globalen weltwirtschaftlichen und -politischen Zusammenhängen gegenübersieht. Die Schaffung von Voraussetzungen zur Optimierung räumlicher Nutzungen und Lebensverhältnisse in allen Teilen der Erde kann zur Stabilisierung der Versorgung somit als die wichtigste wirtschafts- und raumpolitische Aufgabe des 21. Jahrhunderts angesehen werden.*

Aus den **unterschiedlichen natürlichen Bevölkerungsprozessen** ergeben sich für die einzelnen Staaten und die Weltwirtschaft insgesamt vielfältige und in die Wirtschaftsstrukturen tief eingreifende Konsequenzen. Der Altersaufbau der wachsenden Bevölkerungszahlen, v. a. in Entwicklungsländern mit unterdurchschnittlichem Lebensstandard, ist durch einen breiten Sockel und eine schmale Spitze charakterisiert; in graphischer Darstellung sind die Altersstufen pyramidenartig abgestuft. Namentlich in den Industriestaaten ohne größere Einwanderungen ist der Sockel schmaler, die Altersspitze breiter und höher geworden. Die Pyramide hat sich zunächst zu einer Art Glockenform gewandelt (Abb. 18 und 19). In Industriestaaten verursachen eine ausgeprägte Verringerung der Kinderzahlen und erhöhte Lebenserwartung sowie grenzüberschreitende Ab- und Zuwanderungen eine langfristig wirksame Veränderung des Altersaufbaus. Der Vergleich der Altersstufenschichtung zwischen Staaten unterschiedlichen Entwicklungsstandes macht deutlich, daß die z.T. weit auseinanderfallenden Anteile der Altersgruppen auf den Arbeits- und Nachfragemärkten sowie in der sozialen Versorgung Probleme aufwerfen, die unterschiedliche Lösungen erheischen.

Für wirtschaftsstrukturelle und -räumliche Bewertungen sind die Verteilung der Bevölkerung, die Unterschiede im Verdichtungsgrad, im Altersaufbau sowie im Niveau der Ausbildung als Grundlage für **berufliche Qualifikationen** bedeutsame Merkmale.

Zu unterscheiden sind altersgruppenspezifische vertikale und regionale horizontale Bewertungen der Bevölkerungsstruktur und -entwicklung. Die Altersgruppenschichtung ist v.a. in der Gliederung der Kinder vor Eintritt in das Berufsleben, der im arbeitsfähigen Alter Befindlichen und der Ruheständler in ihrem dynamischen Verlauf über die Generationen hinweg als Gegenstand sozialpolitischer Konzepte und Konflikte innerhalb der auf jeweils verschiedene Weise betroffenen Staaten zu beachten. Aus dem Altersaufbau eines Landes läßt sich ohne Berücksichtigung von grenzüberschreitenden Wanderungen relativ genau quantitativ abschätzen, was für Folgen sich für Ausbildungsstufen, Arbeitspotentiale und Altersversorgung ergeben werden. In zur Überalterung tendierenden Staaten, wie z.B. in einer Reihe europäischer Staaten, aber auch in Japan, steigen die von der jeweils aktiven mittleren Altersgruppe zu tragenden Versorgungslasten infolge des anteiligen Wachstums der Zahl der aus Altersgründen aus dem Berufsleben Ausgeschiedenen an, in kinderreichen Ländern sind die großen Familien belastet. Von großer Tragweite sind der sich infolge der unterschiedlichen Bevölkerungszuwächse in Entwicklungs- und Industriestaaten entwickelnde Bevölkerungsdruck in den erstgenannten sowie die zu erwartende großräumliche Verschiebung der Anteile der Bevölkerung in den Regionen der Erde (s. 2.4.1.3).

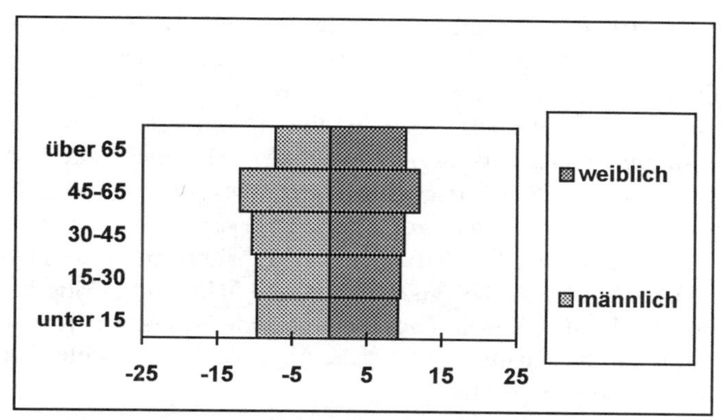


Abb. 18 Altersaufbau der Bevölkerung in Schweden (1996) in %
Quelle: Statistisches Bundesamt (Hrsg.): Statist. Jahrb. 1998 f. d. Ausland

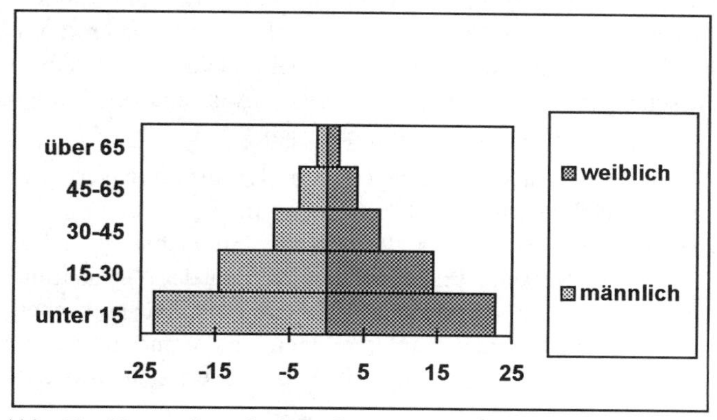


Abb. 19 Altersaufbau der Bevölkerung in Kenia (1995) in %
Quelle: Statistisches Bundesamt (Hrsg.): Statist. Jahrb. 1998 f. d. Ausland

Neben der Altersstruktur differieren auch die Berufs- und Sozialstrukturen, denen Arbeitsmärkte mit unterschiedlichen Qualifikationsmerkmalen gegenüberstehen. In industrietechnisch weit entwickelten Ländern gehen die Arbeitsplätze in der Güterproduktion zugunsten dispositiver Tätigkeiten zurück; es vollzieht sich ein qualitativer Wandel von produktionstechnischen und solchen Arbeitsplätzen, die die Produktion von der Konstruktion automatisch arbeitender Maschinen bis zum Verkauf der Erzeugnisse in einem umfassenden Sinne organisieren.

Unter den **Bevölkerungsdichtemaßen**, die auf Raumeinheiten bezogen werden und der Fragestellung entsprechend zu definieren sind, ist die *arithmetische Dichte*, das undifferenzierte Verhältnis von Bevölkerung und Fläche, die am häufigsten verwendete Relation. Die *physiologische Dichte* berücksichtigt nach bestimmten Gesichtspunkten qualifizierte Raumeinheiten. Bei der *agrarischen Dichte* werden landwirtschaftlich genutzte oder nutzbare Flächen zugrunde gelegt. *Agrar-*, *Industrie- und Dienstleistungsdichte* bezeichnen die im jeweiligen Wirtschaftssektor Beschäftigten im Verhältnis zur gewählten Flächeneinheit. In Japan, wo sich die agrarische, gewerbliche und städtische Flächennutzung auf die Küstenebenen und Gebirgsränder konzentriert, erreichte 1996 der arithmetische Dichtewert 332, die physiologische Dichte demgegenüber etwa 2200 Einwohner je km$^2$.

Die Dichte auf der Erdoberfläche hat sich von 18,6 Menschen im Jahre 1950 auf 43 je Quadratkilometer im Jahr 1997 (undifferenziertes Maß der arithmetischen Dichte) erhöht und wird um die Jahrtausendwende 45 bis 50 erreicht haben. Die Dichtewerte lagen 1997 neben Stadtstaaten (zum Beispiel in Singapur 5550) und Kleinststaaten (zum Beispiel auf den Malediven 913) im übrigen zwischen unter 1 (Westsahara) sowie 2 (Mauretanien, Mongolei, Namibia, Australien) und 848 je km$^2$ in Bangladesch.

Aus den auf Staatsgebiete bezogenen Durchschnittswerten ist nicht erkennbar, welche Flächenanteile sich einer gewerblichen Nutzung oder Besiedlung entziehen. Sie überdecken außerdem die unterschiedliche Verteilung innerhalb der Staaten. So kann in städtischen Kernen der Verdichtungsgrad über 10000 Menschen je km$^2$ (Monaco 16400) erreichen; in städtischen Quartieren, zum Beispiel in unkontrolliert entstandenen Slums, und in dicht und hoch bebauten Vierteln, wie Bombay (Mumbai), konzentriert sich oftmals ein Vielfaches davon.

### 2.4.1.3 Wirtschaftlich motivierte Migrationen

Die Entwicklung der Einwohnerzahlen der einzelnen Staaten oder Wirtschaftsräume wird neben der Bilanz der Geburten und Sterbefälle durch das **Wanderungsverhalten** über Grenzen hinweg bestimmt. Die Veränderung der Bevölkerungszahl zwischen zwei Zählungen ergibt sich aus dem Saldo der Geburten- und Sterbefälle sowie aus dem Saldo der die jeweiligen Grenzen überschreitenden Wanderungen.

**Binnenwanderungen** verlaufen zwischen administrativen oder wirtschaftsräumlichen Einheiten innerhalb eines Staates. Bei *Außenwanderungen* werden Staatsgrenzen überschritten; je nach Richtung, Herkunft und Ziel werden sie als *Aus- und Einwanderung* bezeichnet. Soweit im Rahmen von Staatenbünden, wie in der Europäischen Union, Freizügigkeit einschließlich freier Arbeitsplatzwahl über die Grenzen hinweg zugestanden wird, haben die Wanderungen, die zwischen derart verbundenen Territorien verlaufen, den Charakter von Binnenwanderungen.

Die Wanderungen können auf freier Entscheidung beruhen oder politisch erzwungen sein (Flucht). Frei entschiedene Wanderungen mit kurz-, mittel- oder langfristiger Wohnsitzverlegung sind im wesentlichen unmittelbar oder mittelbar wirtschaftlich begründet. Die Wahl eines Alterssitzes, gegebenenfalls die Rückkehr in das während des Berufslebens verlassene Heimatgebiet, ist als indirekt wirtschaftlich ausgelöst anzusehen. Die Wanderungen werden durch unterschiedliche oder als unterschiedlich eingeschätzte Bedingungen des Zielgebietes gegenüber dem Herkunftsgebiet ausgelöst. Das spezifische Wanderungsmotiv ist die Basis für die Bewertung der differenzierten Raumeigenschaften.

Typische Wanderungsrichtungen sind zeitlich bestimmten Entwicklungsphasen mit inter- oder innersektoralen Veränderungen zuzuordnen. Die Wanderungen begleiten den sektoralen Strukturwandel und spiegeln zugleich die räumlichen Veränderungen wider. Sie sind somit ein Indikator für die Ausschöpfung örtlicher oder regionaler Potentiale, für strukturellen Wandel, Strukturschwächen und -stärken.

So hatten in den Industriestaaten Europas im 19. und im 20. Jahrhundert typische Wanderungsrichtungen ihren Ausgangspunkt in ländlichen Wirtschaftsräumen, wo die Bevölkerungszahl stieg, aber die Zahl der Arbeitsplätze stagnierte oder zurückging. Ziele waren Bergbauregionen und Industriestandorte sowie kleinere und größere Dienstleistungszentren. Im Laufe der industriellen Diversifikation wurde das Netz der Wanderungsströme komplizierter; Standorte mit Wachstumsindustrien zogen Wanderungswillige an, Gebiete mit stagnierenden Wirtschaftszweigen hatten Abwanderungsverluste.

Das Ruhrgebiet als einst durch Kohlenbergbau und Grundstoffindustrie beherrschtes Industriegebiet hat über viele Jahrzehnte hinweg Zuwanderer aus vorwiegend ländlichen Gebieten angezogen, wobei sich die Distanz der Einzugsgebiete mit steigendem Bedarf an Arbeitskräften vergrößerte und auch grenzüberschreitende Wanderungsvorgänge (Außenwanderungen; siehe unten) einbezogen waren. Im 19. Jahrhundert zeichneten sich in Einwanderungsgebieten industriestädtische Agglomerationen, wie Chicago, als Wachstumspol für Wandernde aus. Im 20. Jahrhundert folgten in den später industrialisierten Staaten Städte wie Mexiko, Sao Paulo und Kairo nach. Diese Wanderungsprozesse mit Tendenz zur Verstädterung sind noch nicht abgeschlossen, so daß insbesondere in heutigen Entwicklungsländern das Wachstum von Großagglomerationen beherrschend sein wird, wenn es nicht gelingt, die Potentiale für die Entwicklung von Wachstumskernen außerhalb der Kernregionen zu nutzen (zur Entwicklung der Verstädterung Tab. 4).

Tab. 4 Der Verstädterungsprozeß in ausgewählten Staaten der Erde
Quelle: Statistisches Bundesamt (Hrsg.): Statist. Jahrb. 1998 f. d. Ausland

| | Anteil der Stadtbevölkerung in Prozent | |
|---|---|---|
| | 1980 | 1996 |
| Deutschland | 82,6 | 87,7 |
| Belgien | 95,4 | 97,1 |
| Portugal | 29,4 | 36,0 |
| Libyen | 69,3 | 85,9 |
| Burundi | 4,3 | 7,8 |
| Uruguay | 85,2 | 90,5 |
| Bangladesch | 11,3 | 18,9 |
| Nepal | 6,6 | 10,6 |
| Israel | 88,6 | 90,8 |
| Australien | 85,8 | 84,7 |

Die sich vertiefende Arbeitsteilung der Dienstleistungen und die Umschichtung der Beschäftigung aus dem sekundären in den Dienstleistungssektor hat die Wanderungsströme zwischen Industrieorten und Städten sowie zwischen Städten mit unterschiedlichen oder ähnlichen Schwerpunkten von Dienstleistungen verstärkt.

Länger anhaltende Wanderungsprozesse bewirken tiefgreifende Veränderungen sowohl in den Abwanderungs- als auch in den Zielgebieten. Da die Wanderungsentscheidungen zu Beginn beruflicher Tätigkeiten dominieren und somit jüngere Erwerbspersonen mit ihren Kindern abwandern, können sich in den Herkunftsorten Alters-, Berufs- und Sozialstruktur nachteilhaft verändern, insbesondere dann, wenn die natürliche Bevölkerungsentwicklung die Abwanderungsverluste nicht mehr ausgleichen kann. Eine Rückwanderung von Pensionären und Rentnern, zum Beispiel in ländliche Räume, würde diesen Prozeß verstärken.

Die Zielgebiete heben sich infolge steigender Kaufkraft sowie verbesserter Berufs- und Sozialstrukturen in ihrer Entwicklungsdynamik vorteilhaft heraus.

Von den mehr oder weniger ausgeprägten Fernwanderungen ist die Wanderung aus kernstädtischen Gebieten ins benachbarte Umland zu unterscheiden. In diesem Fall wird die berufliche und kulturelle Bindung mit dem städtischen Kern nicht aufgelöst, sondern angesichts gestiegener Mobilität die Möglichkeit genutzt, Vorteile der Stadt im Arbeitsplatz-, Dienstleistungs- und sonstigen kulturellen Angebot mit den Vorteilen billigeren und ruhigeren Wohnens des städtischen Randgebietes zu kombinieren.

Die Motive für **Außenwanderungen** sind überwiegend ähnlich wie die der Binnenwanderungen zu begründen, mit beruflichen Chancen, die sich im Zielgebiet bieten oder die dort erwartet werden.

Intensive Wanderungen vollziehen sich zwischen industriearmen und industrialisierten Ländern, solchen mit weniger guten und mit besseren Ausbildungsmöglichkeiten, mit Arbeitsplatzmangel und attraktivem oder steigendem Angebot, mit geringerer und größerer Differenzierung und Elastizität des Arbeitsmarktes, mit höherem und niedrigerem Arbeitsentgelt. So sind Wanderungen aus dem indischen Subkontinent nach Süd- und Ostafrika sowie in aufstrebende Ölländer des Vorderen Orients charakteristisch, während Ausbildungsplätze zum Beispiel in Großbritannien besucht werden.

Große Wohlstandsunterschiede sind potentielle Ansätze für Wanderungen oder Wanderungsbedürfnisse, wie zwischen Mexiko und den Vereinigten Staaten von Amerika. Das Ruhrgebiet war Zielgebiet von Wandernden zunächst aus der engeren und weiteren Umgebung, in der zweiten Hälfte des 19. und dem beginnenden 20. Jahrhundert aus dem östlichen Deutschland und Mitteleuropa. West- und Mitteleuropa waren Zielgebiet vor allem aus dem südlichen, südwestlichen und südöstlichen Europa sowie nordafrikanischen Anrainerstaaten des Mittelmeers. Seit 1990 nehmen die Wanderungen aus osteuropäischen Staaten zu. Zwischen den EU-Mitgliedsstaaten im nordwestlichen und mittleren Europa, deren wirtschaftliche Strukturen ähnlich sind, wurden bisher trotz der administrativ gewährleisteten Freizügigkeit Dauerwohnsitzverlagerungen nur relativ gering vorgenommen.

Im Zielland überlagern sich Binnen- und Außenwanderungen sowie kurz- und langfristige Wanderungen. Sie können auch gegensätzlich ausgerichtet sein, wenn Einwanderer oder Zuwanderer die Arbeitsplätze einnehmen, die Einheimische zugunsten ihnen geeigneter erscheinender Möglichkeiten an anderem Ort verlassen haben.

In Deutschland haben die Außenwanderungen seit 1989 sehr stark zugenommen. 1996 waren von den grenzüberschreitenden Zuziehenden 80,4% (1995: 72,3%) Ausländer, von den Fortziehenden 88,9% (1995: 51,8). Die großräumliche Gliederung der Außenwanderung über die Staatgrenze Deutschlands hinweg ist in Tab. 5 dargestellt. Die Wanderungsintensität und -richtung der Ausländer ist von konjunkturellen Schwankungen abhängig. So ergab sich beispielsweise 1982 ein Negativsaldo (Abb. 20). Die Binnenwanderungen zwischen den Ländern erreichten 1995 eine Million.

Tab. 5 Die Außenwanderung Deutschlands (1995) in regionaler Gliederung

| | Einwanderungen | Auswanderungen |
|---|---|---|
| Europa | 648083 | 486480 |
| davon EU-Staaten | 175977 | 140113 |
| EFTA-Staaten | 5315 | 4629 |
| Mittel-, Osteuropa | 254470 | 181694 |
| Afrika | 33220 | 26251 |
| Nordamerika | 17235 | 16295 |
| Lateinamerika | 11598 | 7680 |
| Asien | 77105 | 46093 |
| Australien, Ozeanien | 2107 | 1917 |
| Insgesamt | 1096048 | 698113 |

Quelle: Statistisches Bundesamt (Hrsg.): Statistisches Jahrbuch für die Bundesrepublik Deutschland 1998

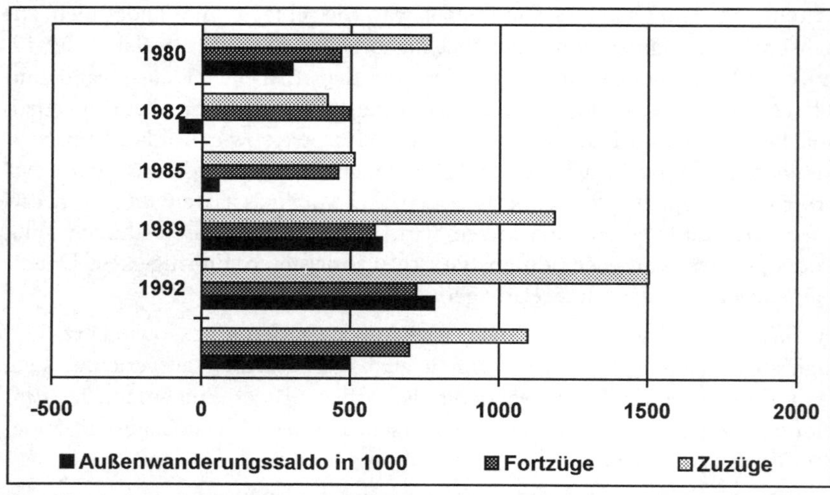


Abb. 20 Außenwanderungen über die Grenzen der BR Deutschland (in 1000)
Quellen: Statistisches Bundesamt (Hrsg.): Statist. Jahrbuch 1984 und 1998 für die Bundesrepublik Deutschland

Infolge der unterschiedlich ausgerichteten Motivation verändert sich die Struktur der Arbeitsmärkte. Arbeiten mit niedriger Qualifikation und Dotierung werden von einheimischen Kräften verlassen und durch ausländische Zuwanderer besetzt.

Statt des zuweilen benutzten Begriffs Pendelwanderung sollte die Bezeichnung *Pendelverkehr* verwendet werden. Hierbei handelt es sich nicht um Wanderungen mit Verlegung des Wohnsitzes, sondern um den regelmäßig zurückgelegten Weg zwischen Wohnung und Arbeitsstätte(n).

### 2.4.1.4 Wirtschaftsbevölkerung und Arbeitsmärkte

Unter einer Reihe von wirtschaftlichen und sozialen Gliederungskonzepten ist hier die Gliederung nach *Wirtschaftszweigen* und *Berufen* sowie nach der Berufs- und sozialen Stellung hervorzuheben. Je nach Fragestellung können tätigkeitsbezogene (Beamte, Angestellte und Arbeiter, angelsächsisch white und black collar workers) oder ausbildungsbezogene Unterscheidungen (Art und Qualität der Schulabschlüsse, Lehre und Studium) herangezogen werden. Für die Bewertung der Arbeitsmärkte ist die *Erwerbstätigkeit* entscheidend.

**Erwerbspersonen** sind *Erwerbstätige* und *Erwerbslose* (Arbeitslose). Als *Nichterwerbspersonen* werden diejenigen bezeichnet, die weder eine auf Erwerb gerichtete Tätigkeit ausüben noch eine solche suchen (Statistisches Jahrbuch 1998 für die Bundesrepublik Deutschland). *Beschäftigte* sind die in einer Betriebsstelle Tätigen. Diese können räumlich ihrem Arbeitsort zugeordnet werden; demgegenüber werden die Erwerbspersonen am Wohnort gezählt.

Die Zahlen der Erwerbstätigen (Tab. 6 und 7) sind international nicht ohne weiteres vergleichbar, weil ihre statistische Ausweisung und die Art der Beschäftigungsverhältnisse unterschiedlich organisiert sein können. Insbesondere ist zu berücksichtigen, daß Voll-, Teilzeit- und Mehrfacharbeitsverhältnisse nicht erkennbar sind. Weiterhin ist zu beachten, daß die Zahlen der wöchentlich und jährlich erbrachten Arbeitsstunden der Vollarbeitsverhältnisse voneinander abweichen. So lag 1995 die Jahresarbeitszeit in den Staaten der Europäischen Gemeinschaft zwischen 1602 (Bundesrepublik Deutschland, alte Bundesländer) und 1882 (Portugal); in Japan waren es 1832 und in den Vereinigten Staaten von Amerika 1896 Sollarbeitsstunden.

Für die Beurteilung der wirtschaftlichen Dynamik der Länder ist die Entwicklung der Beschäftigtenzahlen der nationalen Arbeitsmärkte hilfreich. Sie werden einerseits durch konjunkturelle Schwankungen und strukturelle Rahmendaten bestimmt; andererseits sind sie in sich verstärkendem Ausmaß globalen Einflüssen direkt und indirekt ausgesetzt. Die in Tab. 7 aufgelisteten Beschäftigtenzahlen einiger Industriestaaten verdeutlichen, daß wirtschafts- und arbeitspolitische Konzepte jeweils zu sehr differenzierten Ergebnissen führen (s. a. Abb. 21).

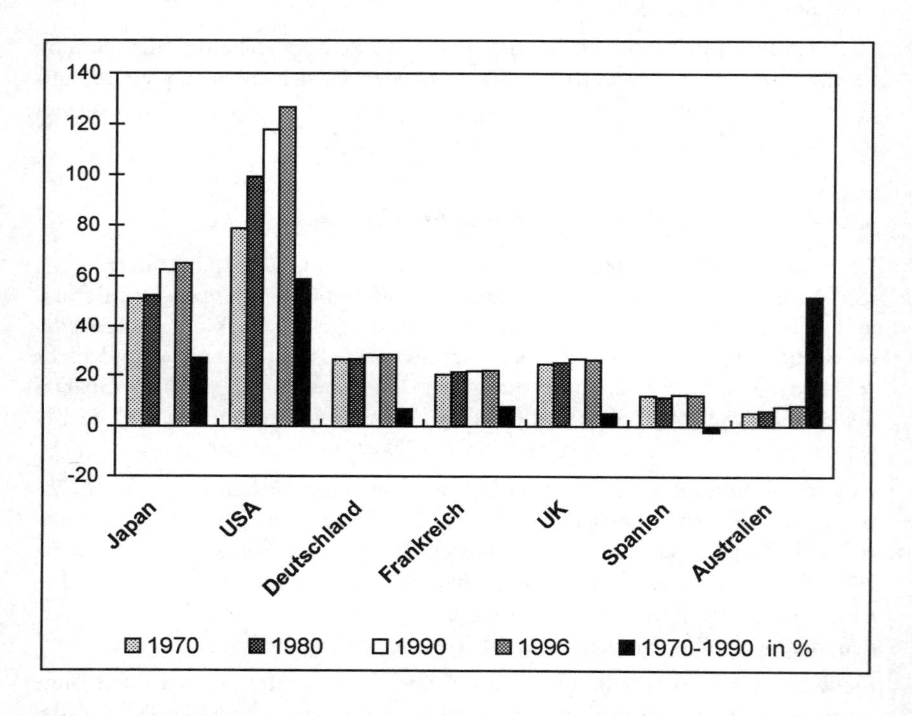


Abb. 21 Die Entwicklung der Erwerbstätigkeit in ausgewählten Staaten 1970 bis 1996 (in Mio.); [1] 1989 [2] einschließlich östliche Bundesländer
Quelle: Statistisches Bundesamt (Hrsg.): Statist. Jahrbuch 1998 für das Ausland

Die **Arbeitsmärkte**, quantitativ und qualitativ durch die Nachfrage nach und das Angebot von Arbeit bestimmt, verändern sich ständig auf beiden Seiten (Abb. 22 und 23):

a) langfristig infolge technischer Entwicklungen, der Entstehung neuer Betätigungsfelder in Landwirtschaft, industriellem Gewerbe und dem breit aufgefächerten Dienstleistungswesen, besonders seit Beginn der Industrialisierung
b) kurz- bis mittelfristig infolge konjunktureller Schwankungen und unternehmungsspezifischer Entwicklungen

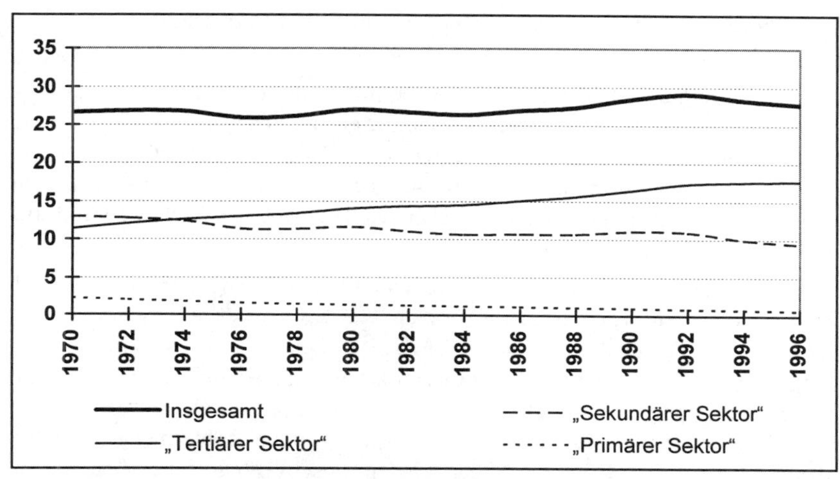


Abb. 22 Die Erwerbstätigen in der Bundesrepublik Deutschland (alte Abgrenzung) 1970 bis 1996 in Millionen
Quellen: Statistisches Bundesamt (Hrsg.): Statist. Jahrb. f. d. BR Deutschland

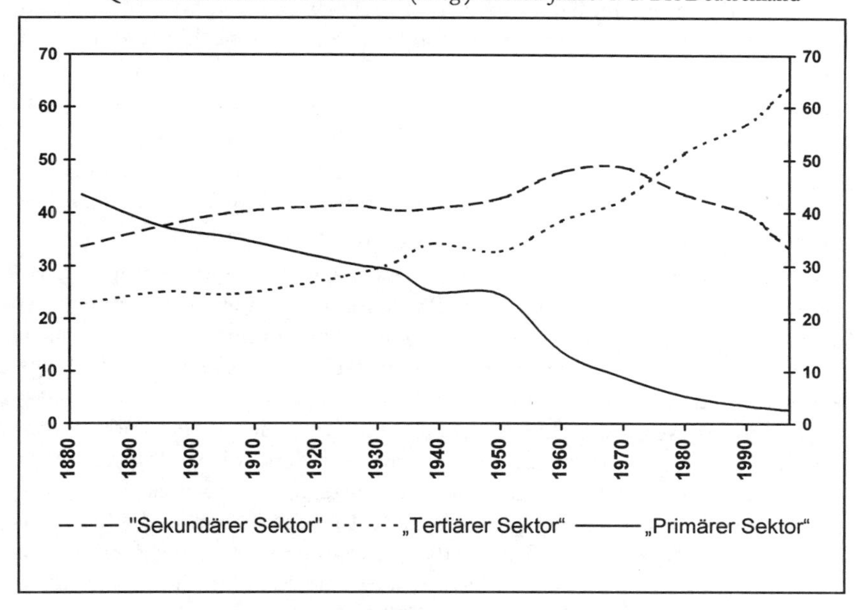


Abb. 23 Sektorale Entwicklung der Beschäftigung in Deutschland 1882 bis 1997 in %
Quellen: Statistisches Bundesamt (Hrsg.): Bevölkerung und Wirtschaft 1872–1972, Wiesbaden 1972; Statist. Jahrb. f. d. BR Deutschland, mehrere Jahrgänge

Die Zahl der Berufe hat sich vervielfacht und die Spezialisierung der Tätigkeitsmerkmale vertieft.

Die Arbeitsmärkte stehen miteinander unmittelbar oder mittelbar national oder international in Konkurrenz. Freizügigkeit bei der Wahl des Arbeitsplatzes ist in bestimmten Fällen de jure, wie zum Beispiel innerhalb der Staatengemeinschaft der Europäischen Union, gewährleistet. De facto wird eine grenzüberschreitende berufliche Tätigkeit vielfach durch sprachliche und kulturräumliche Grenzen eingeschränkt.

Die Strukturen der Arbeitsmärkte sind von Land zu Land ganz unterschiedlich. Entscheidend für das internationale Konkurrenzverhältnis ist die Produktivität der Arbeitskräfte, die die Arbeitskosten und die spezifische Leistungsfähigkeit der Arbeitskräfte einbezieht. Unterschiedliche Ausbildungscurriculae und unterschiedliche Arbeitsbedingungen beeinflussen die Konkurrenz. Im Falle gleicher oder ähnlicher Qualifikation gibt bei sonst gleichen Standortbedingungen die Höhe der Arbeitskosten einschließlich der Arbeitsneben- und -zusatzkosten den Ausschlag für die Festlegung eines Standortes. Andererseits wird auf der Seite der Nachfrage nach Arbeit das Wanderungsverhalten durch das internationale Arbeitslohngefälle beeinflußt, wobei angestrebt wird, in den Genuß der materiell besseren Verdienstmöglichkeiten zu gelangen.

Neben dieser ausschließlich auf Kosten und Nutzen ausgerichteten Betrachtungsweise sind sozialpolitische Gesichtspunkte in ihrer Vielschichtigkeit (PECK 1992) gerade auch im internationalen Rahmen zu berücksichtigen. Sie werden sich jedoch im Hinblick auf die marktwirtschaftlich notwendige Orientierung der betrieblichen Entscheidungen diesen unterordnen.

Das letzte Viertel des 20. Jahrhunderts liefert entsprechende empirische Befunde. Einerseits konnte teilweise die Produktion in den alten Industriestaaten Westeuropas nicht aufrechterhalten werden; es kam zu Stillegungen, vor allem in arbeitsintensiven Industriezweigen, so in Teilen der Textil-, Bekleidungs- und lederverarbeitenden Industrie, und zu Neugründungen in südeuropäischen und ostasiatischen Ländern, wie Südkorea, Hongkong und Taiwan. Neue Kapazitäten wurden von vornherein in Ländern mit niedrigen Arbeitskosten aufgebaut. Auch jüngere Wachstumszweige, wie etwa die Produktion von Software, lassen sich in jüngeren Industriestaaten, wie in Bangalore in Südindien, nieder; in diesem Fall ist die telekommunikative Verknüpfung mit den Auftraggebern in den Altindustriestaaten ein Standortfaktor, der Tätigkeiten auch abseits der großen Märkte zuläßt.

In landwirtschaftlichen Familienbetrieben, in kleingewerblichen Handwerksbetrieben und in kleineren Betrieben einiger Dienstleistungszweige ist der Überblick über den gesamten Arbeitsablauf weithin gegeben. In landwirtschaftlichen Großbetrieben ist dies bedingt, in weitgehend arbeitsteilig organisierten Betrieben der Industriewirtschaft und in einigen Dienstleistungsunternehmungen nicht (mehr) der Fall. Außerdem bewirkt der Maschineneinsatz in allen Sektoren, besonders aber in der industriellen Produktion gleichartiger Güter, die in großen Serien erzeugt werden können, den Ersatz von Arbeitsplätzen; hierdurch werden die manuellen, auf individuelle Bedürfnisse gerichteten Tätigkeiten zwar nicht gänzlich, jedoch weitgehend durch Kapitalgüter substituiert.

Ausgeprägt ist seitdem die Tendenz der intersektoralen Verschiebung der Beschäftigungsanteile. Im ältesten Industrieland der Erde, in Großbritannien, hat sich die Quote der in der Landwirtschaft Tätigen von 35 % im Jahre 1811 auf etwa 2% zum Ende des 20. Jahrhunderts reduziert; andere Staaten sind dieser Entwicklung in ähnlicher Weise, zum Teil zeitlich verkürzt, gefolgt oder befinden sich als jüngere Industriestaaten noch im Anpassungsprozeß (Tab. 6).

Tab. 6 Die sektorale Beschäftigungsentwicklung in ausgewählten Staaten in Prozent[1]

| | 1890–1901 | | | 1970 | | | 1996 | | |
|---|---|---|---|---|---|---|---|---|---|
| | LFF | P | D | LFF | P | D | LFF | P | D |
| Großbritannien und Nordirland | 9,2 | 48,3 | 42,5 | 3,2 | 44,7 | 52,0 | 1,9 | 27,4 | 70,7 |
| Vereinigte Staaten von Amerika | 38,0 | 24,1 | 37,9 | 4,5 | 34,4 | 61,1 | 2,8 | 23,9 | 73,3 |
| Deutschland[2] | 37,5 | 37,4 | 25,1 | 7,5 | 48,9 | 43,6 | 3,3 | 37,5 | 59,1 |
| Spanien | 62,3 | 14,1 | 23,6 | 29,5 | 37,2 | 33,4 | 8,7 | 29,7 | 61,6 |
| Japan | | • | | 17,4 | 35,7 | 46,9 | 5,5 | 33,3 | 61,2 |
| Thailand[3] | | • | | | • | | 60,2 | 15,4 | 24,3 |
| Singapur | | • | | | • | | 0,2 | 31,0 | 68,8 |
| Malaysia[3] | | • | | | • | | 20,0 | 32,3 | 47,7 |

1 LFF = Land-, Forst-, Fischereiwirtschaft; P = Produzierendes Gewerbe, D = Dienstleistungen

2 1895: Deutsches Reich, 1970 und 1993: Bundesrepublik Deutschland in jeweiligen Grenzen

3 1995

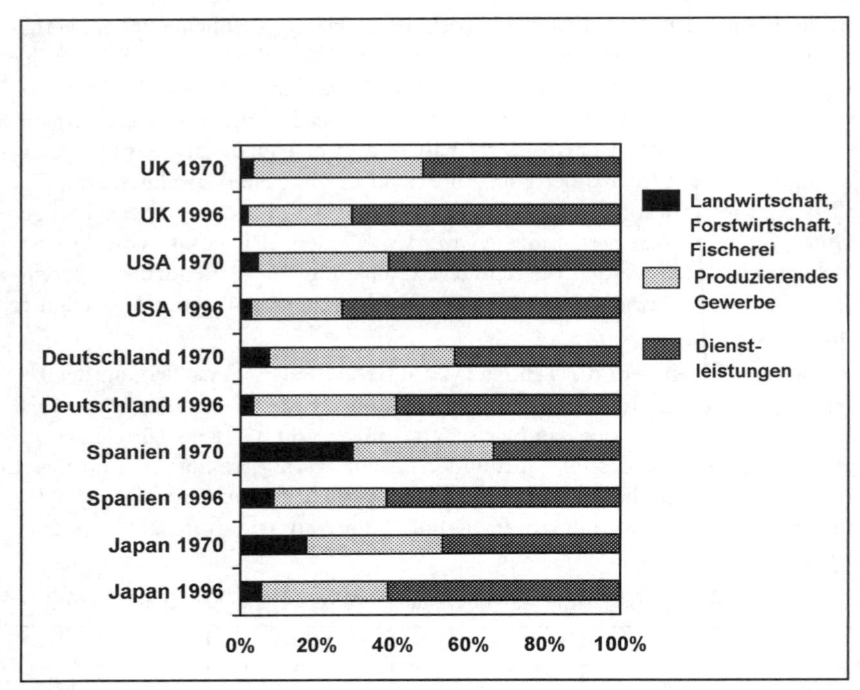


Abb. 24 Beschäftigungsentwicklung ausgewählter Staaten in sektoraler Gliederung in %
Quellen: Statistisches Bundesamt (Hrsg.).: Statist. Jahrbuch 1972 für die BR Deutschland; Statist. Jahrbuch 1998 für das Ausland

Seit dem Beginn der **Industrialisierung** und dem Einsatz leistungsfähigerer Geräte und Maschinen in der Landwirtschaft geht in den industrialisierten Ländern trotz steigender Produktion die Beschäftigung nicht nur in der Landwirtschaft, sondern auch im produzierenden Gewerbe relativ und absolut zurück (Abb. 24). Die Reduktion der Zahl der benötigten Arbeitsplätze in der Landwirtschaft löste intersektorale Wanderungen der freigesetzten Arbeitskräfte aus, die zunächst insbesondere von der sich ausweitenden Industrie aufgenommen werden konnten. Dort nahm zunächst die Beschäftigung sowohl absolut als auch relativ zu, da die Expansion bestehender und die Bildung neuer Industriezweige die Rationalisierungsverluste mehr als aufwogen. Infolge des zunehmenden Einsatzes von Maschinen und deren steter Leistungserhöhung wurden jedoch auch in diesem Wirtschaftszweig von Anfang an Arbeitsplätze substituiert. In den Altindustrieländern führen die sich fortsetzenden und verstärkenden Rationalisierungsvorgänge in den jüngeren Entwicklungsphasen in vielen Fällen zum Nettoverlust industrieller Arbeitsplätze, insbesondere in der eigentlichen Produktion. So ergeben sich sowohl innerhalb des Wirtschaftszweiges Verlagerungen von älteren in jüngere Industriezweige als auch von der Industrie in den Dienstleistungssektor (Abb. 26).

In den Staaten der Erde hat die Beschäftigungssituation unterschiedliche Entwicklungsstadien erreicht, die zwar durch regionale Eigenheiten charakterisiert sind, aber in generalisierter Bewertung dem FOURASTIÉ-Modell folgen (das Beispiel Deutschland in Abb. 23).

Die in Tab. 6 gezeigten Beispiele sind repräsentativ für einzelne der Entwicklungsphasen. Jeder technische Rationalisierungsschritt erspart Arbeitskraft, so daß mit der Industrialisierung tendenziell die spezifische Arbeitsleistung abnimmt. Die industriellen Arbeitsplätze sind bei fortgeschrittener Technik weitgehend durch automatisch gesteuerte Aggregate ersetzbar; zudem haben sich die Arbeitskosten in den Industriestaaten relativ stärker verteuert als die Kapitalgüter. Daher werden schließlich unmittelbar in der Güterproduktion weniger Arbeitsplätze existieren als in der Landwirtschaft. Dem wirkt gegenwärtig allerdings entgegen, daß das Arbeitskräfteangebot in zahlreichen Staaten der Erde die Nachfrage übersteigt. Infolge bestehender intra- und interkontinentaler Arbeitskostendifferenzen bestehen arbeitsextensive und arbeitsintensivere Produktionsweisen nebeneinander, innerhalb Europas beispielsweise die Standorte des Volkswagenwerks in Mosel bei Zwickau sowie in Preßburg und in Jungbunzlau (Mladá Boleslav).

Die **internationalen Arbeitskostendifferenzen** tragen sehr deutlich zur Wahrnehmung dessen bei, was als Globalisierung bezeichnet wird; denn als Folge der Unterschiede im Arbeitskostengefüge und der jeweiligen Arbeitsproduktivität wird ein wesentlicher Teil an Investitionen und Produktionskapazitäten in die begünstigten Länder verlagert. So können sich komparative Vorteile eines Arbeitsmarktes unmittelbar oder mittelbar auf einen anderen Arbeitsmarkt im selben oder in einem anderen Land auswirken. Die Arbeitskosten verteuern sich tendenziell im Verlauf der Industrialisierungsphasen. Am Beginn sind die Arbeitskosten vergleichsweise niedrig, erhöhen sich jedoch mit zunehmender Produktivität und Spezialisierung, so daß arbeitsintensivere Produktionsstufen in jeweils im Entwicklungszyklus nachfolgende Staaten abwandern, zum Beispiel Westeuropa → Republik Korea → China (Abb. 25).

Derartige Verlagerungsprozesse wirken in den weltwirtschaftlichen Güteraustausch hinein. Sie haben sich seit der Industrialisierung mit der Ausweitung des Welthandels erheblich verstärkt. Als Agens hierfür diente besonders die sich auf immer mehr Länder ausbreitende Industrieproduktion.

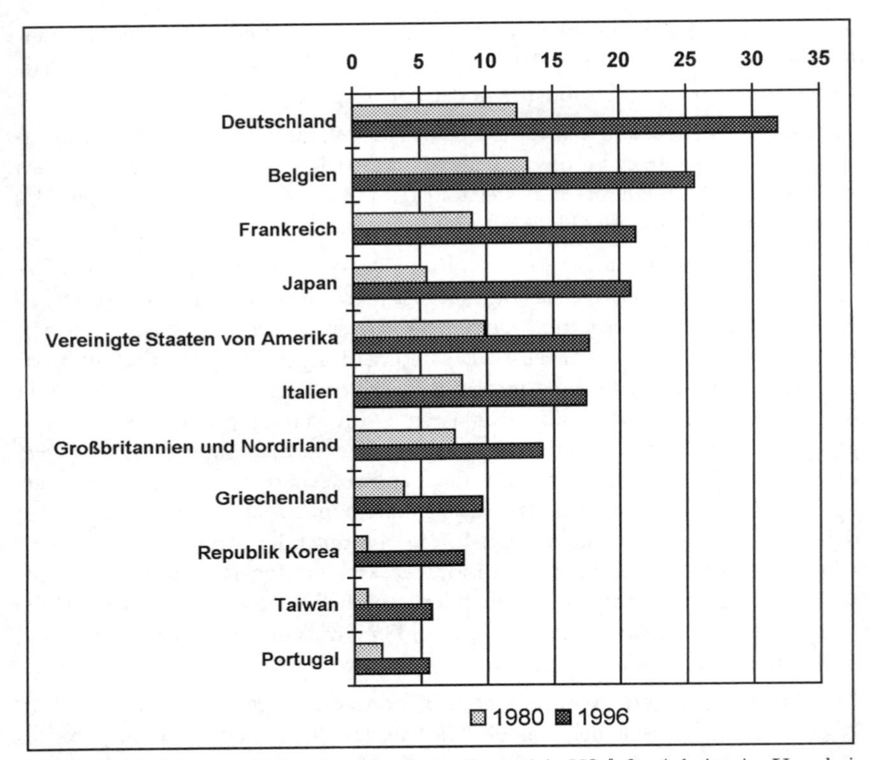


Abb. 25 Arbeitskosten je Stunde (ohne Nebenkosten) in US-$ für Arbeiter im Verarbeitenden Gewerbe im internationalen Vergleich
Quelle: Statistisches Bundesamt (Hrsg.): Statist. Jahrbuch 1998 für das Ausland

Tab. 7 Die Dynamik der Arbeitsmärkte in Beispielen (in Millionen)

| **19..** | ..70 | ..80 | ..70-..80 in % | ..90 | ..80-..90 in % | ..96 | ..90-..96 in % | ..70-..96 in % |
|---|---|---|---|---|---|---|---|---|
| UK | 24,4 | 25,0 | 2,6 | 26,8 | 7,3 | 26,3 | - 1,8 | 8,0 |
| USA | 78,7 | 99,3 | 26,2 | 118,8 | 19,6 | 126,7 | 6,7 | 61,1 |
| Deutschland[1] | 26,7 | 27,1 | 1,5 | 28,5 | 5,3 | 27,8 | - 2,5 | 4,1 |
| Spanien | 12,2 | 11,6 | - 5,5 | 12,6 | 8,9 | 12,4 | - 1,5 | 1,4 |
| Japan | 50,9 | 55,4 | 8,7 | 62,5 | 12,9 | 64,9 | 3,8 | 27,3 |

[1] Bundesrepublik Deutschland in Grenzen von 1989

Quelle: Statistisches Bundesamt (Hrsg.): Statistisches Jahrbuch 1998 für die BR Deutschland und für das Ausland

Unter diesen Gesichtspunkten ist die Dynamik der Arbeitsmärkte zu betrachten. So zeichneten sich um die Wende vom 19. zum 20. Jahrhundert die Arbeitsmärkte des damaligen Deutschen Reiches und der Vereinigten Staaten von Amerika durch eine kräftige Zunahme in der Beschätigung gegenüber Großbritannien aus. In Tab. 7 sind Unterschiede der Entwicklung für den Zeitraum von 1970 bis 1996 für ausgewählte Staaten verdeutlicht.

Die internationale Konkurrenz während des letzten Viertels des 20. Jahrhunderts und bedeutende Fortschritte in der Steuerung der Aggregate durch Einsatz von Robotern und der Halbleitertechnik haben die Rationalisierungsgeschwindigkeit in der Industrie derart erhöht, daß in Industrieländern mit spezifisch hohen Arbeitskosten besonders die geringer qualifizierten freigesetzten Arbeitskräfte nicht mehr sofort in vollem Umfang in anderen Industriezweigen oder im Dienstleistungssektor aufgenommen werden konnten. Infolge dieser Umbrüche ist die strukturelle Arbeitslosigkeit in einer Reihe von Industriestaaten stark angewachsen. Die Kosten der Arbeitsmarktpolitik belasteten 1995 nach OECD-Quellen zum Beispiel das Bruttoinlandsprodukt in den skandinavischen Staaten Dänemark, Finnland und Schweden zwischen 6,9 und 5,5%. In Japan belief sich der Anteil auf 0,5, in den Vereinigten Staaten von Amerika auf 0,6%.

Die interregionalen, internationalen und globalen Prozesse beeinflussen jeden einzelnen Betrieb und alle beteiligten Unternehmungen, die auf veränderte Bedingungen durch Anpassung reagieren. Das Ergebnis des Strukturwandels zeigen Tab. 8 und Abb. 26 für die zusammengefaßten sektoralen Arbeitsmärkte und für einzelne ihrer Zweige in der Bundesrepublik Deutschland für den Zeitraum von 1960 bis 1995. Besonders starke Rückgänge der Beschäftigung betreffen die Landwirtschaft, den Bergbau (Erze, Steinkohle) und einige Zweigen der Grundstoffindustrie, Textil- und Bekleidungsgewerbe sowie die Lederverarbeitung. In diesen Fällen handelt es sich um strukturelle Prozesse des Wandels. Die Rohstoffexploration hat in Deutschland ihre Konkurrenzfähigkeit mit der Ausweitung der internationalen räumlichen Beziehungen infolge der spezifischen Eigenschaften der Lagerstätten eingebüßt. Die ehemals und zum Teil auch gegenwärtig noch arbeitsintensiven Gewerbe können infolge Rationalisierung und wegen der vergleichsweise hohen Arbeitskosten in Deutschland mit Standorten in Ländern mit niedrigeren Arbeitskosten nicht mehr konkurrieren. Arbeitsplatzzuwächse in größerem Umfang finden sich im Laufe des gewählten Zeitraums nur in der Kraftfahrzeugindustrie. Auffällig ist die relativ geringe Veränderung bei der Produktion von Büromaschinen und ADV-Geräten. Seit 1990 haben alle Industriezweige Rückgänge in der Beschäftigung hinnehmen müssen.

Umfassende Arbeitsplatzgewinne kennzeichnen den Dienstleistungssektor. Der Vergleich der sektoralen Arbeitsmärkte bestätigt das Beschäftigungsmodell von FOURASTIÉ (Abb. 26; Tab. 8): In sehr verschiedenartigen Dienstleistungszweigen entstehen neue Arbeitsfelder mit entsprechend differenzierten Qualifikationsniveaus. An erster Stelle steht die Gruppe der „sonstigen" Dienstleistungen, in der die Freien Berufe (wie Wirtschafts- und Rechtsberatung) sowie Bildungs- und Gesundheitswesen, Fremdenverkehr und Organisation enthalten sind.

Tab.8 Sektoraler Strukturwandel in der Bundesrepublik Deutschland (früheres Bundesgebiet): Bevölkerung und Erwerbstätige in Millionen 1960 bis 1995

| | 1960 Mio. | 1990 Mio. | 1995 Mio. |
|---|---|---|---|
| Bevölkerung | 55,4 | 63,3 | 66,2 |
| Erwerbstätige | 26,1 | 28,5 | 28,5 |
| Land-, Forstwirtschaft und Fischerei | 3,5 | 1,0 | 0,8 |
| Produzierendes Gewerbe | 12,5 | 11,3 | 10,1 |
| Dienstleistungen | 10,1 | 16,2 | 17,7 |
| davon | | | |
| Bergbau | 0,6 | 0,2 | 0,1 |
| Eisenschaffende Industrie | 0,5 | 0,2 | 0,1 |
| Straßenfahrzeuge | 0,6 | 1,1 | 0,9 |
| Elektrotechnik | 0,9 | 1,2 | 1,0 |
| Maschinenbau | 1,0 | 1,2 | 1,0 |
| Chemische Industrie | 0,5 | 0,6 | 0,6 |
| Büromaschinen, ADV-Geräte | 0,1 | 0,1 | 0,1 |
| Textilgewerbe | 0,7 | 0,2 | 0,2 |
| Handel und Verkehr | 4,8 | 5,3 | 5,4 |
| Kreditinstitute | 0,3 | 0,7 | 0,7 |
| Versicherungen | 0,1 | 0,2 | 0,2 |
| Sonstige Dienstleistungen | 2,0 | 4,4 | 5,4 |
| Staat | 2,1 | 4,3 | 4,2 |

Quelle: Statistisches Bundesamt (Hrsg.): Statistisches Jahrbuch 1998 für die Bundesrepublik Deutschland

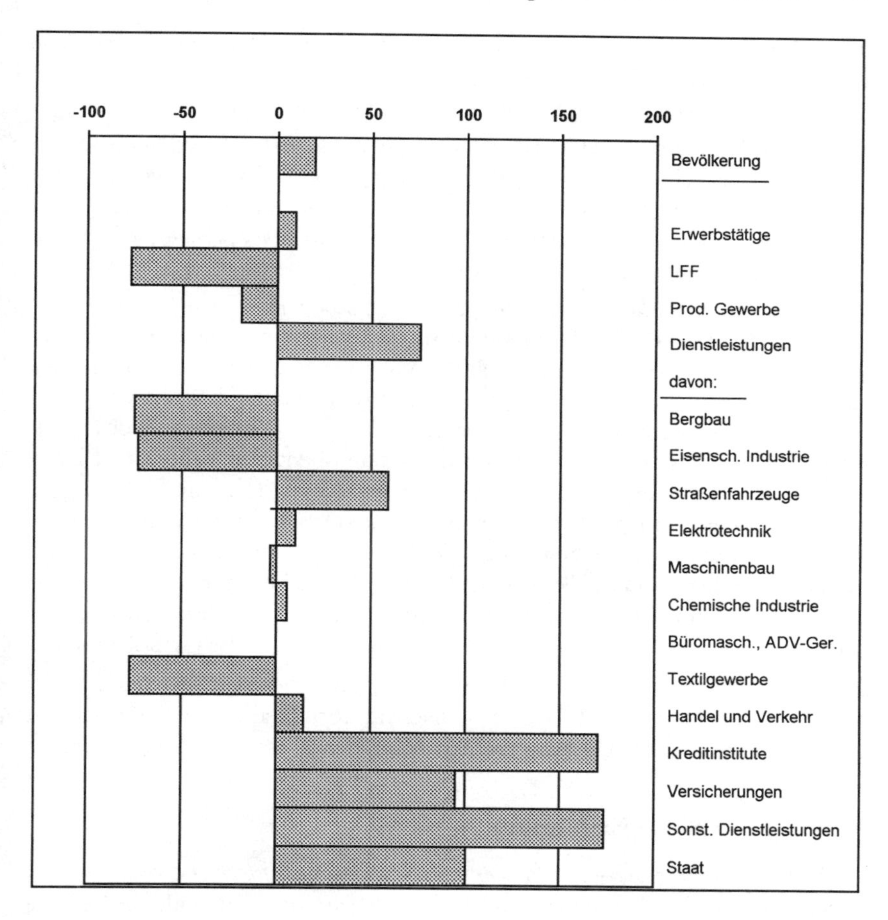


Abb. 26 Sektoraler Wandel der Beschäftigung in der BR Deutschland (früheres Bundes gebiet) 1960 bis 1995 in Prozent
LFF = Landwirtschaft, Forstwirtschaft, Fischerei
Quelle: Statistisches Bundesamt (Hrsg.): Statist. Jahrb. 1998 f. d. BR Deutschland

## 2.4.2 Verkehrsgeographische Grundlagen der Wirtschaft

### 2.4.2.1 Verkehr und Wirtschaft

Das **Verkehrswesen** ist in das Wirtschaftsleben integriert. Der Einsatz von Verkehrsmitteln und -wegen ist Voraussetzung für das Funktionieren der modernen weltwirtschaftlichen Prozesse arbeitsteiliger Produktion sowie von Handel und Verbrauch. Selbst autarke Wirtschaftseinheiten bedürfen der inneren Erschließung durch Transportwege und -hilfsmittel.

Soweit die Verkehrsvorgänge der Nachfrage nach bestimmten Transportleistungen folgen, sind sie vom Bedarf abhängig. Vom Potential vorhandener Verkehrseinrichtungen können jedoch auch Impulse ausgehen, die die Entscheidungen von Wirtschaftssubjekten beeinflussen. Das Verkehrswesen enthält insoweit eigenständige raum- und strukturprägende Elemente.

Der **Verkehr** erbringt Dienstleistungen; er ist somit in weit gefaßter statistischer Gliederung **Teil des Dienstleistungssektors**; seine Funktionen und die Art eines Teils seines Leistungsangebots räumen ihm aber eine Sonderstellung ein. Ein funktionierendes Verkehrswesen ist Voraussetzung für alle wirtschaftlichen und alle darüber hinausgehenden räumlichen Betätigungen des Menschen. Für das Zustandekommen von Kontakten bedarf es daher des Einsatzes jeweils geeigneter Mittel. Der Verkehrswirtschaft ist somit die Aufgabe gestellt, für den Transport von Personen, Gütern und Nachrichten geeignete Transporteinrichtungen in Systemen, die Wege und Mittel umfassen, zur Verfügung zu stellen. Sofern die Potentiale nicht ausreichen oder gar nicht vorhanden sind, folgt der Ausbau der benötigten Verkehrseinrichtungen dem Bedarf nach, beispielsweise zur Erschließung von Erdöl- und Erdgasbohrinseln.

Bei der Erfüllung der den Verkehrssystemen durch die verschiedenen Nutzer gestellten Aufgaben wird die jeweils günstigste Lösung angestrebt, die auch in einer Kombination der Leistung verschiedener Verkehrssysteme liegen kann.

### 2.4.2.2 Begriffliche Einführung

*Verkehr ist Ortsveränderung von Personen, Gütern und Nachrichten (Informationen).* In dieser umfassenden Definition sind der Wirtschaft zuzuordnende und solche Verkehrsabläufe enthalten, die nicht oder nicht unmittelbar wirtschaftlichen Zwecken dienen, sich aber wenigstens teilweise wirtschaftlich auswirken können.

*Jeder Verkehrsvorgang verbindet zwei Punkte, Quelle und Ziel*; dem steht nicht entgegen, daß durch Verkehrsmittel, zum Beispiel eine Omnibuslinie, nacheinander weitere Punkte erreicht werden. Die Verkehrsvorgänge enthalten somit eine *räumliche* Komponente. Bei Konferenzschaltungen ist die Beteiligung mehrerer Quell- und Zielpunkte möglich, und in der Funk- und Kabelkommunikation kann eine große Zahl von Zielpunkten zugleich erreicht werden. In *Netzen* sind zahlreiche räumlich verteilte Punkte miteinander verknüpft; die Einheit eines Verkehrsvorgangs betrifft jedoch auch hier zwei Punkte.

Es gibt eine Vielzahl von individuellen Verkehrsabläufen, die aber durch gleichartige oder ähnliche Ausrichtung gebündelt sein und sich in Verkehrsströmen konzentrieren können. Die Bedürfnisse des einzelnen nach Verkehrsleistungen werden durch Individualverkehr (Kraftfahrzeuge, Flugzeuge, Schiffe, Nachrichtenübermittlung) oder durch quasiubiquitäre Netzbildung (moderner Kommunikationssysteme in gut erschlossenen Ländern) erfüllt. Auch diese können sich auf stark genutzten Trassen zu kräftigen Verkehrsströmen bündeln.

Die Ortsveränderung kann lokalen und regionalen oder weitläufigen Charakter haben. *Eine Unterscheidung in Orts- und Nahverkehr, Regional- und Fernverkehr ist sinnvoll*, auch wenn sich diese Begriffe nicht eindeutig voneinander abgrenzen lassen und sich diese Verkehrskategorien teilweise überlagern. Die Einteilungen sind vom jeweiligen Entwicklungsstand der Erschließung – zum Beispiel vorwiegend Fuß- oder motorisierter Verkehr – abhängig. Infolge der verkehrstechnischen Entwicklungen verliert die begriffliche Differenzierung an Schärfe und Aussagekraft.

Die entfernungsbezogene Unterscheidung der Verkehrsabläufe hatte im vortechnischen Zeitalter eine größere Bedeutung. Ein nahräumlicher Verkehrsvorgang zwischen großstädtischer Peripherie und Stadtkern kann auch in gut erschlossenen Agglomerationsräumen einen höheren Zeitaufwand hervorrufen als mit schnellen Systemen durchgeführte Fernreisen. Bei Teilen des Nachrichtenverkehrs ist der sonst wirksame distanzabhängige Zeitfaktor weitgehend eliminiert, so daß Distanzbegriffe keine Bedeutung mehr haben; die Tarife für Nachrichtentransporte werden jedoch in vielen Fällen entfernungsabhängig gebildet.

Die Unterscheidung von **Reichweiten** ist bei Angeboten von und Nachfragen nach Dienstleistungen bedeutsam (s. 2.3.4.3). Je nach Zentralitätsstufe ergeben sich örtliche, nahräumliche und regionale oder fernräumliche Beziehungen. Auch Standortentscheidungen industrieller Zulieferer oder die Verteilung von Betriebsstätten oder Produktionsstufen auf verschiedene Standorte werden vielfach distanzorientiert getroffen. Die Kette von der Gütersammlung bis zur Güterverteilung verläuft über fern- und nahräumliche Kontakte, so daß sich, besonders am Anfang und am Schluß der Kette, typische Distanzkategorien entwickeln können. Der Freizeitverkehr läßt sich ebenfalls zeitbezogenen Distanzen zuordnen (Nah- und Ferntourismus). Die jeweils erreichte Erschließungsqualität trägt zu unterschiedlich dimensionierten Raumbeziehungen bei.

In (groß-)städtischen Agglomerationen entwickelt der Nahverkehr infolge seines quantitativen Umfanges sowie angesichts seiner räumlichen Ausrichtung und zeitlichen Abläufe Probleme, die sich von denen im Fernverkehr unterscheiden und besondere raumordnende und organisatorische Lösungen erforderlich machen. Stadt- und Nahverkehrsplanung haben daher ein eigenes Operationsfeld.

Die **Verkehrslage** ist als ein nutzbares Angebot anzusehen, das auf der Basis natürlicher räumlicher Ausstattung und der *Erschließung* durch die jeweils beteiligten Verkehrssysteme charakterisiert ist. Die durch Erschließung als Standortfaktor qualifizierte Verkehrslage ist für die Betriebe der gewerblichen Wirtschaft und insbesondere für die zentralen Funktionen und damit für Städte als Dienstleistungszentren unbedingte Voraussetzung. So sind verkehrsgeographisch durch leistungsfähige Verkehrssysteme unerschlossene Ressourcen, wie etwa Eisenerzlagerstätten im Hindukusch, weltwirtschaftlich nicht nutzbar. Herausragende Lagevorteile, wie in Osaka, in Chicago oder in Köln, sichern demgegenüber nachhaltig die Wahrnehmung hochzentraler Funktionen.

### 2.4.2.3 Verkehrssysteme

*Verkehrsmittel und Verkehrswege bilden die* **Verkehrssysteme**, die entweder nur spezialisiert oder aber vielseitig einsetzbar sind. Für die räumlichen Entscheidungen sind die Bewertungen ihres jeweiligen Leistungsvermögens und das Raumwirkungspotential bedeutsam (Abb. 27).

Manche Verkehrssysteme weisen zwar begrenzt vergleichbare Eigenschaften auf, überwiegend jedoch zeichnen sie sich durch jeweils besondere Transporteigenschaften aus. Einige der Leitungssysteme können nur monofunktionell und meist nur richtungsgebunden genutzt werden, unterliegen andererseits aber keiner Systemkonkurrenz. Demgegenüber sind Straßen-, Schienen-, Wasser- und Luftverkehr beim Personen- und Gütertransport vielseitig nutzbar und ihre Leistungen in gewissen Grenzen substituierbar; teilweise lassen sie sich bei Transportvorgängen auch kombinieren, zum Beispiel Luft- und Seeverkehr zwischen Asien und Europa über Dubai oder Luft- und Schienen- sowie Straßenverkehr zwischen Asien und Nordamerika (Modal Split).

### 2.4.2.4 Abhängigkeit vom Verkehr

Da für jede wirtschaftliche Betätigung Verkehrsleistungen erforderlich sind, besteht ein Zusammenhang zwischen Standort und Erschließung durch Verkehrssysteme. Welcher Art diese jeweils haben soll, ergibt sich aus den spezifischen Anforderungen an Verkehrsleistungen und im Falle konkurrierender Systeme bei vergleichbarer Leistungsqualität aus den Kosten des jeweiligen Transportvorgangs.

Unterschiedlich ist innerhalb der Wirtschaftssektoren und -zweige die Abhängigkeit von Kosten, die für die Transporte von Gütern, Personen und Leistungen jeweils entstehen. In der Land- und Forstwirtschaft sowie in der Industrie sind die Massenproduzenten auf hierfür besonders geeignete Verkehrssysteme angewiesen, wenn Rohstoffe, Halbzeuge und Fertigerzeugnisse eine ungünstige Relation zwischen Wert und Gewicht (geringer gewichtsbezogener Wert, zum Beispiel Braunkohle oder Roherze) aufweisen. In hochspezialisierten Industrieproduktionen und im Dienstleistungssektor stehen andere Leistungsstandards im Vordergrund.

### 2.4.2.5 Theoretische Ansätze zur Verkehrserschließung

**Faktoren der Erschließung** sind das technische Leistungspotential von Fahrwegen einschließlich der Flughäfen und von Verkehrsmitteln sowie die spezifische räumliche Erschließungseignung: vorwiegend linear (Binnenwasserwege), netzartig (Straßen) oder punktförmig (Seeschiffahrt). Diese räumlichen Erschließungseignungen werden durch weitere Eigenschaften, wie die Regelmäßigkeit und Häufigkeit der Verkehrsbedienung, den Sicherheitsstandard und Schnelligkeitsgrad sowie die Bequemlichkeit im Personenverkehr, ergänzt.

Auf der Grundlage der spezifischen Eignung entwickeln sich Standortgemeinschaften in Ausrichtung auf die Verkehrssysteme.

Als räumliche Gesichtspunkte der Erschließung stehen möglichst kurze und kostengünstige Verbindungen im Vordergrund. Als Erschließungsfaktoren (Ebenen der Verkehrswertigkeit nach VOIGT 1973) sind zu nennen:

a) Verbindungslinien oder Stichbahnen und Rohrleitungen, die zwei Punkte verbinden, zum Beispiel einen Produktionsstandort mit einem Hafen oder ein Erdölvorkommen mit einer Raffinerie
b) allseitige unmittelbare Verbindung: maximale Konnektivität, Minimierung des Transportaufwands
c) Bündelung der Verkehrslinien: minimaler Erschließungsaufwand, Vergrößerung des Transportaufwands
d) zweiseitige Verbindung: minimaler Aufwand bei Reisen zwischen allen Punkten, aber maximaler Aufwand bei der Verbindung der Punkte untereinander

e) Vernetzung in mehr oder weniger hoher Verdichtung je Flächeneinheit mit der Notwendigkeit der Kombination der Erschließungsmuster, die nur in Sonderfällen benachbarter und unmittelbar verbundener Orte optimal sein können

| | B/Ü | Güterart | Erschließungs-typ | räumlicher Ver-dichtungsgrad hoch:i[2]; niedrig: e[2] | Nahverkehr (N) Regionalverkehr (R) Fernverkehr (F) |
|---|---|---|---|---|---|
| Straße | B | St, M, C | Netz (flächenintensiv) | i | N/R |
| Eisenbahn | B | M, St, C | Netz, linear | i/e | R/F |
| Binnenschiffahrt | B | M, C | linear | e | F |
| Rohre | B (Ü) | Msp | Punkte, linear, Netz[3] | e/i | N/R/F |
| Kabel, | B/Ü | Sp | Netz[3] | i/e | N/R/F |
| Fluggeräte | B/Ü | St | Punkte | e | F |
| Seeschiffahrt | Ü (B[1]) | M, St | Punkte | e | F |
| Datenübertragung | B/Ü | Sp | linear, Netze[3] | i (e) | N/R/F |

Abb. 27 Raumerschließungstypen (ohne Personenverkehr): B = Binnen-, Ü = überseeische Erschließung; St = Stück-, M = Massengüter; C = Container; Sp = Spezialtransporte; Msp = Spezialmassengüter; [1] Küstenseeschiffahrt, [2] unterschiedlich je nach Erschließung; [3] z.T. flächenintensiv

Nach KOHL (1841) entwickeln sich in einem isolierten, gleichmäßig besiedelten und bewirtschafteten Gebiet nicht gleichrangige, sondern über- und untergeordnete, in ihrer Bedeutung hierarchisch abgestufte Verkehrswege. Insbesondere hat er solche hierarchisch geordneten Muster in der flächenhaften Erschließung von Städten angenommen.

Gesetzmäßigkeiten der Trassierung sieht LAUNHARDT (1887/1888) bei Beachtung von Zusammenhängen zwischen Verkehrsdichte und Netzgestaltung. Diese Fragestellung ergibt sich beim Anschluß von Orten, die abseits einer Hauptachse („Kommerzielle Trasse") gelegen sind. Als Beispiel aus der jüngeren Erschließungsgeschichte kann die im Zusammenhang mit dem Ausbauprogramm Deutsche Einheit vorgesehene Schnellbahntrasse zwischen Berlin und München gelten mit der Frage, ob auf dem Teilstück Leipzig-Nürnberg die weiträumige Abweichung von den bestehenden Linien (über Plauen und Hof sowie über Jena und Saalfeld) mit dem Umweg über Erfurt dem ökonomischen Erfordernis im Sinne LAUNHARDTs entspricht (VOPPEL 1997).

Der Satz vom Knotenpunkt LAUNHARDTs war zeitlicher Vorläufer mathematischer Verfahren zur Berechnung von optimalen Netzstrukturen zwischen einer beliebigen Anzahl von Orten, wobei der Gewichtung der einzelnen Verkehrspunkte und Verkehrsspannungen zwischen Orten Rechnung zu tragen ist.

Nach LILL besteht im Personenverkehr ein Zusammenhang zwischen Entfernung und Reisehäufigkeit. Dieser Ansatz wird bei CHRISTALLER und in dem Gravititätsmodell von TAAFFE und GAUTHIER (1973) aufgenommen; hiernach sind die Verkehrsfrequenzen zwischen zwei Orten direkt proportional dem Produkt ihrer Bevölkerung und umgekehrt proportional der Entfernung zwischen diesen Orten. Die Erhöhung der Reisegeschwindigkeiten ändert an der Grundaussage nichts, hat aber die Erhöhung der Reisefrequenzen zur Folge.

#### 2.4.2.6 Qualitative Anforderungen an den Verkehr: Distanzüberwindung und Raumerschließung

Die Funktionsweise *innerbetrieblicher* Abläufe beruht auf verkehrslogistischen Konzepten, die den betrieblichen Erfordernissen angepaßt sind, wobei sich die Aufgabenstellung intersektoral unterscheidet und auf die jeweiligen betrieblichen Bedürfnisse ausgerichtet ist. So entwickeln geschlossene Hauswirtschaften oder „isolierte Staaten“ zwar keine ihre Grenzen überschreitende Verkehrsnachfrage, aber sie benötigen eine ihrer räumlichen Ordnung und Größe sowie ihren Funktionen angemessene Organisation der *inneren Verkehrserschließung*. Ebenso sind innerbetriebliche Transport- und Kommunikationseinrichtungen im Produzierenden Gewerbe und im Dienstleistungswesen auf die jeweils gestellten Anforderungen ausgerichtet, wobei horizontal und vertikal oder kombiniert arbeitende Beförderungssysteme eingesetzt werden. Großflächige Bergbaubetriebe verfügen über besondere Verkehrsmittel (Schiene, Straße, Bänder) zum Transport von Abraum und der gewonnnenen Rohstoffe unter und über Tage.

Die Wahrnehmung wirtschaftlicher Kontakte außerhalb der betrieblichen Sphäre, die über die örtliche zwischenbetriebliche Organisation oder über lokale Selbstversorgungssysteme hinausreichen (*Außenverkehr*) und weltwirtschaftliche Dimensionen erreichen können, ist auf die Erschließung durch Fernverkehrssysteme angewiesen. Schon frühzeitig wurde Fernhandel mit Gütern gepflegt, die wertvoll genug waren, trotz hoher Transportkosten über große Distanzen hinweg verkauft zu werden (s. 4.3.1). Die Fernverbindungen aus den Herkunftsgebieten in die Verbrauchsgebiete sind unter entsprechenden Bezeichnungen wie „Salzstraßen“ oder „Seidenstraßen“ bekannt. Im römischen Imperium wurden dessen Provinzen untereinander durch leistungsfähige Fernstraßen vernetzt, um die Territorien militärisch zu beherrschen und den Austausch mit Wirtschaftsgütern zu ermöglichen.

Mehrere Faktoren und Entwicklungsstränge begründen das Interesse am Austausch von Personen, Gütern und Nachrichten und die Notwendigkeit hierzu, und sie erhöhen die Anforderungen an Verkehrssysteme mit spezifischen Leistungskriterien: die klimageographische Zonierung mit unterschiedlichen agrar- und forstwirtschaftlichen Erzeugnissen, die über die Erde hinweg ungleiche Verteilung mineralischer Rohstoffe für Energie- und für Güterproduktion sowie kulturräumliche Differenzierungen und unterschiedliche Entwicklungsstadien der Länder. Der aus diesen Ansätzen heraus quantitativ und qualitativ gewachsenen Nachfrage nach Transportleistungen stehen technische Entwicklungen der Verkehrssysteme gegenüber, die die gestiegene Nachfrage befriedigen sollen.

Verkehrserschließung und Distanzüberwindung sind somit seit je Voraussetzungen für funktionierende weltwirtschaftliche Kontakte. Die besonders seit dem 19. Jahrhundert und gesteigert im 20. Jahrhundert verbesserte Verkehrstechnik hat unter anderem viele der Transportvorgänge beschleunigt und infolge der Erhöhung der spezifischen Leistungsfähigkeit die Kosten relativ gesenkt; aber jede Ortsveränderung von Gütern, Personen und Nachrichten bleibt mit Aufwand verbunden.

#### 2.4.2.7 Leistungsfähigkeit und Raumwirksamkeit der Verkehrssysteme (potentieller Standorteinfluß)

Gemäß dem Einsatz von Technik sind einfache und kompliziertere **Verkehrsmittel** zu unterscheiden. Zu den erstgenannten zählen der Mensch selbst als Träger oder Bote, der Einsatz von Tieren, wobei eine relief- und klimaangepaßte Differenzierung regional sehr unterschiedliche Einsatzformen ermöglicht und notwendig macht. Beispielsweise beruhten jahrhundertelang Nomadenkulturen auf dem Einsatz von an die Trockenklimate angepaßten Kamelen und Eseln als Reit- und Tragtieren. Yaks und Lamas sind im Saumpfadverkehr der Hochgebirge geeignete Transporttiere und ergänzen auch gegenwärtig die modernen Verkehrssysteme. Kulturhistorisch alt ist der Einsatz von Fahrzeugen seit der Erfindung des Rades sowie von Flößen und Booten auf Flüssen und küstennahen Gewässern.

Mit den technischen Fortschritten im 19. und 20. Jahrhundert, besonders der Verwendung von Motoren, wurden neue Verkehrssysteme, Eisenbahn und Kraftfahrzeug sowie die moderne Schiffahrt, entwickelt, die heute, technisch laufend verbessert, als traditionell bezeichnet werden. Die Techniken des

Nachrichtentransports haben, nach ersten Ansätzen im 18. (optischer Flügeltelegraph von Chappe) und frühen 19. Jahrhundert, besonders der Anwendung des Morsetelegraphen 1837, im 20. Jahrhundert große Fortschritte gemacht. Wesentliche Entwicklungen des 20. Jahrhunderts sind, nach Vorläufern im 18. und 19. Jahrhundert (Heißluftballon der Gebrüder Montgolfier 1783) kommerziell genutzte Luftfahrzeuge. Rohrleitungen sind schon seit Jahrtausenden in Benutzung, ihre Einsatzfelder, die verwendeten Materialien und die technischen Mittel (zum Beispiel nahtlos geschweißte Rohre der Gebrüder Mannnesmann 1885) haben sich aber seit der Industrialisierung erweitert.

Für Transporte von Massenschüttgütern im Binnenverkehr ist die **Binnenschiffahrt** prädestiniert. Ihre spezifische Leistungsfähigkeit ist bei hinreichend großer Kapazität und Nutzungsdauer der Wege den übrigen Landverkehrsmitteln überlegen. Daher sind Erze und Energierohstoffe, Steine und Baumaterialien, chemische Grundstoffe, wie Kunstdünger, sowie landwirtschaftliche Erzeugnisse, außerdem in Massen anfallende Stückgüter, wie Kraftfahrzeuge und Container, typische Transportgegenstände der Binnenschiffahrt. Charakteristisch ist bei hinreichender Eignung die Häufung von Massengutverarbeitern an schiffbaren Flüssen.

Die Nutzungsmöglichkeiten der Binnenschiffahrt werden jedoch durch eine Reihe natürlicher Einflüsse eingeschränkt. Wasserführung und Strömungsgeschwindigkeit bestimmen die Eignung von Flüssen. Bei zu großem Gefälle (etwa ab 1:1000) sind Schleusen erforderlich, ebenso, wenn die Fahrwassertiefe durch Anlage von Staustufen erhöht werden muß, wie bei der Mosel, die auf ihrem Mittel- und Unterlauf kanalisiert ist. Bei stärkeren Wasserstandsschwankungen ist entweder eine Anpassung der Tonnage an niedrige Wasserführung notwendig, oder es kann zu Unterbrechungen kommen. Entscheidend für die Eignung von Binnenschiffahrtswegen ist neben der Höchsttragfähigkeit die Zahl der nutzbaren Verkehrstage, die durch Hoch- und Niedrigwasser sowie durch die Dauer der Nichtnutzbarkeit bei Gefrornis bestimmt wird. So sind Wassersysteme in höheren Breiten teilweise nur wenige Monate befahrbar. Flüsse wie Ural, Ob und Lena sind 150 bis über 200 Tage durch Eis nicht benutzbar. Der Obere See in Nordamerika weist frostbedingte Unterbrechungen bis zu sechs Monaten auf. Dies schränkt beispielsweise die Möglichkeiten einer regelmäßigen Rohstofflieferung der Hütten an den Südküsten der Großen Seen in Nordamerika und einer rohstofforientierten Eisen- und Stahlindustrie in Duluth ein.

Als Nachteil ist die fehlende Netzbildung anzusehen. Nur dort, wo leistungsfähige Nebenflüsse vorhanden sind, kann eine Verzweigung die Erschließung auflockern (zum Beispiel im Stromgebiet des Rheins durch Neckar, Main und

Mosel). Eine Ausnahme stellen einige Flußmündungsgebiete dar wie in den Niederlanden, wo Wasserstandsregulierung und Kanäle in engem Zusammenhang stehen. Verbindungen mit anderen Flußsystemen sind unter geeigneten Umständen nur durch kostspieligen Kanalbau mit spezieller Wasserhaltung herzustellen. Auf diese Weise sind zum Beispiel Rhein, Ems, Weser, Elbe und Oder mit osteuropäischen Flüssen, die Donau mit dem Rhein und der Michigansee mit dem Mississippi verbunden.

Schließlich kann der Verlauf eines Flusses durch die natürlich vorgegebene Richtung wirtschaftlich ineffizient sein. In Europa sind die am stärksten befahrenen Flüsse im Binnenverkehr der Rhein und die Seine, die kurze Verbindungen zwischen großen Wirtschaftsräumen und geeigneten Häfen herstellen. Dem steht der Verlauf der größten europäischen Ströme gegenüber; die Wolga fließt in einen Binnensee und die Donau in ein Nebenmeer. Der Mississippi ist als Binnenverkehrsweg erst nach den Erdöl- und Erdgasfunden in seinem Mündungsbereich aufgewertet worden.

Die Eignung der Flüsse und Kanäle und ihre Konkurrenzfähigkeit gegenüber anderen Binnenverkehrssystemen ist von der Kapazität (Fahrwassertiefe, Breitenabmessungen sowie Zahl und technische Ausstattung von Schleusen) und der Dauer der nutzbaren Tage während eines Jahres (siehe oben) abhängig. Frühzeitig gebaute Kanalsysteme, wie in Großbritannien und Frankreich, entsprechen den modernen Anforderungen für eine kommerziell betriebene Schiffahrt weitgehend nicht mehr. Insbesondere das mittel- und südenglische Kanalsystem dient, soweit noch vorhanden, nur noch dem Freizeitverkehr. Die frühe Motorisierung der Binnenschiffahrt in England hat diesem Transportzweig nur einen kurzfristigen Vorsprung verschafft, der angesichts der geringen Kapazitäten der wenigen schiffbaren Flüsse und der Kanäle sehr bald durch die Eisenbahn aufgezehrt worden war. Auch jüngere Anlagen, wie die Main-Donau-Verbindung, sind bezüglich ihrer Wirtschaftlichkeit umstritten. Einige Kanäle im Binnenverkehr haben große raumwirtschaftliche Bedeutung erlangen können, darunter die beiden das Ruhrgebiet west-östlich durchziehenden Anlagen (Rhein-Herne- und Lippe-Datteln-Kanal mit Fortsetzung in östlicher und nördlicher Richtung), der Schelde-Rhein- und der Amsterdam-Rhein-Kanal sowie der New York State Barge Canal, der die Großen Seen mit der Ostküste bei New York verbindet.

Die **räumlichen Wirkungen** des **Binnenschiffahrtssystems** sind linear bis punkthaft konzentrierend; denn mit dem Ausladen der Massengüter aus Binnenschiffen endet der Vorteil der niedrigen Frachtkosten auf dem Wasserweg. Auf die Binnenschiffahrt ausgerichtete Konzentrationen haben sich beispielsweise am Nieder-, Mittel- und Oberrhein und im Flußsystem des Ohios (ober-

und unterhalb von Pittsburgh) entwickelt. Am Rhein sind, abgesehen vom Ruhrgebiet, großbetriebliche Standorte der chemischen Grundstoffindustrie, von Raffinerien und Zementfabriken sowie von Verarbeitungsstätten landwirtschaftlicher Rohstoffe linear konzentriert. Am Alleghany, am Monongahela und am Ohio-River liegen vorwiegend Betriebe der Metallgewinnung und -verarbeitung. Auch die Seine im Raum Paris und zwischen Rouen und Le Havre bildet eine Industriestraße.

Insbesondere Container als genormte Transportbehälter können angesichts des standardisierten Umschlags den intermodalen Verkehr begünstigen, so daß die räumlichen Wirkungen insoweit indirekt über den Hafen hinausreichen.

Die **Eisenbahnen** waren dasjenige Verkehrssystem, das zu Beginn der Industrialisierung in den frühen Industriestaaten Europas und in Nordamerika die Grundlage für die Industrialisierung bildete. Es eignet sich infolge der Rad-Schiene-Technik auf in der Regel eigenem Bahnkörper zur Bildung von Zügen und daher besonders zum massenhaften Gütertransport. Die räumliche Erschließungseignung der Eisenbahnen ist dank der Möglichkeit netzartiger Verknüpfungen der Strecken gegenüber der Binnenschiffahrt deutlich erweitert und begrenzt dezentralisierend. Allerdings ist die Rad-Schiene-Technik gegenüber größeren Steigungen empfindlich, so daß in Gebirgen die Erschließung entweder unterblieb oder mit zum Teil erheblichen Mehraufwendungen für Steigungsstrecken und Tunnelbauten erkauft werden mußte. Die heute eingesetzten elektrischen Lokomotiven haben diese Abhängigkeit etwas gemildert. Insbesondere bot die Eisenbahn gegenüber den bis dahin traditionellen Landverkehrsmitteln systembedingt den *Vorteil der Zugbildung* und damit die Möglichkeit der *Bündelung von Transporten.*

Mit dem Einsatz der Eisenbahn hatten sich im 19. Jahrhundert die Transporte von Rohmaterialien und Massengütern im Binnenverkehr gegenüber dem bisherigen Landtransport mit Pferdewagen erheblich verbilligt und die Überwindung größerer Entfernungen technisch und preislich ermöglicht. Hierdurch hatten sich in den Industrieländern im Laufe der Industrialisierungsphase die Standorte materialintensiver Industrien auf die Bahnlinien ausgerichtet. Auch hochzentrale Funktionen mit weiter räumlicher Ausstrahlung bevorzugen Standorte, die als Knotenpunkte gut durch Eisenbahnen erschlossen waren. Wenn zentrale und gewerbliche Funktionen zusammenfielen, waren multifunktionale agglomerative Wachstumsprozesse begünstigt.

Infolge derartiger Entwicklungen wurde den Schienenbahnen eine die wirtschaftlichen Kräfte *konzentrierende* Wirkung zugesprochen. Zugleich hat die Bahn aber infolge der erheblichen Vergrößerung der Reichweiten in ihrer

Entwicklungsphase auch zur *Standortauflockerung* beigetragen. Da sich entlang dem Streckenverlauf an Gleisnetzzugängen Erschließungsvorteile ergeben, hat die Bahn dort, wo die Netze dicht genug sind, *dezentrale* Standortmuster gefördert. Die Eisenbahnstationen sind Potentiale für Industrieansiedlungen, die jedoch nur dann genutzt werden, wenn sie sich zugleich durch jeweils weitere notwendige Standortfaktoren auszeichnen. In der jüngsten Entwicklung hat das Rad-Schiene-System Impulse durch den Einsatz der sogenannten Hochgeschwindigkeitszüge von 200 bis über 300 Stundenkilometern erhalten. Der Hochgeschwindigkeitsverkehr ist politisch umstritten, trägt indes zur Raumdynamik und zur Entlastung durch umweltbelastende Verkehrssysteme bei. Zwischen Tokyo und Osaka (etwa 550 Kilometer) verkehrten 1998 täglich 101 Zugpaare dieser Kategorie. Die in Japan und Deutschland erprobten elektromagnetisch gesteuerten Züge erreichen technisch noch wesentlich höhere Geschwindigkeiten und eignen sich daher für die Verbindung von Zentren mit hoher Verkehrsspannung in einer Entfernung bis etwa 600 Kilometer, zum Beispiel an der us-amerikanischen Ostküste (Washington–Philadelphia–New York–Boston), sind aber für eine Integration in bestehende Netze anderer System nicht geeignet.

Die Erfindung des **Kraftfahrzeugs** hat den vor der Eisenbahnzeit dominierenden Landstraßenverkehr wiederbelebt. Kraftfahrzeuge sind zwar in der Regel auf den Ausbau von Trassen angewiesen, ihr Einsatz ist aber bei unterschiedlichen Ausbausituationen flexibler; auf Veränderungen der Nachfrage nach Verkehrsleistungen können Kraftfahrzeug und Straßenverkehrsunternehmungen elastischer reagieren, als dies im Schienenverkehr möglich ist.

Die besondere Stärke des Kraftfahrzeugs liegt in der Möglichkeit eines Haus-zu-Haus-Verkehrs, der im Binnenverkehr kostspielige Umladevorgänge erspart, da nahezu alle Betriebs- und Wohnpunkte über Straßen erreichbar sind. Während Massentransporte möglich und im bergbaulichen Aufschluß manchmal erforderlich sind, können insbesondere kleinere Partien in weitgespannter Differenzierung der Güterarten transportiert werden. Die räumliche Wirkung durch den Kraftverkehr auf Straßen entspricht dem Ausbauzustand des Netzes und ist im allgemeinen potentiell extrem *dezentralisierend*. Autobahnen schränken allerdings die ubiquitäre Zugänglichkeit ein.

Die Straßen sind – bei großen Unterschieden im einzelnen – erdweit in wesentlich größerem Umfang zu Netzen verdichtet als die Eisenbahnen. Diese sind zwar in einigen Industriestaaten relativ gut ausgebaut, aber in weiten Teilen der Erde nur mit einzelnen Linien oder Stichbahnen vertreten, oder das Verkehrssystem fehlt sogar vollständig.

Im Laufe des 20. Jahrhunderts hat der Straßenverkehr in einer Reihe von Ländern Teile des Personennah- und des Personenregionalverkehrs und in großem Umfang den Gütertransport substituiert. Erst die Überlastungen, besonders im Straßenverkehr der großen Agglomerationen oder auf Verkehrsrichtungen mit hoher Frequenz, haben in einigen Industriestaaten die Konkurrenz zwischen beiden Verkehrssystemen im städtischen Nah-, zum Teil auch im Fernverkehr wiederbelebt, wobei auch ökologische Erwägungen (Sicherheit und spezifischer Treibstoffverbrauch) die Diskussion beeinflussen.

Binnenerschließungsfunktionen haben des weiteren verschiedenartige **Leitungen**. Einige Systeme, wie Brauch- und Abwasserleitungen, Haushaltgas-, Strom-, Telefonleitungen und Kabel haben allgemeinen Versorgungscharakter und gehören, sofern vorhanden, zur Grundausstattung. Überregionale Systeme mit Versorgungsfunktion sind Ferngas-, hochgespannte elektrische Fernleitungen, Rohöl- und Ölproduktleitungen, in manchen Fällen auch Fernwasserleitungen. Die Öl- und Gasleitungen dienen insbesondere der Versorgung von Raffinerien und von Binnenstandorten der chemischen Grundstoffindustrie. Ihre Raumwirkung ist auf einzelne Standorte gerichtet. Erdgasleitungen können ähnliche Funktionen haben. Sofern sie regionale Versorgungsaufgaben wahrnehmen, sind sie in den Verbrauchsgebieten verästelt und ermöglichen eine dezentrale Nutzung.

Dies ist auch Aufgabe der elektrischen Energieverteilung. Nur in Fällen spezifisch sehr hohen Energieverbrauchs ergeben sich unmittelbare räumliche Verknüpfungen, wie zwischen Kraftwerk und Rohaluminiumhütte, zum Beispiel in Norwegen und Kanada.

Die **Telekommunikation** eröffnet für persönliche Kontakte und die gesamte Nachrichtenübermittlung neue Möglichkeiten. Die verwendeten Systeme unterliegen kurzfristigen Veränderungen. Die jeweils jüngeren Einrichtungen haben ältere teilweise oder vollständig substituiert. Entscheidend sind die Geschwindigkeit, mit der Informationen im gesprochenen Wort oder in Texten auf der gesamten Erde übermittelt werden können, und die Verbilligung der Kommunikation. Hierin liegt ihre besondere Stärke und der indirekte Wirkungsgrad auf die räumliche Ordnung der Wirtschaft auf internationaler Ebene. Entscheidungen können auf der Grundlage der jeweiligen aktuellen Situation getroffen und an entfernt gelegenen Standorten sofort realisiert werden. Auf diese Weise werden sich auch die nachgeordneten betrieblichen Stufen der Produktion in ihrer räumlichen Verteilung wandeln, soweit dies die Kombination der zu berücksichtigenden Standortfaktoren zuläßt. Durch Vernetzung telekommunikativer Systeme, beispielsweise in Videokonferenzschaltungen, ist auch die Voraussetzung dafür geschaffen, die Frequenz der Überwindung von Nah- und Ferndistanzen durch die fast beliebige Verdichtung der innerunternehmerischen und interunternehmerischen Kontakte zu erhöhen. Die Welthandelsorganisation WTO rechnet angesichts der Systemvorteile der modernen Nachrichtenverbindungen mit einer erheblichen Vergrößerung der Güterströme.

Die erste Phase einschneidender Änderungen ist durch die Eisenbahnen in der frühen Industrialisierungsphase eingeleitet worden, die zweite durch den Kraftfahrzeugverkehr. Die dritte Phase wird im 21. Jahrhundert durch die technischen Möglichkeiten der Telekommunikation in Verbindung mit den technischen Fortschritten der konventionellen Verkehrssysteme einschließlich der modernisierten Seeschiffahrt und des Flugverkehrs getragen.

Im Binnenverkehr hat der Hochseeverkehr gegenüber den Landverkehrssystemen überwiegend nur ergänzende Funktionen. Staaten mit langen Küsten und geringer Küstenferne wichtiger Verarbeitungsgebiete, wie Großbritannien und Japan, zum Teil auch Nordamerika, können in größerem Umfang auch durch Küstenseeverkehr bedient werden. Die Traditionen des Seeverkehrs sind sehr alt, und es haben sich viele den jeweiligen Gegebenheiten angepaßte Erschließungsformen entwickelt. Der moderne Seeverkehr tendiert bei Massentransporten zu größeren Transporteinheiten, um die Kostendegression großer Schiffe nutzen zu können.

Der technische Fortschritt, der auch die Kühltechnik für Transporte verderblicher Güter durch heiße Klimazonen einschließt, hat den erdweiten Güteraustausch wesentlich belebt. Das Transportmonopol für überseeische Verbindungen hat die **Seeschiffahrt** verloren. Zunächst wanderte der Personenverkehr weitgehend ab, wobei nur Fährverbindungen zwischen nahegelegenen Küsten und zum Teil Fremdenverkehr erhalten geblieben sind. Im Güterverkehr werden Massenwaren, wie Schüttgüter, und Container (eine Bündelung von Stückgütern) vorwiegend durch Seeschiffe transportiert, während hochwertige, verderbliche und andere eilbedürftige Waren von Flugzeugen ans Ziel gebracht werden. Auch Rohrleitungen und Kabel (Gas, Erdöl, Nachrichten, Strom) übernehmen überseeische Transportfunktionen. So werden auf dem Meeresgrund betonummantelte Stahlrohre und Glasfaserkabel verlegt.

Die räumlichen Wirkungen des Seeverkehrs sind punkthaft auf die Hafenplätze gerichtet. Der hochleistungsfähige Seeverkehr mit großen Frachtschiffen hat die Zahl der hierfür geeigneten Häfen verringert, so daß eine *konzentrierende* Tendenz festzustellen ist. Die Zunahme der Massentransporte hat in Verbindung mit den relativ niedrigen Seefrachten den Typ des industriellen Küstenstandortes gestärkt.

Der **Flugverkehr** hat angesichts der hohen Geschwindigkeiten besonders im hochwertigen Personenregional- und im Personenfernverkehr Marktanteile gewonnen, im interkontinentalen Verkehr von der Seeschiffahrt, im Binnenverkehr von der Eisenbahn und dem Kraftverkehr. Die Vorteilsgrenze zwischen den verschiedenen Verkehrssystemen wird durch die naturräumlichen Bedingungen des Verkehrsgebietes, die jeweilige Erschließung und den technischen Entwicklungsstand bestimmt. In dicht besiedelten Wirtschaftsräumen Europas und Ostasiens können sich durch Einsatz von Schnellbahntechnik innerhalb bestimmter Distanzkorridore Verkehrsanteile auf die Schienenbahnen zurückverlagern, was die Arbeitsteilung zwischen stark belasteten Land- oder Flugrouten verbessern könnte.

Die zunehmende Intensität weltwirtschaftlicher Verflechtungen hat die Anforderungen an den Flugverkehr erheblich vergrößert. Daher werden immer größere und leistungsfähigere Flugzeuge eingesetzt, und die Flugliniennetze werden verdichtet, so daß erhebliche Kapazitätszuwächse erreicht werden. Der Anteil von Personen- und Gütertransporten ist relativ und absolut gestiegen. Damit haben vor allem bedeutende *internationale Flughäfen Standortqualitäten* erhalten, die fernorientierte industrielle Betriebe und Dienstleistungsunternehmungen, namentlich im Transportsektor, mit Affinität zum Flugverkehr angezogen haben. Die Flughäfen erfüllen daher nicht nur sammelnde und verteilende Aufgaben als Umladestation, sondern üben auf entsprechende Wirtschaftsbetriebe eine *konzentrierende Wirkung* in ihren Nahbereichen aus. Im übrigen entwickeln sich die Flughäfen zu bedeutenden regionalen Wirtschaftsfaktoren.

Die wirtschaftsräumliche Bedeutung des Luftverkehrs ist international sehr unterschiedlich ausgeprägt, gewinnt angesichts der engeren Vernetzung der Staaten und Räume aber an prägender Kraft. In weit entwickelten Großflächenstaaten, wie in den Vereinigten Staaten von Amerika, in Kanada oder in Australien, gehen die Erschließungsfunktionen, vor allem im Passagierflugverkehr, sehr viel weiter als in weniger entwickelten und in kleineren Staaten. Neben dem wirtschaftlich bedingten Verkehr hat sich der Fremdenverkehr als ein wichtiger Nachfrager nach Flugleistungen entwickelt und die Netzanforderungen erheblich erweitert.

Das Zusammenwirken verschiedener Verkehrssysteme ist beim Wechsel der Systembasis, zum Beispiel vom See- zum Landverkehr, zwingend erforderlich (sogenannter *gebrochener Verkehr*). Daneben sind aber **Arbeitsteilungen bei Transportvorgängen** (*intermodaler Verkehr*) möglich, die je nach dem Ausbauzustand der beteiligten Systeme, der zeitlichen Organisation und der Kosten von den Nutzern wahrgenommen werden, wobei die spezifischen Vorteile des jeweiligen Systems, wie Kosten und Schnelligkeit, kombiniert werden.

Die spezifische **Leistungserhöhung der meisten Verkehrssysteme** hat das Verhältnis zwischen Verkehr und Wirtschaft im räumlichen Wirkungsfeld erheblich verändert. Die technischen Fortschritte in fast allen Sektoren haben insbesondere die Reichweiten vergrößert und die Überwindung des Entfernungswiderstands erleichtert. Die Anteile der Kosten, die die Verkehrsleistungen verursachten, haben sich relativ verringert. Hierdurch konnte sich das Netzwerk räumlicher Beziehungen erheblich verdichten und erweitern. Die Standortbedingungen haben sich vielfach geändert. Insbesondere sind Standortfaktoren, die angesichts einer schwierigeren und teureren Verkehrserschließung einst bedeutend waren, durch andere substituiert worden. Neuere Industriezweige mit hohem Anteil an Arbeitsleistung, aber geringerem Materialanteil gewinnen relativ an Bedeutung; sie sind weniger transportkostenabhängig als materialintensive, so daß sich die Wahrnehmung von Möglichkeiten räumlicher Kontakte mit den verschiedensten Institutionen verbessert hat. Dem steht gegenüber, daß der jüngste Stand der Technik nicht flächendekkend eingeführt ist; daher sind also große Unterschiede in der Erschließungssituation von Ländern und Regionen gegeben. Aber auch in den gut erschlossenen Ländern kommt es zu Engpässen, die insbesondere in Agglomerationen auftreten und die Effizienz der technisch möglichen Erschließungsqualität beeinträchtigen. Im übrigen werden die Verkehrssysteme nach dem Grad der von ihnen verursachten Umweltbelastungen gewertet. Hier gehen die Bestrebungen dahin:

a) Transportvorgänge von Gütern und Personen nach Möglichkeit zu reduzieren oder zu vermeiden
b) den spezifischen Energieverbrauch zu drosseln
c) die Nutzung derjenigen Verkehrssysteme stärker zu fördern, die systembedingt niedrige Belastungen aufweisen.

Durch betriebs- und volkswirtschaftliche Bewertung der Kosten infolge von Umweltbelastungen könnten sich zwischen konkurrierenden Verkehrssystemen Anteilsverschiebungen ergeben mit der Folge von Modifikationen in der Ausrichtung betrieblicher Standorte.

Als relativ weniger belastend in diesem Sinne gelten im Personen- und Gütertransport elektrisch betriebene Bahnen und Wasserfahrzeuge gegenüber Kraftfahrzeugen und Flugzeugen. Die Nutzung von Videokonferenzen kann unter der Voraussetzung des Verzichts auf unmittelbare persönliche Kontakte Verkehrsleistungen konventioneller Transportsysteme, besonders im Luftverkehr, ersetzen, zumal die Reise- und Personalkosten (Reisezeit) erheblich höher sind als der Aufwand beim Einsatz von ISDN-Technik. Insoweit würde diese Entwicklung zur Entlastung der Umweltkosten beitragen.

Dem unter a) genannten Ansatz steht jedoch entgegen, daß der weltwirtschaftliche Austausch und damit das Volumen der Transporte in der Zukunft weiter anwachsen wird, insbesondere auch unter dem Aspekt, daß die Entwicklungsländer Asiens, Afrikas und Lateinamerikas verstärkt weltwirtschaftlich integriert werden sollen. In die gleiche Richtung wirkt auch das steigende Bedürfnis, Fernreisen zu unternehmen.

### 2.4.3 Energiewirtschaftliche Potentiale

#### 2.4.3.1 Die Energiewirtschaft als Grundlage moderner Wirtschaftsführung und als räumlicher Ordnungsfaktor

Der Ablauf eines jeden wirtschaftlichen Vorgangs ist mit dem Einsatz von **Energie** verbunden. In Land- und Forstwirtschaft sowie im produzierenden Gewerbe und im Verkehrswesen sind menschliche und tierische Arbeitseinsätze in weiten Teilen der Erde und in großem Umfang durch Maschinen ersetzt worden, in einzelnen Zweigen bis zu vollautomatischen Verfahren. Im Vordergrund der Energieversorgung stehen heute die *Gewinnung, Umwandlung und Verteilung von fossilen, regenerierbaren und sonstigen Energieträgern*. Diese werden in Betrieben der Energiewirtschaft verfügbar gemacht.

Aufgrund der umfassenden Versorgungsfunktion der Unternehmungen der Energiewirtschaft müssen - ähnlich wie im Verkehrswesen - grundsätzlich Kapazitäten über die durchschnittliche Abnahme hinaus als Reserve vorgehalten werden, um auftretenden Spitzenbedarf zu decken. Der *Verbrauch schwankt periodisch*, insbesondere im Tages- und Jahreszeitenverlauf, *und aperiodisch*, zum Beispiel in Abhängigkeit von konjunkturellen Ausschlägen. Die benötigte Energie muß zu jedem Zeitpunkt voll verfügbar sein. Vor allem gilt dies für die Elektrizitätsversorgung. Für energieintensive Verbraucher, wie Metallhütten oder Erzeuger chemischer Grundstoffe, und für energiesensible Einrichtungen, zum Beispiel Krankenhäuser und Rechenzentren, ist eine ungestörte Energieversorgung unabdingbar.

In diesem Sinne ist die weithin universelle Verteilung und flächendeckende kontinuierliche *Bereitstellung von Energie* wie das Verkehrswesen als *Dienstleistung* anzusehen. Die *Aufbereitung von Energierohstoffen und die Umwandlung in Sekundär-*

*energie entspricht der gewerblichen Produktion.* In den sektoralen Gliederungen der Statistik wird der Energiesektor häufig zusammen mit der Wasserversorgung und dem Bergbau ausgewiesen oder dem Produzierenden Gewerbe zugeordnet.

In der Energiewirtschaft wird zwischen **Primär- und Sekundärenergie** unterschieden. *Primäre Energie* wird unmittelbar durch Endabnehmer, zum Beispiel Kraftwerke, genutzt, während Sekundärenergie durch Umwandlung der Primärenergieträger gewonnen und in für den Absatz geeigneter Form bereitgestellt wird. Primärenergie ist in *fossilen* Brennstoffen, wie Erdöl, Erdgas, Kohle und Torf, in der Erde gespeicherter Wärme sowie in Kernbrennstoffen, wie Uran, Thorium und Deuterium gebunden. Deren Vorkommen auf der Erde weisen begrenzte, allerdings bisher nur teilweise bekannte Vorräte unterschiedlicher Anreicherung, Qualität und Lagerung aus. *Regenerierbare*, sich durch Nutzung also nicht erschöpfende Energiepotentiale können aus dem Gefälle fließender Gewässer, aus Windkraft, Sonneneinstrahlung und aus feuchter, zum Beispiel Klärschlamm, oder trockener Biomasse, besonders Holz, gewonnen werden, wobei in Industriestaaten vor allem Industrieabfälle aus der Holzverarbeitung und forstliche Abfälle eingesetzt werden.

Die Energie kann teilweise unmittelbar genutzt werden, so beim Antrieb von Mühlen und Turbinen durch Gewässer. Dem Typ der *Sekundärenergie* sind zum Beispiel Koks, Briketts und elektrische Energie zuzuordnen. Angesichts der bei der Umwandlung von Primär- in Sekundärenergie eintretenden Verluste sind Forschung und Unternehmungen bestrebt, die Effizienz der Sekundäranlagen, besonders von Kraftwerken, durch Verfahrensverbesserung bei der Umwandlung der Einsatzstoffe zu erhöhen.

Für die Nutzung von Energierohstoffen sind deren Lagerstätten nach Umfang, technischer und umweltwirtschaftlicher Eignung, räumlicher Verbreitung und verkehrsgeographischer Erschließbarkeit zu bewerten.

Die Energieressourcen der Erde verteilen sich unterschiedlich; insbesondere stimmen Vorkommen und Verbrauch qualitativ, quantitativ sowie makro- und mikroräumlich vielfach nicht oder nicht mehr, wie bei energieorientierten Standorten in Altindustrierevieren, überein. Daher sind die fossilen Energierohstoffe mit hohen, den Preisentwicklungen entsprechend schwankenden Anteilen am internationalen Warenverkehr beteiligt.

Die *Entwicklung des Energieverbrauchs* ist durch *unterschiedliche Tendenzen* charakterisiert. Der Verbrauch nimmt zwar grundsätzlich etwa proportional mit dem Anstieg der Bevölkerungszahl auf der Erde und überproportional unter Berücksichtigung sich erdweit ausbreitender Technisierung zu.

Demgegenüber wird die Energienachfrage durch verschiedene Faktoren tendenziell reduziert. Auf der Angebotsseite trägt hierzu die verbesserte Ausnutzung der jeweils eingebrachten Primärenergien in Sekundärenergie bei, auf der Seite der Abnehmer zum Beispiel die Verminderung des leistungsbezogenen Energiebedarfs in der Nutzung von Aggregaten oder die Veränderung der Bauweisen mit dem Ziel der Senkung des Heizenergieaufwands. So konnte infolge besserer Ausnutzung des Rohstoffs durch neue Verfahren die spezifische Einsatzmenge von Kohle zur Erzeugung elektrischer Energie besonders im Laufe der zweiten Hälfte des 20. Jahrhunderts deutlich verringert werden; ebenso haben sich der Primärenergieeinsatz in der Roheisen- und der Stromeinsatz in der Rohaluminiumerzeugung im Laufe der technischen Entwicklung der Verhüttungsverfahren stark vermindert. Für die Erzeugung einer Tonne Roheisen wurden in Deutschland 1954 noch 935 kg Koks als Reduktionsmittel eingesetzt, 1997 nur 368 kg. Durch Koppelung der Produktion von Elektrizität und Wärme werden weitere Steigerungen der Energienutzung erzielt. In der Industrie der Bundesrepublik Deutschland ist die Energieeffizienz der industriellen Verbraucher zwischen 1971 und 1995 um jährlich durchschnittlich 2,3 % verbessert worden; auch der Treibstoffverbrauch in Kraftfahrzeugen ist zurückgegangen (Hrsg. ESSO AG: Energieprognose 1970 bis 2010).

#### 2.4.3.2 Fossile und regenerierbare Ressourcen

Unter **fossilen Energierohstoffen** sind solche zu verstehen, die als Vorkommen auf Grund natürlicher Prozesse unter bestimmten klimatischen, biologischen und tektonischen Rahmenbedingungen entstanden, in mehr oder weniger großem Umfang angereichert worden und deren Entstehungskriterien gegenwärtig am Standort der Lagerstätte nicht mehr gegeben sind. Derartige Vorkommen können genutzt werden, bis der Vorrat aufgezehrt ist. Demgegenüber sind **regenerierbare Vorkommen** dauerhaft nutzbar. Der ersten Kategorie sind vor allem Kohle-, Erdöl- und Erdgasvorkommen sowie Kernkraftbrennstoffe zuzurechnen, der zweiten Solar-, Wind- und Wasserenergie. **Pflanzliche Rohstoffe**, zum Beispiel Bäume und Ölsaaten, können in ökologisch geregelter Forst- und Landbewirtschaftung grundsätzlich ebenfalls dauerhaft genutzt werden, bedürfen aber planmäßiger agrar- oder forstwirtschaftlicher Pflege. Die dafür in Anspruch genommenen Flächen stehen jedoch in Konkurrenz mit der Nahrungsmittel- und der Textilrohstoffversorgung.

Die Nutzung von Wind- und Wasserenergie sowie von Holz ist auf unterschiedlichen technischen Niveaus seit langem in Gebrauch. Auch Steinkohle wird schon, wie beispielsweise im ehemaligen Lütticher Revier, seit vielen

Jahrhunderten verwendet. Das Vorhandensein von **Holz** und die räumliche Intensität der jeweiligen Nutzung haben, häufig im Zusammenwirken mit Wasserkraft, die Standortentscheidungen vorindustrieller Gewerbe und ihre Verbreitung beeinflußt. Die Verwendung von *Holz für gewerbliche Zwecke* begrenzt den Umfang und gegebenenfalls die Dauer der Nutzung an einem Standort, wenn der Verbrauch größer ist als die Ergänzung der Bestände. Die Nutzung hatte in der vorindustriellen Zeit, von Ausnahmen wie im Siegerland abgesehen, und hat auch heute, soweit noch eingesetzt, nur einen relativ *geringen raumprägenden Wirkungsgrad.* Sofern der Bedarf größer als die nachwachsenden Nutzholzbestände war, zum Beispiel in den Metallgewerben, mußten die Standorte vielfach wegen Energiemangels gewechselt werden. Ein Beispiel für lange nachhaltige Holznutzung in der Eisengewinnung ist die im 20. Jahrhundert stillgelegte Haubergswirtschaft des Siegerlandes.

Der Einsatz von Maschinen hat den Energiebedarf seit dem 18. Jahrhundert stark ansteigen lassen, und die eingesetzten Rohstoffe sind zum Teil mehrfach ausgetauscht, die Verfahren vervollkommnet worden. Zwar wird Holz besonders als Brennstoff in Haushalten vielfach noch verwendet, aber als Energierohstoff für (Groß-)Gewerbe und zur Erzeugung von Sekundärenergie wurde es weithin substituiert. Aus Abfällen der holzverarbeitenden Industrie wird teilweise elektrische Energie hergestellt.

Die Industrialisierung beruhte in der Anfangsphase im wesentlichen auf dem Einsatz von Steinkohle. Die **Steinkohle** ist zwar in zahlreichen Lagerstätten auf der Erde weit verbreitet, aber in großräumlicher Betrachtung auf relativ wenige ausnutzbare Lagerstätten konzentriert. Die zunächst enge Abhängigkeit vom Energierohstoff zwang die energieintensiveren Wirtschaftszweige, besonders die Metallaufbereitung und -erzeugung, aber auch sonstige Energieverbraucher, im Zuge der Industrialisierung in die Nähe der fördernden Zechen. Somit hatte die frühe Entwicklung einer Reihe von Industriegebieten, besonders der Metallerzeugung, ihre Grundlage in der *Bindung an aktive Kohlenreviere.* Eine *Auflockerung der engen Standortgemeinschaften* wurde auf Grund der relativen Verbilligung durch Eisenbahntransporte ermöglicht, so daß sich weniger energiekostenabhängige Zweige auf andere Standortfaktoren ausrichten und abseits der Energiegewinnungsstätten niederlassen konnten. Vor allem die Metallerzeugung und -verarbeitung mit spezifisch hohem Energiebedarf und der Betrieb von Lokomotiven konnten sich durch das neue Energieversorgungssystem entwickeln. Dieser wirtschaftshistorische Tatbestand ist aus heutiger Sicht insofern bedeutsam, als zahlreiche Industriestandorte in der Ausrichtung auf anstehende Kohle begründet worden sind, die, soweit die Kohle als unmittelbarer Energieversorger ersetzt werden konnte, infolge der beharrenden Tendenzen durch andere Standortfaktoren (Kapitalbindung, Ausrichtung auf Zulieferer und Abnehmer, eingearbeitete Arbeitskräfte) vielfach gleichwohl noch in Funktion sind, ohne jedoch in allen Fällen den heutigen veränderten Standortbedingungen zu genügen.

Die Stellung der Steinkohle als dominanter Energieversorger änderte sich erst, nachdem der spezifische Bedarf an Kohle zurückging und diese in zahlreichen Verwendungsbereichen durch andere Primärenergierohstoffe, besonders Erdöl und Erdgas, und durch die Elektrifizierung substituiert werden konnte. Schließlich hat sich infolge verkehrstechnischer Entwicklungen die Transportreichweite von Kohle so erweitert, daß in den meisten Fällen die enge Standortbindung aufgegeben werden konnte und sich neue Ordnungsmuster in der räumlichen Verteilung der energieabhängigen Gewerbe entwickeln konnten.

Die Substitutionen wurden möglich, da Erdöl einen höheren Energiegehalt je Gewichtseinheit als Kohle aufweist und sich als Flüssigkeit ebenso wie Erdgas durch kostengünstigere Transporteigenschaften auszeichnet. Erhebliche Unterschiede bestehen in der Gewinnungstechnik und in den Eigenschaften der Lagerstätten sowie in den Erschließungskosten, so daß die fossilen Brennstoffe und die Lagerstätten untereinander in differenzierter Weise konkurrieren.

So hatte die Steinkohle seit dem 19. Jahrhundert an relativer Bedeutung zunächst gegenüber Erdöl, später auch gegenüber Erdgas sowie Kernbrennstoffen verloren. Massive Preiserhöhungen der fossilen Energierohstoffe in den siebziger und achtziger Jahren des 20. Jahrhunderts haben den Anteil der Steinkohle wieder steigen lassen, und auf längere Sicht ist mit weiteren Vorteilen der Steinkohle zu rechnen, da deren Lagerstätten eine weitaus längere zeitliche Reichweite haben als die kostengünstigen Erdölvorkommen. Die Steinkohlenvorräte würden bei gleichbleibender Förderung mehrere hundert Jahre reichen (Abb. 28).

Die sicheren **Erdölreserven** der Erde umfassen etwa 140 Mrd. Tonnen (196 Mrd. t SKE, Steinkohlenäquivalent), die aus der Sicht der Jahrhundertwende bei gleichbleibender Förderung (1997 3,5 Mrd. Tonnen) eine zeitliche Reichweite von etwa 40 Jahren haben würden. Die wahrscheinlichen Vorräte gehen über diesen Ansatz um das Drei- bis Vierfache hinaus. 1950 war die Förderung wesentlich niedriger, und die damals geschätzte Reichweite wurde auf etwa 30 Jahre geschätzt. Bisher konnte die Produktionssteigerung immer durch neuentdeckte Vorkommen ausgeglichen werden. 26 % der Reserven entfallen allein auf Saudi-Arabien, etwa zwei Drittel auf den Nahen Osten insgesamt (Zahlen aus ESSO AG: OELDORADO '98).

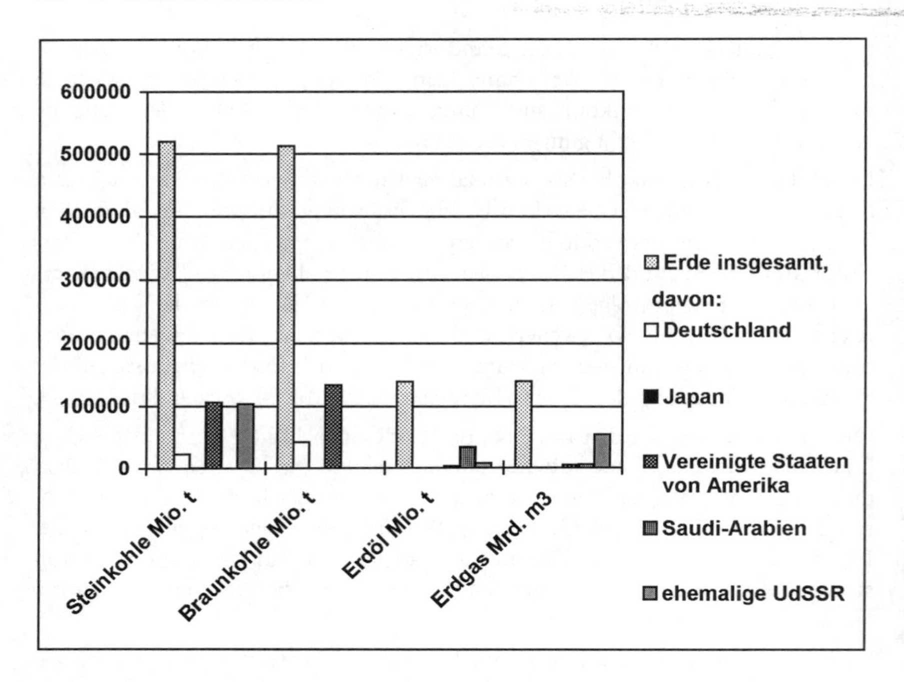


Abb. 28 Die wirtschaftlich gewinnbaren Vorräte von Energierohstoffen (1997)
Quellen: Jahrbuch Bergbau, Erdöl und Erdgas, Petrochemie, Elektrizität, Umweltschutz 103/1996, Essen 1995; ESSO AG (Hrsg.): OELDORADO 1998, Zahlen zum Teil geschätzt

Die jeweils später erschlossenen Lagerstätten erforderten zunächst, wie die Vorkommen unter der Nordsee gegenüber denen des Vorderen Orients, einen wesentlich höheren Aufwand je Tonne Rohstoff; da die Explorationsverfahren verbessert worden sind, konnten die spezifischen Gewinnungskosten relativ gesenkt werden. Dies betrifft die Gewinnungstechnik selbst, aber auch die Ortung von Lagerstätten. Die Preissteigerungen der siebziger und frühen achtziger Jahre waren im wesentlichen politisch bedingt; sie hatten daher am Markt keinen Bestand. Die letzten zwei Jahrzehnte des Jahrhunderts waren durch einen relativ niedrigen Preisspiegel charakterisiert.

Neben dem konventionell gewonnenen Erdöl bergen Ölschiefer und Ölsande große Reserven, die mit verbesserten Gewinnungsverfahren in Zukunft in größerem Umfang in die Energieversorgung einbezogen werden könnten.

**Erdgas**, häufig mit dem Erdöl vergesellschaftet, reicht noch mehrere Jahrzehnte; weitere größere Vorräte werden für wahrscheinlich gehalten. Die bekannten Reserven (Stand 1998) umfassen etwa 144 Billionen Kubikmeter (etwa 174 Mrd. t SKE) (Tab. 9).

Tab. 9 Erdöl und Erdgas: Die Entwicklung der Vorräte, der Gewinnung und des Verbrauchs

| | Erdöl | | | | Erdgas | | |
|---|---|---|---|---|---|---|---|
| | Vorräte Mio. t | Gewinnung Mio. t | Gewinnung in % der Vorräte | Verbrauch Mio. t | Vorräte Mrd. m³ | Gewinnung Mrd. m³ | Gewinnung in % der Vorräte |
| 1970 | 83351 | 2336 | 2,8 | 2268 | • | 1074 | • |
| 1975 | 89495 | 2707 | 3,0 | 2733 | • | 1296 | • |
| 1980 | 88823 | 3087 | 3,5 | 3047 | 74980 | 1518 | 2,0 |
| 1990 | 135705 | 3158 | 2,3 | 3110 | 119114 | 2062 | 1,7 |
| 1995 | 136864 | 3261 | 2,4 | 3230 | 139508 | 2174 | 1,6 |
| 1997 | 138533 | 3509 | 2,5 | 3332 | 143942 | 2307 | 1,6 |

Quellen: Hrsg.: ESSO AG: OELDORADO 1978 bis 1998

Die an Energie ärmere, aber als jüngeres Vorkommen häufig leichter als Steinkohle erreichbare **Braunkohle** steht qualitativ gegenüber jener deutlich zurück, ist jedoch in einigen Staaten, besonders in Mittel-, Ost- und Südosteuropa, für die Energieversorgung bedeutsam.

Allen diesen Brennstoffen ist gemeinsam, daß bei ihrer Verbrennung $CO_2$ und andere Stoffe emittiert werden, deren Aufkommen angesichts der Belastung auf der Erde und in der Atmosphäre als gefährdend angesehen wird und reduziert werden soll. Hierzu tragen Verfahrensverbesserungen, zum Beispiel Entschwefelungsanlagen, und vor allem das Bestreben bei, die Brennstoffe zu substituieren. Alle diese Maßnahmen führen zur Erhöhung der Energiepreise.

Je nach Gesetzeslage über Grenzwerte von Emissionen, Beschränkungen und Verbote sowie über die Besteuerung von emittierten Stoffen sind die Energiepreise daher in den Staaten unterschiedlich und können global zu einem standortdifferenzierenden Faktor werden. Sie sind abhängig:

a) von den verfügbaren Potentialen und den Kosten ihrer Aktivierung
b) vom technischen Entwicklungsstand der Nutzung von Primärenergieträgern
c) von den Kosten der Erzeugung von Sekundärenergie
d) von den Verteilungskosten der Energien
e) von wirtschaftspolitischen Maßnahmen, wozu insbesondere Kosten des Umweltschutzes und die Besteuerung zählen.

Die fossilen **Kernbrennstoffe** Uran, Thorium und Deuterium können wie die Kohlenwasserstoffe bei der Erzeugung elektrischer Energie eingesetzt werden. Im Unterschied zu den konventionellen Einsatzstoffen sind die Transportkosten des Rohmaterials gegenüber Kosten der Anlagen untergeordnet, so daß die Kraftwerke ohne Bindung an oder Ausrichtung auf die Lagerstätten auf die Verfügbarkeit von Kühlwasser, absatzorientiert oder nach anderen Gesichtspunkten gewählt werden können. Die Erzeugung von Kernenergie wird angesichts potentieller Unfallgefahren durch Strahlung in einigen Industriestaaten nicht mehr akzeptiert, so daß sie trotz ihrer systembedingten Vorteile im übrigen zur Entlastung der Schadstoffemissionen der konventionellen Energien nicht hinreichend beitragen kann. Der Anteil der aus Kernenergie gewonnenen Elektrizität ist besonders hoch in Litauen (1997: fast 82%), in Frankreich (78%), in Belgien sowie mit 40 bis 50% in der Ukraine, in Schweden, in Bulgarien, in der Slowakei und in der Schweiz.

Die Kosten der Nutzung emissionsarmer Rohstoffpotentiale sind um die Jahrtausendwende mit Ausnahme der Wasserkraft noch so hoch, daß der Beitrag von Wind- und Solarenergie als Primärenergieträgern insgesamt relativ geringfügig ist. In Deutschland arbeiteten, begünstigt durch das Stromeinspeisungsgesetz von 1991, das den Produzenten einen Mindestabnahmepreis garantiert, im Jahre 1998 über 5600 Windenergieanlagen mit einer Kapazität von über 2400 Megawatt. Die Nutzung von *Wasserstoff*, etwa als Antriebsmittel in Fahrzeugen, ist ebenfalls noch nicht konkurrenzfähig.

**Wind- und Solarenergie** verbrauchen relativ große Flächen, die nicht überall zur Verfügung stehen. Die Standorteignung für Windmühlen neuer Art ist nach Intensität und Dauer der Windeinwirkung differenziert. Bei hoher Dichte der Aggregate sind Beeinträchtigungen durch Geräusche und die Bewegung der Rotoren möglich. Die Solarenergie, deren Beitrag am Energieaufkommen etwa bei 0,004 % liegt, ist in Gebieten mit spezifisch großer Sonneneinstrahlung bereits einsetzbar, wo vorwiegend in ländlichen Standorten ohne Anschluß an Versorgungsnetze Bedarf, zum Beispiel zur Hebung von Wasser, existiert. Konkurrenz bieten stationäre oder mobile Dieselaggregate und Batteriebetrieb. In Deutschland schreitet die Forschung regenerativer Energiegewinnung durch Windkraftanlagen und Solarzellen fort. Die größten Windräder produzieren bis 1,5 Megawatt, demnächst 3 bis 4 Megawatt.

Die unmittelbare Nutzung von **Wasserkraft** als Energiequelle hat, etwa beim Betrieb von Wassermühlen, lange Traditionen und ist weit verbreitet. Große Anlagen sind heute zum Teil spezialisiert, oder sie erfüllen mehrere Funktionen. Sie dienen neben der Erzeugung elektrischer Energie der Trink- und Brauchwasserversorgung, der Bewässerung und der Regulierung des Wasserhaushalts zum Ausgleich jahreszeitlicher Schwankungen (s. 2.4.4). Die Kraftwerksleistung ist von der Höhe des unmittelbar nutzbaren Gefälles abhängig, das von Natur, wie in Hochgebirgen, gegeben oder, durch menschliche Korrekturen bei der Anlage von Stauwehren, künstlich geschaffen worden ist. Als „Kunstwerk" besonderer Art sind die Pumpspeicherwerke anzusehen, nämlich die Anlage eines erhöht gelegenen Stauraums, der nachts mit billigem Strom gefüllt wird und in Spitzenzeiten des Verbrauchs die dann teurere Energie abgibt. Große Potentiale weisen reichlich mit Niederschlägen versorgte Gebiete auf, so in den afrikanischen Tropen, wo sich die größte Einzelstauanlage Owen Falls am Viktoria-Nil in Uganda, befindet, in den Rocky Mountains oder in Rußland (Wolga). Die Ausnutzung der Potentiale ist bedarfsorientiert ausgeprägt; in zahlreichen Industrieländern mit großem Energiebedarf sind die Möglichkeiten der Energiegewinnung aus Wasserkraft nach gegenwärtigem Stand der Technik weitgehend ausgeschöpft.

### 2.4.3.3 Energiepotentiale als Standortfaktoren

Die Verfügbarkeit der verschiedenen Primärenergien an bestimmten Standorten zu wirtschaftlichen Preisen ist für die jeweiligen Nutzer entscheidend. Soweit die Primärenergien in Sekundärenergie umgewandelt werden, entfällt eine unmittelbare räumliche Bindung an Lagerstätten; sie ist in die Standorte der Sekundärenergieerzeuger übergeleitet.

Der *räumliche Wirkungsgrad* wird von den jeweiligen Eigenschaften der Energieträger und der Intensität des Energieverbrauchs bestimmt. Diese ist unterschiedlich ausgeprägt. Die Grundstoffindustrie, wie Aufbereitung und Erzeugung von Metallen, Papiererzeugung und Grundstoffchemie, haben einen kostenanteilig hohen, hochspezialisierte grundstofferne Industriezweige, die Landwirtschaft und der Dienstleistungssektor dagegen einen absolut oder relativ niedrigen Energieverbrauch.

Nachdem Steinkohle und -koks im 19. Jahrhundert als Energieeinsatzmittel dominierten, wird Kohle gegenwärtig, von den Kraftwerken abgesehen, vor allem von der Eisenverhüttung verbraucht. Die Bindungen an die Vorkommen haben sich jedoch stark gelockert, da die Einsatzmenge je Produktionseinheit kontinuierlich zurückgegangen ist. Elektrische Energie wird besonders in der NE-Metallverhüttung, in der Zellstoff- und Papiererzeugung, Teilen der chemischen Industrie sowie in der Stahlproduktion verwendet.

Vorindustrielle Anlagen, die *Windenergie* an Gebirgshängen und in Mühlenwerken, *Holz* aus Waldgebieten und die **Wasserenergie** nutzten, suchten Standorte mit entsprechenden Potentialen. Die primäre und die sekundäre Wasserenergienutzung sind ortsgebunden, entlang der Flüsse und bei Stauwehren zur Erhöhung der örtlichen Energie in deren Nähe. Auch hier ist daher die Standortbindung der Nutzer eng; bei Primärnutzung sind Standortelastizität und Reichweite gleich null.

Extrem *agglomerative Wirkungen* auf die Standorte der Sekundärenergieerzeugung und zum Teil von energieintensiven Verbrauchern gehen vom *Braunkohlenbergbau* aus, da der geringe Energiegehalt der Rohkohle Ferntransporte verbietet und der Rohstoff nur in großen Mengen wirtschaftlich gewinnbar und verwendbar ist.

Die *Steinkohlenzechen* üben grundsätzlich ebenfalls eine *standortkonzentrierende Wirkung* aus. Unter der Voraussetzung langfristig nutzbarer leistungsfähiger Vorkommen, bei verbesserter Verkehrstechnik und erhöhter Ausnutzung der Energie je Gewichtseinheit besteht jedoch die Tendenz zur *Erweiterung des Aktionsspielraumes* dieses Energierohstoffes.

Das *Erdöl* hat gegenüber den festen Brennstoffen zusammen mit der Möglichkeit von Rohrleitungstransporten eine begrenzt dezentralisierende Wirkung; noch ausgeprägter ist das disperse Potential beim *Erdgas.*

**Elektrischer Strom** wird aus allen genannten Energierohstoffen hergestellt. Die meisten Kraftwerke werden auf Kohle-, Erdgas- und Erdöl-, Wasserkraftbasis sowie auf der Grundlage von Kernbrennelementen betrieben. Die elektrische Energie ist in vollständig elektrifizierten Staaten als Ubiquität anzusehen, die über gestreut gelegene Kraftwerke oder mittels hochgespannter Transportleitungen über weite Distanzen transportiert und dann bei teils niedriger Spannung betriebs- oder haushaltsweise verteilt werden kann. Unter diesen Voraussetzungen ist eine Standortbeeinflussung durch das Angebot von elektrischer Energie meist nicht gegeben. Lediglich bei sehr großem Energiebedarf, wie in chemischen Prozessen und in elektrolytischen Verfahren (NE-Metallhütten) würde der Spannungsverlust bei Ferntransporten den Preis zu stark erhöhen, so daß in diesen Fällen die unmittelbare räumliche Nähe von Großkraft-, besonders von hochleistungsfähigen ganzjährig nutzbaren Wasserwerken gesucht wird. Im internationalen Wettbewerb kann die unterschiedliche Höhe der Energiepreise Standortentscheidungen unmittelbar beeinflussen.

### 2.4.3.4 Vorkommen, Produktion und Verbrauchsentwicklung

Die Dauer der globalen Verfügbarkeit fossiler Brennstoffe ist von den Vorräten im Erdinneren und von der Verbrauchsentwicklung abhängig. In den

Energiestatistiken werden die bekannten und als sicher angesehenen wahrscheinlichen Erdölvorräte aufgeführt. Die zeitliche Reichweite der Verfügbarkeit läßt sich hiernach aus den sicheren technisch gewinnbaren Vorräten und dem geschätzten künftigen Verbrauch errechnen. Dabei bleiben die vermuteten und noch nicht bekannten Lagerstätten ebenso unberücksichtigt wie die Vorkommen von Ölsanden und Ölschiefern, die nach jetzigem Kenntnisstand ein Vielfaches der Erdöllagerstätten umfassen. Entscheidend für die Weltwirtschaft der Erde sind die Entwicklungen auf der Angebots- und auf der Nachfrageseite, wobei konkurrierende fossile und regenerierbare Energierohstoffe, insbesondere Erdöl, Erdgas und Steinkohle, zu berücksichtigen sind. Von Bedeutung sind die wirtschaftlich nutzbaren Lagerstätten. Bei einer mittel- bis langfristigen Verknappung des Angebots und dann steigenden Preisen können weitere bekannte und vermutete Vorkommen erschlossen werden. Infolge technischer Verbesserungen sind neben den Offshore-Vorkommen auch untermeerische Lagerstätten, besonders in der Nordsee, konkurrenzfähig geworden. 1997 gab es bereits Anlagen, die aus über 1800 m Tiefe Erdöl gewannen.

Für Erdöl wurde in den fünfziger und sechziger Jahren dieses Jahrhunderts eine Reserve angenommen, die 1960 unter Berücksichtigung der Rohölgewinnung noch 30 Jahre reichen sollte. Neu entdeckte oder neu bewertete Vorkommen haben den Zeitpunkt jeweils verschoben. 1997 wurden die sicheren Vorräte auf 138,5 Mrd. Tonnen Erdöl (Tab. 10) und 143,9 Billionen $m^3$ Erdgas geschätzt (Tab.9; Abb. 29).

Mehr als drei Viertel des Rohölpotentials entfallen auf die in der Organisation erdölfördernder Länder (OPEC) zusammengeschlossenen Staaten. Hierdurch gewinnt die weitgehend räumliche Nichtübereinstimmung der Verteilung des Energierohstoffs und der Verbrauchsschwerpunkte neben der welthandelsgeographischen Dimension ein erhebliches politisches Gewicht. Der 1973 und 1980 unternommene Versuch der OPEC-Staaten, das Preisniveau des Erdöls erheblich zu erhöhen, war nur zum Teil erfolgreich, läßt aber erkennen, daß die Verknappung leistungsfähiger Vorkommen langfristig zur Verteuerung dieses Rohstoffs führen kann (4.1; Abb. 36). Entsprechend wird auch der Erdgasmarkt reagieren. Die Reichweite der Steinkohlevorkommen ist erheblich größer.

Die wirtschaftlich wichtigen Energierohstoffe verteilen sich ungleichmäßig über die Erde, wobei die nördliche Hemisphäre die wichtigsten bekannten Vorkommen enthält (Tab. 10 und Abb. 28 und 29).

Tab. 10 Die Erdölreserven 1970 bis 1995 in regionaler Gliederung (in Mio. t)

| | 1970 | 1980 | 1990 | 1997 |
|---|---|---|---|---|
| Westliches Europa | 467 | 3111 | 2037 | 2395 |
| Östliches Europa, GUS-Staaten | 1139 | 8895 | 8006 | 8038 |
| Naher Osten | 46902 | 49252 | 90074 | 91968 |
| China | 2750 | 2789 | 3288 | 3288 |
| Afrika | 9893 | 7338 | 7971 | 9344 |
| Nordamerika | 6705 | 4880 | 4308 | 3619 |
| Lateinamerika | 3589 | 9787 | 16715 | 17458 |
| Australien, Süd-, Südostasien | 1941 | 2649 | 3500 | 2423 |
| Insgesamt | 83351 | 88823 | 135732 | 138533 |

Quellen: ESSO AG: OELDORADO 1978 und 1998; Zahlen zum Teil geschätzt

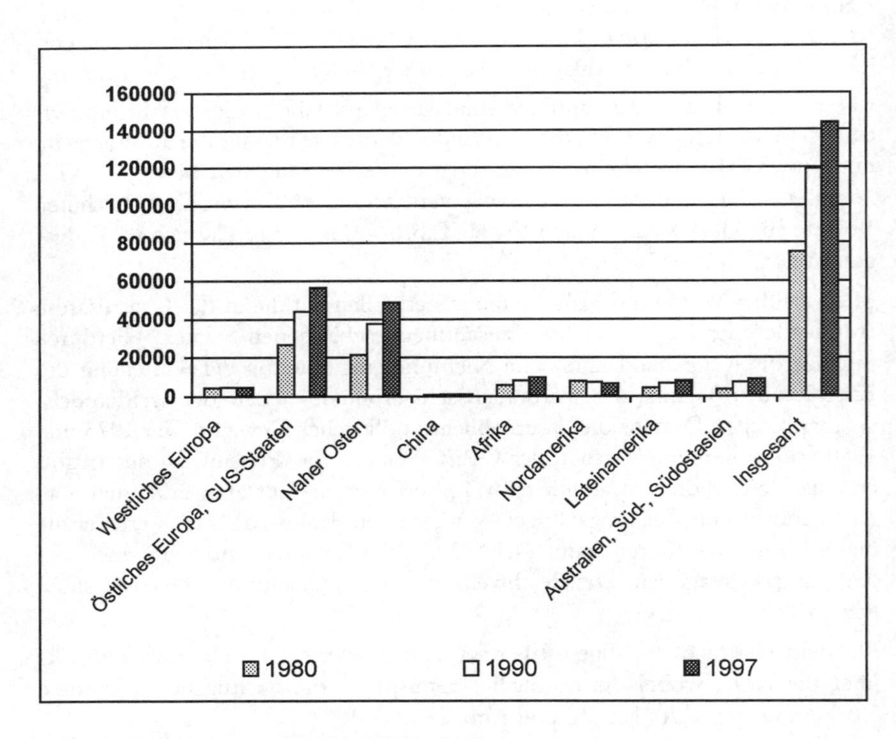


Abb. 29 Erdgasreserven 1980 bis 1995 in Mrd. cbm
Quellen: ESSO AG (Hrsg.): OELDORADO 1978 u. 1998; Zahlen z.T. geschätzt

Tab. 11 Der Erdölverbrauch 1970 bis 1995 in regionaler Gliederung (Mio. t)

| Region | 1970 | 1980 | 1990 | 1995 |
|---|---|---|---|---|
| Westliches Europa | 620 | 649 | 599 | 648 |
| Östliches Europa, GUS-Staaten | 313 | 563 | 482 | 284 |
| Naher Osten | 52 | 107 | 182 | 234 |
| China | 20 | 90 | 97 | 140 |
| Afrika | 22 | 72 | 100 | 102 |
| Nordamerika | 762 | 890 | 857 | 923 |
| Lateinamerika | 147 | 221 | 245 | 289 |
| Australien, Südasien, Südostasien | 304 | 456 | 549 | 711 |
| Insgesamt | 2269 | 3047 | 3110 | 3332 |

Quellen: ESSO AG (Hrsg.): OELDORADO 1978 und 1998; Zahlen zum Teil geschätzt

Der absolute und relative (je Einwohner) Energieverbrauch weicht stark voneinander ab. Ursächlich hierfür sind insbesondere wirtschaftsstrukturelle Unterschiede, besonders der Stand der Industrialisierung und der Motorisierung, klimageographische Bedingungen (Bedarf an Heiz- und Kühlenergie), die infolge der Größenunterschiede der Staates abweichenden Transportreichweiten und anderes. In schwach industrialisierten Entwicklungsländern ist der Verbrauch daher relativ niedrig. Der Prokopfverbrauch von Pakistan und den Vereinigten Staaten von Amerika steht im Verhältnis von etwa 1:32 (Tab. 12).

Tab. 12 Der Primärenergieverbrauch ausgewählter Staaten der Erde insgesamt und je Einwohner

| | Mio. t RÖE | Tonnen RÖE je Einwohner |
|---|---|---|
| Vereinigte Arabische Emirate | 42,2 | 18,31 |
| Singapur | 28,0 | 8,29 |
| Vereinigte Staaten von Amerika | 2130,3 | 7,91 |
| Belgien/Luxemburg | 60,2 | 5,70 |
| Australien | 97,1 | 5,38 |
| Deutschland | 345,0 | 4,21 |
| Rußland | 605,4 | 4,09 |
| Japan | 501,8 | 4,00 |
| Portugal | 16,9 | 1,72 |
| Kolumbien | 22,9 | 0,63 |
| Pakistan | 35,2 | 0,25 |

Quelle: Statistisches Bundesamt (Hrsg.): Statist. Jahrb. f. d. Ausland 1998

### 2.4.4 Wasserversorgung

Die Verfügbarkeit von *Trinkwasser* ist existentielle Voraussetzung für das Leben der Menschen, Pflanzen und Tiere. Für zahlreiche Gewerbe außerhalb der Landwirtschaft ist Wasser als Hilfs- und Betriebsstoff erforderlich.

Seine Bereitstellung ist als besondere Dienstleistung anzusehen, soweit nicht unmittelbare Selbstversorgung möglich ist. Weithin ist aus gesundheitshygienischen Gründen eine qualitative Aufbereitung des Wassers erforderlich. In dicht besiedelten Gebieten wird das Wasser durch Leitungssysteme bis hin zu den Konsumenten verteilt. Der Rohstoff ist in großen Teilen der Erde ein knappes Gut. Daher ist für seine Nutzung ein Preis zu entrichten, der dem jeweiligen Knappheitsgrad entspricht.

Die Verteilung von *Süßwasser* auf der Erde ist klimageographisch bedingt. Im wesentlichen wird Wasser dem aktuellen Kreislauf entnommen. Insgesamt marginal, aber in Trockengebieten in einzelnen Fällen bedeutsam ist die Verwendung fossiler Wasservorräte, deren Nutzungsweite zeitlich begrenzt ist.

Die Gliederung in Vegetationszonen spiegelt den natürlichen Wasserhaushalt wider. Besonders der feuchte Tropenkern sowie die maritim exponierten Teile der Subpolarzone und der mittleren Breiten sind für forst- und landwirtschaftliche Nutzungen im ganzen hinreichend mit Wasser versorgt. Schwankungen der Niederschläge können in allen Klimazonen zu Unregelmäßigkeiten führen, in trockenen Jahren zu Verknappungen oder in besonders feuchten Jahren zu Überschwemmungen. Die kontinentalen Bereiche der mittleren Breiten sowie die semiariden und ariden Subtropen und Tropen leiden während der Vegetationsperiode oder auf Dauer an Niederschlagsmangel. In einigen Teilen der Subtropen, die selbst nur begrenzt über Niederschlagswasser verfügen, steht durch Flüsse transportiertes Wasser aus Niederschlagsgebieten außerhalb dieser Regionen zur Verfügung, wie im Orient der dem ostafrikanischen Regengebiet entstammende Nil, der im Hochland von Ostanatolien entspringende Euphrat und der im Osttaurus entspringende Tigris sowie der aus dem Himalaya kommende Indus (Fremdlingsflüsse), die jeweils das Gebiet längs ihrer Unterläufe versorgen. Auch über artesische Brunnen kann – in Oasen – Wasser aus niederschlagsreicheren Zonen verfügbar sein.

Angesichts der ungleichmäßigen Verteilung von Süßwasser auf der Erde reicht die Weite der Problematik von nahezu partiell-ubiquitärer Verfügbarkeit in Teilen der humiden Zonen bis zu chronischem Mangel in den ariden Zonen.

Der Wasserbedarf wird sich entsprechend der Bevölkerungsentwicklung im 21. Jahrhundert verstärken, und die Verfügbarkeit kann, mindestens regional, problematisch werden. In Trockengebieten Afrikas und Asiens nimmt die Bevölkerungszahl in den nächsten Jahrzehnten überdurchschnittlich stark zu, so daß sich die Nachfrage räumlich ungleichmäßig entwickeln wird. Daher ist eine langfristig geregelte quantitative und qualitative Wasserversorgung in allen Teilen der Erde, besonders aber in den ariden Klimazonen, als eine der großen Aufgaben in Gegenwart und näherer Zukunft anzusehen.

Die Wasserversorgung betrifft neben der Bereitstellung von Potentialen für die Energieerzeugung (s. 2.4.3) vor allem die Verfügbarkeit von Trinkwasser und die Versorgung der Pflanzen- und Tierwelt. Neben der direkten und indirekten Trinkwasserentnahme ist der Naturhaushalt vor Störungen des Kreislaufs zu bewahren.

Um die Versorgung land- und forstwirtschaftlicher Produktionen in Trockengebieten zu gewährleisten oder zu ermöglichen, werden in großem Umfang Bewässerungsanlagen eingerichtet. Relativ einfache Verfahren wurden schon vor Jahrtausenden angewandt. Im technischen Zeitalter sind neben den traditionellen Anlagen zum Teil großdimensionierte Systeme von Stauseen, Rohrleitungen und Instrumenten zur Verteilung des Wassers weit verbreitet. So wird künstlich „Fremdlingswasser" über große Distanzen, wie etwa im Westen der Vereinigten Staaten von Nordamerika aus dem Staat Washington nach Kalifornien, in Rohrleitungen transportiert. Der Regulierung des Wasserhaushalts zur Erhöhung der Effizienz der Bewässerung des unteren Nilabschnitts in Ägypten dienen die Stauanlagen in Assuan. Zu den Maßnahmen der Gewinnung zusätzlichen Trink- und Brauchwassers zählen auch die Meeresentsalzungsanlagen.

In Zukunft werden verstärkt Maßnahmen zur Inkulturnahme von Flächen, die grundsätzlich geeignet, aber mangels Wassers nicht genutzt werden können, ergriffen werden müssen, wobei die Vor- und Nachteile der Eingriffe ins ökologische Raumsystem zu berücksichtigen und die Maßnahmen nach wirtschaftlichen Kriterien zu bewerten sind. Schon bisher sind in vielen Fällen die Potentiale sowohl bei der Anlage von Staubecken als auch bei den angewandten Techniken zur Bewässerung und Entwässerung der Felder falsch eingeschätzt worden, so daß sich die Kapazität des Stauraumes rasch verkleinert und Versalzungen der Böden eintreten, wie beim einstigen Entwicklungshilfeprojekt am Hilmend an der Südflanke des Hindukusch (Afghanistan).

### 2.4.5 Staat und Wirtschaft

Der Staat greift auf vielfältige Weise unmittelbar und mittelbar in die räumlichen Strukturen und Prozesse der Wirtschaft ein. In den staatlichen Verwaltungs„wirtschaften" ist das Wirtschaftsleben den Zielsetzungen des Staates untergeordnet und wird generell von ihm gesteuert. In den Marktwirtschaften wirken sich unmittelbare Eingriffe des Staates auf vielfältige Weise und in unterschiedlicher Intensität auf die Wirtschaft aus, während im übrigen in derartigen Wirtschaftssystemen mittelbar in allen Bereichen Einfluß genommen wird.

Die Staaten oder, wie im Falle der Europäischen Union, Staatenbünde setzen in Gesetzeswerken den Rahmen, innerhalb dessen sich die wirtschaftlichen Aktivitäten bewegen. Daneben können in zwischenstaatlichen Vereinbarungen (s. 4.2) Regelungen festgelegt werden, an die die jeweiligen Unterzeichnerstaaten gebunden sind. Neben Devisentransferbestimmungen, Meistbegünstigungsklauseln und Zollvereinbarungen sind hiervon Patentschutz, Qualitätsmerkmale industrieller Erzeugnisse und zahlreiche weitere Details betroffen. Auch über Fragen der Umweltbelastung wird international beraten, um das Ziel der Verringerung von Schadstoffen zu erreichen und durch Harmonisierung der Bestimmungen auch die Wettbewerbssituation der einzelnen Staaten insoweit auf vergleichbares Niveau zu bringen.

Innerhalb der Staaten sind neben dem allgemeinen Rechtsrahmen wirtschafts-, finanz-, arbeitsmarkt-, raum-, bau-, umwelt- und verkehrspolitische sowie -rechtliche Bestimmungen zu beachten, die den Aktionsspielraum der privaten und öffentlichen Unternehmungen einengen oder auch fördern können. In föderalistischen Staaten können auf untergeordneter Ebene, zum Beispiel Bundesstaaten oder -ländern, jeweils besondere Bedingungen Geltung haben. Schließlich können am Standort der Unternehmung in den unteren administrativen Ebenen, in Kreisen oder Gemeinden, örtliche Maßnahmen (zum Beispiel Bauleitplanung, Gemeindeentwicklungspläne) die Entscheidungen beeinflussen.

Unternehmungen auf den verschiedenen Ebenen der Öffentlichen Hand haben häufig Monopolstellungen inne; es kann aber auch zwischen ihnen und privaten Unternehmungen Konkurrenz bestehen, besonders bei Verkehrsbetrieben (der Bahn, im Nahverkehr, bei Flugplätzen), Versorgungseinrichtungen (Wasser-, Elektrizitätswerke, Abfallbeseitigung und -verwertung), aber auch in Wirtschaftszweigen, wie Industrie und Forstwirtschaft. Außerdem wird in die marktwirtschaftliche Regulierung der Wirtschaft durch Subventionen zum Teil massiv eingegriffen, in Deutschland zum Beispiel im Bergbau und in der Landwirtschaft. International werden die Austauschbeziehungen durch Subventionen und Dumping-Preise empfindlich beeinträchtigt.

Bedeutsam für wirtschaftliche Entscheidungsprozesse sind die an einem bestimmten Standort gegebenen steuerlichen Lasten. Sie können insbesondere im internationalen Vergleich die interräumliche Konkurrenzfähigkeit und damit das Investitionsverhalten erheblich beeinflussen. In Deutschland hat die grenzüberschreitende Investitionsbilanz besonders in den neunziger Jahren zu einem erheblichen Ungleichgewicht geführt. Dies kann sich nachteilhaft auf den inländischen Arbeitsmarkt auswirken.

## 2.5 Wirtschaftsräumliche Einheiten

### 2.5.1 Die Bildung räumlicher Einheiten

Alle **wirtschaftlichen** oder die Wirtschaft betreffenden **Entscheidungen** und Aktivitäten haben *räumliche Bezüge*. Sie spielen sich in Räumen ab und sind auf unterschiedliche Weise raumgebunden; sie bedürfen somit einer räumlichen Bezugsbasis und der Einordnung in räumliche Zusammenhänge, die sowohl mikroräumlich als auch makroräumlich beschaffen sein können. Sie können einerseits einzelne Wirtschaftssubjekte, einzelne Betriebsstätten oder Gruppen von Betrieben, Orte oder räumliche Einheiten verschiedenster Ausprägung und Größe zum Gegenstand haben und andererseits durch raumendogene Strukturen und raumexogene Kontakte charakterisiert sein.

Die betrieblichen Einheiten sind die Bauelemente der Wirtschaftsräume und bilden in ihrer Gesamtheit ein räumliches Gefüge, das von der Art und der Intensität der endogenen und exogenen räumlichen Strukturen und Beziehungen abhängig ist.

Die **Definition** derartiger **räumlicher Einheiten**, die Festlegung ihrer Größe und ihre Abgrenzung sind aus der jeweiligen Fragestellung herzuleiten. Hierfür ist es notwendig, geeignete Raumeinheiten zu bilden oder zugrunde zu legen. Für eine wirtschaftsgeographische Sichtweise bietet sich unter den verschiedenen geographischen Raumbegriffen die Bezeichnung *Wirtschaftsraum* an. Dieser Begriff soll so weit gefaßt sein, daß alle einschlägigen Fragestellungen berücksichtigt werden können. Der Wirtschaftsraum kann auch ein virtuelles Gebilde sein, das als theoretisches Instrument zur Erörterung der räumlichen Komponenten des betrieblichen Ablaufs dient.

Das „Gefüge" eines Raumes als ein individuelles Konglomerat von zusammenhängenden oder voneinander unabhängigen, mehr oder weniger stabilen oder labilen Strukturelementen bildet einen Bezugsrahmen für die Entscheidungen der Wirtschaftssubjekte (hierzu BENKO 1996, S. 187 ff.)

Wirtschaftsräume stellen geschlossene oder offene Einheiten dar. Als Struktureinheiten definierte Wirtschaftsräume sind durch ihre Bauelemente geprägt und lassen sich gegenüber räumlichen Einheiten anderer Merkmalsstruktur abgrenzen. Funktionale Wirtschaftsräume werden durch ein in der Regel zentrenbezogenes System mit Kern und Einzugsgebiet charakterisiert (s. 2.5.2). Daneben bilden sich raumübergreifende Beziehungen von Strukturelementen innerhalb der räumlichen Einheit, zum Beispiel zwischen Lieferanten, Verarbeitern und Dienstleistenden, und aus Vernetzungen mit anderen Wirtschaftsräumen.

Insbesondere die mit dem Stichwort Globalisierung umschriebenen möglichen fernräumlichen Verflechtungen lassen sich scheinbar kaum mit abgegrenzten Wirtschaftsräumen vereinbaren. Jedoch sind in dem Begriff der Funktionalität die Beziehungen zwischen Standorten in verschiedenen Räumen aufgenommen.

Mit den neuen Techniken des 19. und des 20. Jahrhunderts haben sich die Reichweiten räumlicher Prozesse vergrößert, die internationalen Verflechtungen verdichtet und intensiviert, und es können räumlich beliebige Kontakte über die Erde hinweg geknüpft und nahezu alle politischen Grenzen überschritten, ja selbst Staatsgrenzen als solche in ihrer Bedeutung zurückgedrängt werden; gleichwohl bleiben Bindungen zwischen den wirtschaftlichen Betriebseinheiten an den Standort und seinen zugehörigen Raum für die meisten Funktionen erhalten, so zwischen den Betriebsstätten und dem Einzugsgebiet ihrer Beschäftigten (Arbeitsmarkt), oder es bilden sich neue nahräumliche Kontakte, wie beispielsweise durch Just-in-Time-Zulieferer, soweit sie Betriebsstätten oder Lager in der Nähe des Hauptkunden etablieren.

Auch die „Fäden" oder „Trossen" der „Netze" oder „Verflechtungen" als die Verbindungen zwischen betrieblichen Einheiten sind dem Raum verhaftet; denn sie dienen der Überwindung räumlicher Distanzen. Bei modernen kommunikativen Techniken ist zwar die Raumbindung gelockert; so erlauben die nachrichtentechnischen Vernetzungen Entscheidungen theoretisch von beliebigen Standorten aus. Im Extremfall ist eine räumliche Festlegung der unternehmerischen Tätigkeit als solche nicht notwendig. Jedoch sind, trotz allen mobilen Funks, Sende- und Empfangsstationen in der Regel lokalisiert, und ihre Standortfindung ist durch externe Faktoren beeinflußt. Dies wirft eine

Reihe von Fragen auf, die den Betrieb selbst und seine räumliche Umfelder im lokalen und regionalen Rahmen und darüber hinausreichend erdweit betreffen. So sind die Dispositionen der Betriebsleiter auf den verschiedenen betrieblichen Ebenen der Beschaffung, der Produktion und des Absatzes auf die neu gewonnene räumliche Elastizität auszurichten.

Innerhalb von Wirtschaftsräumen sind sowohl **zentrifugale** als auch **zentripetale Kräfte** wirksam, die sich aus den jeweiligen Strukturen herleiten lassen. Die letztgenannten Tendenzen ergeben sich aus der Notwendigkeit einer möglichst zentralen Lage von Einrichtungen für den zu versorgenden Wirtschaftsraum. In entgegengesetzter Richtung wirken insbesondere bei flächenextensiven Nutzern das Grundstückspreisgefälle vom Kern zur Peripherie, die Notwendigkeit dezentraler Versorgung, außerdem aufgelockerte Wohnbesiedlung (Suburbanisierung). Die radiale Verkehrserschließung städtischer Kerne stützt einerseits die Akkumulation städtischer Funktionen, stützt aber infolge der Überlastungserscheinungen auch dezentralisierende Prozesse (s. 2.3.4.3).

Mit der fortschreitenden Kommunikationstechnik können einst auf nahdistanzielle Beziehungen eingeschränkte Vorgänge durch fernräumliche, über die Grenzen der räumlichen Einheit hinausreichende Beziehungen ergänzt oder ersetzt werden. Die Wirkung dieser noch in voller Entwicklung befindlichen Transportsysteme, deren Neuerungscharakter sich deutlich bemerkbar macht, ist für Standort- und Distanzbewertung bedeutsam; durch sie wird der „Raumwiderstand" als hemmender Faktor im Sinne von LILL (1891) für immaterielle Austauschbeziehungen erheblich modifiziert.

Ob die Bezeichnung Wirtschaftsraum als nicht zweckmäßig oder gar überholt angesehen wird oder nicht, auf die **Bildung räumlicher Einheiten als Grundlage für Entscheidungsprozesse** kann man nicht verzichten. Sie sind in der empirischen Forschung ebenso unerläßlich wie in angewandter Raumwirtschaftslehre. Derartige Raumbildungen dienen als Instrumentarien zur Bewertung von Leistungen und Strukturen (**räumliche „Evaluation"**), die nur mit räumlichem Bezug ermittelt und sinnvoll interpretiert werden können. Auch sind nur auf dieser Basis zeitlich abgestufte Vergleiche von Entwicklungen in einer räumlichen Einheit und von Leistungen und Strukturen mit anderen räumlichen Einheiten durchführbar (s. 2.5.3).

Soweit amtliche Statistiken die Grundlage der Quantifizierung bilden (müssen), erschweren Änderungen räumlicher Abgrenzungen (zum Beispiel von Gemeinde- oder Kreisgrenzen) und funktionaler Zuordnungen sowie in den Systematiken der Datenerhebung und -ausweisung den zeitlichen Vergleich.

### 2.5.2 Wirtschaftsraumbegriffe

Ein **Wirtschaftsraum** umfaßt die Gesamtheit wirtschaftlicher Betätigungen und Erscheinungen und das durch diese bedingte Wirkungsgefüge, das als Raumsystem bezeichnet werden kann. Der Wirtschaftsraum ist durch wirtschaftliche Strukturen und raumübergreifende Beziehungen verschiedenster Art charakterisiert. Derartige Strukturen sind im weitesten Sinne ortsgebundene „Produktionen“ aller Wirtschaftszweige und standortgebundene Elemente der Nachfrage. Der Aufbau der räumlichen Einheit wird durch die notwendigerweise mit den Produktionen und Nachfragen verbundenen Elemente, wie die Beschäftigten und deren Versorgung und den baulichen Charakter der Betriebe sowie die Siedlungsformen der Bevölkerung, ergänzt.

Wirtschaftsräume werden durch ihre individuellen Strukturen charakterisiert und in ihrer Eigenart durch strukturelle oder strukturbestimmende Kriterien abgegrenzt. Dabei können einzelne Merkmale dominieren oder charakteristische technisch oder wirtschaftlich bedingte Kombinationen Standortagglomerationen begünstigen (Zuckerrohr- oder -rübenanbau und Zuckerraffinade; Bergbau sowie Metallaufbereitung, -erzeugung und -verarbeitung), oder aber es entstehen im Sinne WEBERS „zufalls“bedingte Häufungen (mit Betrieben ohne spezielle raumbezogene Bindungen und Verflechtungen untereinander).

Beziehungen und Vernetzungen innerhalb des strukturell bestimmten Raumes oder über die Grenzen der räumlichen Einheit hinaus mit Strukturen in anderen räumlichen Einheiten werden als Raumfunktionen bezeichnet.

**Raumstruktur und Raumfunktion** sind sich ergänzende Begriffe, die entweder auf die Einheit des Raumes (Raumstrukturen) oder auf den grenzüberschreitenden ökonomischen Vorgang (Raumfunktionen) bezogen sind. Die Summe aller produzierenden und Dienste leistenden Betriebe an einem Standort, die darin Beschäftigten und deren Versorgung bilden die Struktur; die „Importe“ der Rohstoffe, die verarbeitet werden, der Halbfertigwaren, der Hilfs- und Betriebsstoffe sowie außerhalb erbrachter Dienstleistungen sowie der Absatz der Erzeugnisse und Exporte von Dienstleistungen an beliebige Punkte außerhalb der räumlichen Einheit sind Bestandteile der funktionalen Verflechtungen.

Das Wesen der Struktur eines Raumes kann durch die Begriffspaare *Basics* und *Nonbasics* oder *städtebildende* und *städtefüllende Merkmale* nach SOMBART verdeutlicht werden. Die jeweils ersten Begriffe bezeichnen Produktionen materieller und immaterieller Güter, die, bezogen auf eine Raumeinheit, über den örtlichen Bedarf hinaus in andere räumliche Einheiten exportiert werden (s.

hierzu auch 2.2.4.3). Die zweiten Begriffe betreffen die räumliche Grundausstattung, dienen also nicht der Charakterisierung der Individualität eines Raumes.

Zur Grundausstattung eines Wirtschaftsraumes zählen zum Beispiel der lokale Handel, das lokale Baugewerbe und Handwerk, die der jeweiligen räumlichen Einheit entsprechenden Verwaltungsdienstleistungen und Ausbildungseinrichtungen.

*Wirtschaftsräume im engeren Sinn werden grundsätzlich nach wirtschaftlichen Kriterien definiert und abgegrenzt.* Die Spannweite möglicher Raumgrößen reicht vom einzelnen Haushalt und Betrieb bis zur gesamten bewirtschafteten Erde, der Ökumene. Die Bildung räumlicher Einheiten wird davon bestimmt, ob der Gegenstand der Untersuchung die Struktur betrifft und damit eine orts- oder raumgebundene Analyse gefordert ist, oder ob funktionale Bezüge zu untersuchen sind. Da sich Strukturen und Funktionen ergänzen, kann auch eine beide Ansätze kombinierende Methodik erforderlich sein.

In Anlehnung an diese enge Definition brauchen administrativ abgegrenzte räumliche Einheiten von Gemeinden oder Gemeindeteilen bis zu Staaten („Gebiete" im Sinne von KRAUS 1933) als solche grundsätzlich nicht mit Wirtschaftsräumen übereinzustimmen. Deren Grenzen richten sich nach verschiedenen, primär meist aber nicht nach wirtschaftlichen Gesichtspunkten. Die Festlegung der administrativen Grenzen ist trotz der Erkenntnis wirtschaftlicher Notwendigkeiten in der Regel historisch und politisch beeinflußt und vermag häufig der Dynamik räumlicher Entwicklungen nicht zu folgen.

In vielen Fällen werden sich jedoch wirtschaftsgeographische Fragestellungen im angewandten Bereich auf administrative Einheiten beziehen müssen, da regionalstatistische Daten überwiegend auf dieser Basis erhoben werden. Je größer die Abweichungen von den wirtschaftsräumlichen Erfordernissen sind, desto ungenauer werden die Aussagen. Die Vergleichbarkeit zwischen Wirtschaftsräumen und einzelner Wirtschaftsräume in zeitlichen Sequenzen leidet zudem unter Veränderungen der administrativen Grenzen. Als Beispiel ist auf Ergebnisse der Kreisreformen in Deutschland während der zweiten Hälfte des 20. Jahrhunderts und der unterschiedlichen Eingemeindungspolitik in den großen Städten hinzuweisen (Tab. 13).

An Verwaltungsgrenzen lehnen sich die regionalen Zuständigkeiten verschiedener Einrichtungen an, so von Industrie- und Handelskammern sowie Handwerkskammern, von Arbeitsamtsbezirken und Planungsregionen. Auch die Stadtregionen (zum Beispiel in Großbritannien Metropolitan Counties, früher Conurbations, in Frankreich Agglomérations, in den Vereinigten Staaten von Amerika Metropolitan Areas), deren Abgrenzung dem Ziel dient, den strukturellen Zusammenhang und die Raumbeziehungen zwischen Kernregion und Randgebieten zu berücksichtigen, werden statistisch auf der Basis von Verwaltungsgrenzen, vorwiegend Gemeinde- oder Kreisgrenzen, abgegrenzt.

Tab. 13 Einwohnerzahl und Flächenentwicklung deutscher Großstädte

| | Einwohner 1000 | Fläche qkm | Einwohner 1000 | Fläche qkm |
|---|---|---|---|---|
| | 1926 | | 1996 | |
| Hamburg | 1088 | 135,7 | 1709 | 755,2 |
| München | 596 | 126,1 | 1233 | 310,5 |
| Köln | 708 | 251,2 | 964 | 405,1 |
| Leipzig | 685 | 111,9 | 465 | 158,3 |
| Dresden | 623 | 107,5 | 467 | 225,8 |
| Halle | 195 | 41,8 | 280 | 135,0 |
| Bonn | 91 | 31,2 | 299 | 141,2 |
| Magdeburg | 297 | 115,8 | 256 | 193,0 |

Quellen: Statistisches Jahrbuch deutscher Gemeinden 1928; Statistisches Jahrbuch für die Bundesrepublik Deutschland 1998

Wirtschaftsgeographische Landeskunden auf nationaler und internationaler Ebene bieten Grundlagen zur Bewertung der Strukturen und Funktionen von Staaten und Staatengruppen. So sind beispielsweise räumlich differenzierende Erkenntnisse und dementsprechende Kriterien als Grundlage für interräumliche politische Maßnahmen, zum Beispiel die Ermittlung von räumlich gebundenen Transferzahlungen („horizontale Finanzausgleiche" zwischen den Bundesländern in Deutschland und Zahlungen aus den verschiedenen Fonds an Staaten der Europäischen Union) erforderlich.

Aus praktischen Erwägungen wird bei der Ermittlung von Daten für die Analyse von nichtadministrativen Wirtschaftsräumen häufig auf Ergebnisse der amtlichen Statistik zurückgegriffen werden müssen, wenn eigene Erhebungen nicht durchführbar sind.

Besonders im Planungswesen werden Begriffe wie Aktiv- und Passivräume, Notstandsgebiete, Entwicklungsräume und -länder, Ballungsräume, Ausgleichs- oder Vorranggebiete verwendet, die auf Grund von Schwellenwerten wirtschaftlicher und sozialer Daten zur Beurteilung räumlicher Situationen beitragen oder als Grundlage raumpolitischer Maßnahmen dienen sollen. Jeweils vorherrschende Strukturen werden durch Bezeichnungen wie Industrie-

und Agrarraum charakterisiert. Funktionsräumliche Beziehungen drücken sich in Begriffen wie Zonen (in der Klimageographie und bei VON THÜNEN), Hinterland (vor allem bei See- und Flughäfen), Einzugs- und Einflußgebiet (bei der Reichweite zentraler Funktionen und ihrer Nachfrage) aus. Diese Begriffe werden in der Literatur nicht einheitlich gebraucht.

### 2.5.3 Raumstrukturen und -funktionen

**Strukturen** werden im wesentlichen durch die „Produktionen" in einer räumlichen Einheit bestimmt. Sie können *homogen* sein, wenn beispielsweise jeweils eine landwirtschaftliche oder eine gewerbliche Tätigkeit oder Systeme solcher Tätigkeiten dominieren, oder *heterogen,* wenn verschiedene Produktionsrichtungen einander ergänzend oder unabhängig voneinander, aber auf örtliche oder regionale räumliche Faktoren ausgerichtet, gegeben sind.

Struktur wird häufig durch sektoral gegliederte Wertschöpfungsbereiche, wie Industrie, Landwirtschaft oder Dienstleistungen, oder Teilen davon charakterisiert. Verschiedene quantitative und qualitative Merkmale dienen der Bewertung der in einer räumlichen Einheit erbrachten Leistungen während eines festgelegten Zeitraums oder zu einem bestimmten Zeitpunkt, der Entwicklung zwischen zwei oder mehreren Zeitpunkten (komparativ statischer Vergleich) und dem Leistungsvergleich verschiedener Räume.

Als Maßeinheiten hierfür können das **Bruttoinlandsprodukt** - *insgesamt oder sektoral gegliedert* -, das die wirtschaftliche Leistung einer räumlichen Einheit zum Ausdruck bringt, Umsätze, Import- und Exportvergleiche, Investitionen, Kaufkraft, regionales Steueraufkommen und anderes herangezogen werden. Auf kleine Räume bezogene Daten (Gemeinden) liegen nur in relativ geringem Umfang in für die räumliche Charakterisierung geeigneter Weise vor. Zahlen zum Bruttoinlandsprodukt werden in Deutschland bis zur Ebene von Kreisen und kreisfreien Städten ausgewiesen.

Aussagen solcher Art und ihre Bewertung sind nur möglich, wenn die herangezogenen Kriterien einer räumlichen Einheit zugeordnet werden können, deren Grenzen definierbar sind. Dies ist ebenso Voraussetzung für Vergleiche verschiedener räumlicher Einheiten oder für zeitliche Vergleiche desselben Raumes. Entwicklungen administrativer Räume lassen sich oftmals über längere Zeitabschnitte hinweg nur bedingt vergleichen, wenn sich die Abgrenzungen durch Neugliederung verändert haben.

Tab. 14 Kreise in Deutschland 1950 und 1996

| Einwohner je qkm | Fläche qkm | Einwohner 1000 | Einwohner je qkm | Fläche qkm | Einwohner 1000 | Einwohner je qkm |
|---|---|---|---|---|---|---|
| | 1950 | | | 1996 | | |
| Main-Taunus-Kreis | 307 | 100 | 327 | 222 | 214 | 963 |
| Mettmann[1] | 433 | 245 | 361 | 407 | 504 | 1238 |
| Potsdam-Mittelmark[2] | 743 | 94 | 126 | 2683 | 182 | 68 |
| Parchim | 703 | 48 | 69 | 2233 | 108 | 48 |
| Ludwigshafen | 130 | 35 | 272 | 305 | 144 | 473 |

[1] 1950: Düsseldorf-Mettmann; [2] 1950: Potsdam

Quellen: Statistisches Bundesamt (Hrsg.): Statistisches Jahrbuch für die Bundesrepublik Deutschland 1952, 1998

So sind in Deutschland nahezu alle Landkreise im Laufe der letzten Jahrzehnte zum Teil tiefgreifend verändert worden (Tab. 14). Die Bundesländer existieren in neuer Abgrenzung zum Teil erst seit der Nachkriegszeit beziehungsweise seit 1990, so daß auch hier Kontinuität nicht gegeben ist. Die Kriterien für die Definition von Stadtregionen in den Vereinigten Staaten von Amerika und für Stadtregionen in Großbritannien, die administrativ abgegrenzt sind, sind ebenfalls häufiger verändert worden.

Auch flächenbezogene Vergleiche von Wirtschaftsräumen sind erschwert; denn infolge räumlicher Dynamik können sich die Grenzen der Struktur und besonders der raumübergreifenden Funktionen verändern, da sich deren Reichweiten bis hin zum Pendelverkehr stark ausgedehnt oder die Funktionale an sich gewandelt haben.

Die **funktionalen Raumelemente** sind Verknüpfungen unterschiedlicher Art zwischen wirtschaftsräumlichen Einheiten. Sie sind im wesentlichen in zwei Typen zu gliedern, in Angebotsstandorte (Zentralität) und ihre durch charakteristische Reichweiten gebildeten angrenzenden geschlossenen Ergänzungsgebiete der Nachfrage sowie in Standorte von Angeboten oder Nachfragen, deren Absatz- oder Bezugsgebiet in der Regel nicht flächenhaft geschlossen ist.

Die erstgenannte Kategorie räumlicher Funktionale, der klassische Anwendungsfall der flächendeckenden CHRISTALLERschen Theorie (2.3.5.3), ergibt sich bei verbrauchsbezogenen Dienstleistungen, die ein räumlich definiertes Einzugsgebiet versorgen. In hierarchischer Abfolge ergibt sich eine Stufung unterschiedlicher Reichweiten mit den jeweils zugehörigen Einzugsgebieten unterschiedlicher Größe.

Die zweite Kategorie umfaßt Dienstleistungen, deren Nachfrage unregelmäßig über die bewirtschaftete Erde verteilt ist. Dies sind zum Beispiel Exporte und Importe von Gütern durch Produktions- oder Großhandelsunternehmungen sowie Bezugs- und Absatzbeziehungen unter Produzenten in Landwirtschaft und Industrie oder zwischen diesen und Abnehmern, beides in unregelmäßiger räumlicher Streuung und grundsätzlich in beliebiger Entfernung. Eine unmittelbare wirtschaftsräumliche Nachbarschaft der Standorte von Absendern und Empfängern wie in der ersten Kategorie kann gegeben sein, ist aber nicht die Regel; die Reichweiten werden durch andere Faktoren bestimmt.

### 2.5.4 Typenbildung von Strukturräumen

Die unterschiedlichen Inhalte und Definitionskriterien der Wirtschaftsräume machen **Typisierungen** erforderlich. Ein übergeordneter Ansatz ergibt sich aus der vorherrschenden Produktionsrichtung, gegliedert in Wertschöpfungsbereiche oder Wirtschaftssektoren mit Land- und Forstwirtschaft, Bergbau und industriellem Gewerbe sowie mit Dienstleistungen. Darunter sind weitere Typisierungsansätze denkbar, die entweder in allen Sektoren bedeutsam sein können oder aber nur auf einzelne Bereiche sinnvoll anwendbar sind.

**Strukturräumliche Typisierungsmöglichkeiten** bieten sich beispielsweise

- in der Marktbezogenheit und Intensität
- in der strukturellen Einseitigkeit oder Vielfalt und in der Produktionsrichtung
- in Betriebsgrößenkategorien
- in Landnutzungsmustern
- in Lagetypen
- im technisch-wirtschaftlichen Entwicklungsstand
- im Spezialisierungsgrad
- in der speziellen wirtschaftlichen Leistungsfähigkeit
- in der Elastizität, sich an die sich verändernden wirtschaftlichen Rahmenbedingungen anzupassen
- in der Ausprägung von fern- und nahräumlichen Beziehungen sowie
- im Grad der Integration in den Außenhandel.

In bergbaulich bestimmten Wirtschaftsräumen war infolge der lange vorherrschenden monostrukturellen Dominanz die Fähigkeit zum Wandel durch Anpassung an strukturelle Veränderungen nur schwach ausgeprägt. Beispielhaft hierfür sind Süd-Wales und das belgische Revier Centre-Borinage, deren

Steinkohlenbergbau im 19. Jahrhundert und im ersten Teil des 20.Jahrhunderts nur durch einen Zweig der Grundstoffindustrie ergänzt wurde, so daß längere Phasen strukturellen Siechtums im Wirtschaftsraum durchlaufen werden mußten. Eine Reihe typischer Merkmale kennzeichnete bei aller Individualität der einzelnen Räume die Situation derartiger Kohlenreviere beim Erreichen einer Alterungsphase, in der sie nicht mehr konkurrenzfähig waren. Die Arbeitsmärkte waren zunächst durch die tragenden Wirtschaftszweige blockiert, so daß in der Abschwungphase aufnahmefähige Ersatz- oder Nachfolgeindustrien fehlten, die zur Gesundung hätten beitragen können.

### 2.5.5 Dynamik im Wirtschaftsraum

*Wirtschaftsräume werden in ihrer Entwicklung durch endogene und exogene Einflüsse beeinflußt.* Die statischen Raumanalysen repräsentieren die Situation zum Zeitpunkt der Untersuchung. Aus dem Vergleich zweier Zeitpunkte (komparative Statik) läßt sich das Ergebnis der Entwicklung zwischen den beiden Erhebungsdaten ablesen. Die Dynamik wird durch Verlaufsanalysen erkennbar, die notwendig sind, um die Faktoränderungen herausarbeiten und damit den Wandel der räumlichen Potentiale verdeutlichen zu können, dessen Einzelheiten vielfach den Akteuren nicht bewußt geworden ist.

Je nach der Position im System räumlicher Vernetzungen und der Intensität der Verflechtungen betrieblicher Einheiten mit anderen Unternehmungen können sich neben gleichgerichteten Entwicklungen, zum Beispiel im konjunkturellen Verlauf, unterschiedliche dynamische Prozesse ergeben. Die Änderungen können sich auf bestimmte Branchen oder Teile davon beziehen und durch Vorgänge auf den Arbeitsmärkten, durch administrative und politische regionale oder örtliche Maßnahmen, durch globale Einwirkungen und anderes verursacht worden sein.

Ein jüngeres großräumliches Beispiel einschneidender Veränderungen im Faktorengefüge sind die politischen Umwälzungen und wirtschaftlichen Unsicherheiten in den ehemaligen Ostblockstaaten und die Notwendigkeit, deren wirtschaftliche Strukturen den Bedingungen weltwirtschaftliche Konkurrenz anzupassen (HAMILTON 1995).

Die quantitative Aufnahme der Strukturdaten einer räumlichen Einheit und ihre Vergleichbarkeit über unterschiedlich lange Zeiträume setzt festliegende Grenzen voraus. Durch Entwicklungen, räumliche Interdependenzen und Interferenzen verändern sich jedoch die Grenzen wirtschaftsräumlicher Einheiten (Raumdynamik). Einem räumlichen Wachstum, zum Beispiel einer großstädtischen Agglomeration, wird durch die entsprechende Erweiterung der wirtschaftsräumlichen Einheit Rechnung getragen. Bei Verwendung von Daten auf administrativer Grundlage ist dies jedoch schwierig. Charakteristisch hierfür ist das Stadtregionenkonzept in den Vereinigten Staaten von Amerika, das, mit Ausnahme der Neuenglandstaaten, als regionalstatistische Basis nur Counties zugrunde legt.

### 2.5.6 Räumliche Dimensionen

#### 2.5.6.1 Mikroräumliche Ansätze

Im einzelbetrieblichen oder -unternehmerischen Standortentscheidungsprozeß betrifft das letzte Glied der Kette überwiegend die kleinräumliche lokale Ebene.

Wie dargestellt, werden als *kleinste räumliche Einheiten Haushalte und Betriebe* aufgefaßt. Die privaten Haushalte sind als solche nicht Untersuchungsobjekt. Die Haushalte und deren Mitglieder wirken jedoch in verschiedenartiger Weise auf die Gestaltung der Wirtschaftsräume ein. Die Haushalte sind Teil der Ordnungselemente und Strukturen dieser räumlichen Einheiten. Sie bilden mehr oder weniger ausgeprägte Siedlungstypen und Wohnquartiere in differenzierter Position und Gestaltung. Ihre Mitglieder sind am Arbeitsmarkt, durch örtliche und überörtliche Nachfrage nach wirtschaftlichen und kulturellen Gütern und Diensten sowie als Verkehrsteilnehmer am räumlichen Geschehen beteiligt.

Als Sonderfall können sogenannte *Heimarbeitsplätze* angesehen werden. Als Ergänzung zu gewerblichen Betrieben hatten sie in einigen Gewerben, besonders in der Bekleidungsbranche, in der frühindustriellen Zeit eine relativ große Verbreitung. Im Zusammenhang mit den elektronischen Medien gewinnen die Heimarbeitsplätze wieder an Bedeutung. Sie sind meist einer Betriebsstätte räumlich zugeordnet, können jedoch theoretisch auch eine größere Distanz aufweisen.

Einige der für Haushalte geltenden Merkmale treffen auf die Betriebe zu. Allerdings zeigen sich hier große Unterschiede. *Land- und forstwirtschaftliche Betriebe* weisen neben dem Standort der Betriebsstelle mit Wirtschafts- und Wohngebäuden Flächen auf, die ihrerseits differenziert bewirtschaftet werden und darin aus Gründen rationeller Betriebsführung grundsätzlich Gesetzmäßigkeiten im THÜNENschen Sinne folgen. Die Betriebsflächengrößen können zwischen einem Bruchteil eines Hektars bei hochspezialisierten und intensiv geführten Betrieben (Intensivgärtnereien; Naßreisanbau in Südostasien) bis zu mehreren tausend Quadratkilometern bei extensiver Wirtschaftsweise (Viehwirtschaftsbetriebe in Trockengebieten der Erde, zum Beispiel in der Pampa Argentiniens oder in Zentralaustralien) liegen.

*Gewerbliche Betriebe* weisen ebenfalls erhebliche Größenunterschiede auf, die sowohl die Inanspruchnahme von Flächen als auch die Beschäftigtenzahl betreffen können. Die Spannweite der Größe der Anlagen erstreckt sich zwischen einer Räumlichkeit (Zimmer, Garage, Schuppen, Kellerraum) oder einer kleinen Freifläche (Gewerbebetrieb im orientalischen Basar) und mehreren Quadratkilometern (zum Beispiel offene Gruben zur Gewinnung mineralischer Rohstoffe und Betriebe der Metall- und Chemie-Grundstoffindustrie). Während schon die räumliche Organisation des Produktionsablaufs in mittleren und größeren Betrieben optimiert werden muß, ist für mehrstufige Großbetriebe (Eisen- und Stahlindustrie) und bei Inanspruchnahme großer Flächen die Beachtung von Ordnungsprinzipien der innerbetrieblichen Organisation, der innerbetrieblichen verkehrlichen Erschließung und der verkehrlichen Verknüpfung nach außen unabdingbar.

Im *Versorgungssektor* sind die Art der erbrachten Dienstleistungen und die Größe der Unternehmungen sehr unterschiedlich ausgeprägt. Dabei ist es von Bedeutung, ob sie intensiven Kundenverkehr aus einem mehr oder weniger großen Einzugsgebiet aufweisen oder der Publikumsverkehr spezifisch gering ist und sich die Herkunft der Besucher nicht auf das Hinterland konzentriert.

*Bei intensivem Kundenverkehr* werden Positionen in jeweils *zentraler Lage zum Einzugsgebiet* gesucht, was zu Häufungen von Standorten, zum Beispiel auf Märkten, oder zur Entwicklung großer Unternehmungen, zum Beispiel von Warenhäusern als eine Art Agglomeration von Betrieben, führen kann. Neben Einzelhandelsbetrieben trifft dies auch auf einen Teil administrativen Einrichtungen, wie Stadt- und Kreisverwaltungen, sowie auf Theater, Schulen und Hochschulen zu. Andere Dienstleistungsbetriebe nutzen Büros unterschiedlicher Größenordnung in Positionen, die ihrem Besucherintensitätsgrad entspricht. Für einige Dienstleistungsfunktionen ergeben sich besondere Standortanforderungen, so für Sammel- und Verteilzentren von Versandhäusern oder Güterverkehrszentren, die als Knoten bi- und multimodalen Verkehrs besonderen innerbetrieblichen Ordnungskriterien und äußeren Erschließungsanforderungen genügen müssen.

Großunternehmungen können häufig schon an ihrem Standort in mehrere Betriebe gegliedert sein, wie die jeweils ihr räumliches Umfeld prägenden

Chemieunternehmungen in Leverkusen, Ludwigshafen, Frankfurt-Höchst und Leuna, die Betriebe des Volkswagenkonzerns in Wolfsburg und Baunatal oder Betriebe der Metallerzeugung und -verarbeitung, wie die Thyssen-Werke in Duisburg-Hamborn.

### 2.5.6.2 Regionale Ansätze

Wirtschaftsräumliche Einheiten gehen in der Regel über einzelbetriebliche Dimensionen hinaus. Sie umfassen mehrere Betriebe in sektoraler oder intersektoraler Häufung einschließlich aller diese ergänzenden Einrichtungen, wobei die Größenordnungen wiederum sehr unterschiedlich ausgeprägt sein können. Die Charakterisierung solcher Räume ergibt sich aus der jeweiligen Fragestellung. Dabei werden die Abgrenzungskriterien bei einer flächendeckenden Raumgliederung (zum Beispiel bei der wirtschaftsräumlichen Gliederung der Bundesrepublik Deutschland aus den sechziger Jahren, HOTTES-MEYNEN-OTREMBA 1972) unschärfer ausfallen müssen als bei einer einzelräumlichen Analyse, in der speziell raumbezogene Kriterien zu beachten sind.

Auf dieser räumlichen Ebene wird das gesamte Instrumentarium der an der Strukturbildung beteiligten Faktoren zur Charakterisierung der räumlichen Einheiten und als Grundlage für Raumentwicklung herangezogen.

### 2.5.6.3 Makroräumliche Ansätze

*Gesamtwirtschaftliche Fragestellungen*, die über den regionalen Rahmen hinausgehen, machen *makroräumliche Ansätze* erforderlich. Diese umfassen größere Staaten, Staatenbünde, Wirtschaftsunionen und Erdteile. Infolge der verschiedenen globalen Raumbeziehungen auf staatlicher und privater Ebene fügen sich die unternehmerischen und staatlichen Strategien in den weltwirtschaftlichen Rahmen. Neben punkthaft ausgeprägten Beziehungen zwischen zwei Wirtschaftssubjekten ist beispielsweise für absatzpolitische Ziele die Kenntnis großräumlicher Strukturen erforderlich.

## 2.6 Administrative Raumeinheiten

*Verwaltungsgrenzen* sind die Grundlage für den räumlichen Bezug administrativen Handelns. Dies trifft allgemein auf die durch Verwaltungsgrenzen definierten Raumeinheiten - in Deutschland die Gemeinden, Kreise, Regierungsbezirke (in einigen Bundesländern) und Länder - zu. Es gibt auch grenzüberschreitende Verbünde mit mehr oder weniger bedeutsamen Funktionen, zum Beispiel in der Raumplanung, wie im früheren Ruhrsiedlungsverband oder Großraum Hannover. Vielfach sind in großstädtischen Kernen und ihrem Umland Verkehrstarifgemeinschaften begründet worden. Auch Bebauungspläne im Bereich administrativer Grenzen zwischen Gemeinden werden vielfach abgesprochen. In den Staaten der Europäischen Gemeinschaft haben sich Formen grenzüberschreitender Zusammenarbeit („Euregios") entwickelt, wie etwa in der Industrieregion „SARLORLUX" (Saarland, Lothringen, Luxemburg).

Im Zuge der europäischen Integration, die mit Funktionsverlagerungen von den Regierungen der Mitgliedsstaaten auf die Europäischen Kommission verbunden ist, wird andererseits die *Konkurrenz der „Regionen"* untereinander zunehmen, um Standorte zu gewinnen und strukturelle Vorteile zu erlangen. Die Bildung derartiger Regionen wird an administrative Einheiten anknüpfen, deren Gliederung innerhalb der Staaten der Europäischen Union jedoch sehr verschiedenartig ist (s. 1.4.3; zu überstaatlichen Organisationen s. 4.2).

## 2.7 Die Entwicklung und Intensivierung globaler Verflechtungen

*Internationaler und interkontinentaler Austausch zwischen Staaten und Kulturen* besteht seit langem, hat sich aber mit der Entwicklung der große Distanzen und Weltmeere überbrückenden Verkehrssysteme seit dem 19. Jahrhundert und insbesondere im Laufe des 20. Jahrhunderts verstärkt. Internationale Kontakte auf verschiedenen Ebenen und Vernetzungen zwischen Staaten und Unternehmungen haben zugenommen. Gleichwohl befindet sich die unternehmungs- und betriebsbezogene innere Globalisierung der Wirtschaft noch im Anfangsstadium. Selbst Unternehmungen, deren Standorte, wie in der Kraftfahrzeug- oder chemischen Industrie erdweit diversifiziert sind, ordnen sich gleichzeitig in Systeme kleinräumlicher oder in den Rahmen national geltender Bedingungen ein.

*Globale Raumbeziehungen* entwickeln sich durch Begründung und Vertiefung internationaler Arbeitsteilung, durch Außenhandelsbeziehungen, durch Direktinvestitionen im Ausland, durch Diversifikation von Standorten zur Einrichtung von Agenturen, Verkaufsbüros, Produktionsstätten industrieller Güter und von Dienstleistungen, wobei im engeren Sinn absatzorientierte Produktionen und Dienstleistungen wiederum lokalen und staatsgebietsbezogenen Bedingungen unterworfen sind.

Die sich bietenden Möglichkeiten globaler Taktiken in einer offenen Weltwirtschaft werden bisher nur von einem geringen Teil von Unternehmungen und meist nur ansatzweise wahrgenommen. Dies betrifft auch die Standortgemeinschaften in Wirtschaftsräumen, die mit einer viel größeren Dynamik erzwungener räumlicher Entscheidungen konfrontiert werden.

Im Zuge der weiteren Verbreitung und Vertiefung globaler Beziehungen und Systeme wird sich die *Konkurrenz zwischen Unternehmungen, zwischen allen Standorten,* zwischen Regionen und interstaatlichen Gemeinschaften räumlich umfassend intensivieren. Ohne Einflußnahme von Staaten oder Staatengemeinschaften durch restriktive Eingriffe werden sich die potentiell leistungsfähigsten Standorte international durchsetzen. Diese Standortkonkurrenz wird sich dynamisch auf standortpolitische staatliche oder kommunale hinderliche oder fördernde Maßnahmen im Zusammenhang mit der Ansiedlung von Unternehmungen auswirken. Die globalen Netze und der technische Fortschritt, beides nicht voneinander zu trennen, werden die Produktionszyklen verkürzen und die Standortentscheidungen flexibilisieren.

Besondere Akzente werden die konkurrierenden Entwicklungen in den Mitgliedsstaaten und Regionen der Europäischen Gemeinschaft und anderer Verbundsysteme setzen, ebenso auf höherer Regionalebene der als Triade bezeichneten Wirtschaftsräume Nordamerikas, Japans und Europas.

# 3 Wirtschaftssektoren und Raum

## 3.1 Gliederung in Wirtschaftssektoren, -bereiche und -zweige

Traditionell werden die Wirtschaftszweige in statistischer Gliederung sogenannten Sektoren zugeordnet. Derartige Einteilungen sind als ordnendes Hilfsmittel, für Strukturanalysen und zum Vergleich der Sektoren in Zeit und Raum unentbehrlich. Bei der Interpretation und Auswertung der Ergebnisse sektoraler Gliederungen ist zu beachten, daß im Hinblick auf Sachaussagen die statistisch definierten Grenzen nicht immer hinreichend klar die sektoral differenzierten Funktionen verdeutlichen können. Zum Beispiel nehmen Industrie- und Landwirtschaftsbetriebe teilweise Handelsfunktionen und andere Dienstleistungen in eigener Regie wahr, ohne daß dies in der statistischen Darstellung erkennbar ist.

Den primären Sektor bilden die Landwirtschaft, die Forstwirtschaft und die Fischereiwirtschaft. In den sekundären Sektor werden Bergbau, Wasser- und Energiewirtschaft, Industrie und Handwerk sowie die Bauwirtschaft einbezogen. Der tertiäre Sektor umfaßt alle Dienstleistungen, die in eigenständigen Unternehmungen und durch freiberufliche Tätigkeit oder durch den Staat sowie in anderen öffentlichen Einrichtungen erbracht werden.

In anderen sektoralen Einteilungen wird der Bergbau als ein Zweig der Urproduktion dem primären Sektor zugerechnet. Zum Teil wird innerhalb der Sektoren weiter untergliedert.

*In der volkswirtschaftlichen Gesamtrechnung werden Sektoren und Wirtschaftsbereiche unterschieden. Die Sektoren werden hierbei aus Unternehmungen, dem Staat und privaten Haushalten gebildet.* Die grenzüberschreitenden Außenbeziehungen inländischer Wirtschaftseinheiten werden unter der „übrigen Welt“ ausgewiesen.

Für die Zurechnung und Ausweisung der Ergebnisse der Bruttowertschöpfung in Deutschland bilden sogenannte Wirtschaftsbereiche die statistische Grundlage. In der Gesamtrechnung sind die Bereiche gemäß der Systematik der Wirtschaftszweige, Ausgabe 1979, Fassung für Volkswirtschaftliche Gesamtrechnungen (Statistisches Jahrbuch 1997 für die Bundesrepublik Deutschland), weiter untergliedert worden (Tab. 15).

Gliederung der Wirtschaftsbereiche:

a) Land- und Forstwirtschaft sowie Fischereiwirtschaft
b) Produzierendes Gewerbe mit Bergbau, Energie- und Wasserwirtschaft sowie mit dem Verarbeitenden Gewerbe einschließlich dem Handwerk und dem Baugewerbe
c) Handel und Verkehr
d) Kredit- und Versicherungsunternehmungen
e) Wohnungsvermietung und sonstige Dienstleistungsunternehmungen
f) der Staat mit Gebietskörperschaften und Sozialversicherung sowie private Haushalte und private Organisationen ohne Erwerbscharakter

Alle zusammen erwirtschaften das **Bruttoinlandsprodukt**.

Tab. 15 Die Bruttowertschöpfung in Deutschland (Mrd. DM und in Prozent)

| | 1991 | | 1997 | |
|---|---|---|---|---|
| | Mrd. DM | % | Mrd. DM | % |
| **Landwirtschaft, Forstwirtschaft, Fischerei** | **41,04** | **1,44** | **39,93** | **1,10** |
| Energie-, Wasserwirtschaft, Bergbau | 90,14 | 3,16 | 87,61 | 2,41 |
| Verarbeitendes Gewerbe | 825,30 | 28,92 | 865,39 | 23,76 |
| Baugewerbe | 161,81 | 5,67 | 208,00 | 5,71 |
| **Produzierendes Gewerbe** | **1077,25** | **37,75** | **1161,00** | **31,88** |
| Handel | 262,52 | 9,20 | 320,37 | 8,80 |
| Verkehr, Nachrichtenübermittlung | 154,40 | 5,41 | 186,25 | 5,12 |
| **Handel und Verkehr insgesamt** | **416,92** | **14,61** | **506,62** | **13,91** |
| **Übrige Dienstleistungsunternehmungen** | **834,57** | **29,25** | **1310,45** | **35,98** |
| **Staat, private Haushalte und Organisationen** | **387,06** | **13,56** | **493,11** | **13,54** |
| **Bruttowertschöpfung insgesamt** | **2853,60** | **100,00** | **3641,80** | **100,00** |

Quellen: Statistisches Bundesamt (Hrsg.): Statistisches Jahrbuch 1994 und 1998 für die Bundesrepublik Deutschland Deutschland

Für die Anwendung in der Wirtschaftsgeographie ist es bei derartigen Einteilungen notwendig zu berücksichtigen, durch welche räumlichen Bezüge und Funktionen und durch welche räumliche Reagibilität die verschiedenen Wirtschaftszweige charakterisiert sind.

Das **Handwerk** ist vorwiegend örtlich orientiert und durch seine spezifische Tätigkeit der Ausrichtung auf spezielle Kundenwünsche in einem distanzbezogenen raumfunktionalen Verhältnis mit seinem Einzugsgebiet verbunden;

zum Teil überwiegen in handwerklichen Betrieben dienstleistende Tätigkeiten, die mit der eigenen Güterproduktion verbunden sein können, wie in Bäckereien, oder auf dem Vertrieb fremdproduzierter Güter beruhen, wie etwa Schuhmacher. Formal als Handwerksbetriebe ausgewiesene Produzenten industrieller Erzeugnisse, die nicht unmittelbar an Endverbraucher verkauft werden, sind der Industrie zuzuordnen. Die handwerklichen Betriebe versorgen ein relativ eng abgegrenztes Einzugsgebiet; die regionale Nachfrage nach den meisten ihrer Erzeugnisse oder Leistungen ist verhältnismäßig stabil. Insbesondere Reparatur- und Wartungsdienste weisen relativ Schwankungen auf; die Elastizität der Nachfrage ist insbesondere geringer als bei Industriegüterproduzenten mit andersartiger räumlicher Absatzstruktur.

Die **Industrie** (manufacturing) versorgt grundsätzlich nicht die Endverbraucher. Dem steht auch nicht die neue Form des „Factory Outlet" entgegen, wobei die Großhandelsstufe ausgelassen und der Vertrieb an Verbraucher in eigener Regie übernommen wird. Die Verkäufe an die Verbraucher werden in Handelseinrichtungen, sei es in räumlicher Nachbarschaft der Produktion oder entfernt davon, getätigt. Die Industrieproduktion ist im allgemeinen auf räumlich weit gestreuten Absatz ausgerichtet. Der Absatzort kann in räumlicher Nähe liegen, wenn sich Zulieferer auf Betriebe der Weiterverarbeitung oder Montage spezialisiert haben, wie zum Beispiel in der Autoindustrie. Regionale Besonderheiten, wie Kaufkraftschwäche, können daher den Absatz in einem bestimmten räumlichen Segment negativ beeinflussen. Ebenso können ganze Branchen von Sonderentwicklungen betroffen sein, wie in der Eisen- und Stahlherstellung, die durch zyklische Schwankungen charakterisiert ist.

Das **Baugewerbe** ist sowohl angesichts der Eigenart der „Produktionsstandorte" als auch der „Produkte" selbst von der Industrie gesondert zu betrachten. Im übrigen sind hier im lokalen und regionalen Umfeld erbrachte handwerkliche oder handwerksähnliche Leistungen von industriellen Tätigkeiten in räumlicher Streuung einschließlich internationaler Aktivitäten, zum Beispiel bei Großprojekten, zu unterscheiden.

Die **Energiewirtschaft** (s. 2.4.3) weist gegenüber dem übrigen Produzierenden Gewerbe aufgrund ihrer spezifisch kombinierten Produktions- und Absatzfunktionen sowie der Eigenart ihrer Versorgungsaufgaben Merkmale auf, die Dienstleistungscharakter tragen, ohne indes dem tertiären Sektor statistisch zugeordnet zu werden.

Der **Dienstleistungssektor** umfaßt sehr unterschiedliche Aufgabenfelder, deren räumliche Bezüge voneinander abweichende Formen aufweisen können. Er bedarf daher weitergehender subsektoraler Differenzierungen.

Das *Verkehrswesen* (s. 2.4.2) ist auf Grund der Besonderheiten seiner Dienstleistungen, die für alle Wirtschaftszweige und den Verbrauchssektor erbracht werden, und im Hinblick auf die Art der Leistungsbereitstellung und die Nachfrage von Unternehmungen und Haushalten als eigenständig anzusehen.

Die verschiedenen Abteilungen des **Dienstleistungswesens** sind einerseits **verbrauchs**- und andererseits **unternehmungsorientiert**. Die empirische Differenzierung und Quantifizierung dieser unterschiedlichen Geschäftsfelder ist schwierig. Während der Einzelhandel überwiegend Endverbraucher versorgt, bieten zum Beispiel Bank- oder Versicherungsinstitute sowie wirtschafts- und rechtsberatende Berufe sowohl der einen als auch der anderen Kundenkategorie ihre Dienste an; eine eindeutige Zuordnung und Abgrenzung ist meist jedoch ohne größeren Aufwand und ohne Bewertung innerbetrieblicher Abläufe nicht möglich.

Ein *sektorales Bewertungsproblem* ergibt sich daraus, daß gleichartige Dienstleistungen nicht nur in Unternehmungen und Betrieben des Produzierenden Gewerbes sowie der Land- und Forstwirtschaft erbracht werden, sondern auch durch verselbständigte oder von vornherein eigenständige Unternehmungen, zum Beispiel von Reinigungsfirmen oder von EDV-Diensten.

Da die aus der Sicht der Wirtschaftsgeographie erforderlichen Gliederungen in der statistischen Praxis nur teilweise verwirklicht sind, stehen bei Inanspruchnahme der vorhandenen Daten die erwünschten Aussagen zum Teil nicht zur Verfügung. Innerhalb des sekundären Sektors wird im „Produzierenden Gewerbe" die Industrie nicht hinreichend von örtlichen, meist handwerklichen Gewerben abgegrenzt. Zwar werden in der deutschen Statistik des Produzierenden Gewerbes im allgemeinen nur Unternehmungen mit 20 und mehr Beschäftigten ausgewiesen, so daß ein großer Teil der meist kleineren Handwerksbetriebe nicht enthalten ist; andererseits fehlen aber auch Industriebetriebe mit weniger als 20 Beschäftigten, deren Zahl sich angesichts der Rationalisierungseffekte und infolge von Spezialisierungen vergrößern könnte. Im tertiären Sektor kommt die Vielfalt der räumlich differenziert agierenden Dienstleistungszweige in regionaler Gliederung nicht hinreichend zum Ausdruck. Weiterhin wird die Benutzung der Statistiken dadurch erschwert, daß aus Gründen des Datenschutzes und der Geheimhaltung vor allem in kleineren räumlichen Einheiten die Daten nicht ausgewiesen werden.

Sektorale Vergleiche stützen sich im allgemeinen auf statistisch ausgewiesene Beschäftigten-, Umsatz- und Investitionszahlen und das erzielte Bruttoinlandsprodukt. Eine Bewertung der Wirtschaftssektoren auf der Grundlage der genannten Indikatoren ist jedoch problematisch, da sie der volks- oder weltwirtschaftlichen Bedeutung der einzelnen Sektoren und ihrer Zweige nicht gerecht wird. In Übereinstimmung mit dem FOURASTIÉschen Modell gehen zwar mit fortschreitender technischer Entwicklung die Beschäftigtenzahlen in der Land- und Industriewirtschaft gegenüber dem sich ausweitenden Dienstleistungssektor mindestens relativ zurück, und zwar als Folge technischer Fortschritte. Diese breiten sich als Rationalisierungseffekte in der naturgebundenen Landwirtschaft langsamer und weniger intensiv als im Produzierenden Gewerbe, führen dort aber zu sich steigernder Substitution von Arbeitskräften durch technischen Mitteleinsatz; denn infolge wachsenden Kapitaleinsatzes in einer Branche allgemein oder in einem Betrieb im besonderen sinken bei gleichbleibender, oftmals auch bei steigender Ausbringung die Beschäftigtenzahlen in der Produktion, wodurch die Arbeitsproduktivität ansteigt. In beiden Fällen nimmt der Bedarf an produktionsbezogenen Dienstleistungen zu.

Zwar sind zahlreiche Arbeitsgänge im Dienstleistungssektor zunehmend durch Substitution menschlicher Tätigkeit durch Maschinen und Geräte, beispielsweise der Mikroelektronik, betroffen, aber der Prozeß stößt vielfach noch an Grenzen, so daß, auch infolge der Entstehung neuer Tätigkeitsfelder und hierdurch bedingter Umschichtung der Arbeitsstellen, das Angebot von Arbeitsplätzen im Dienstleistungssektor insgesamt ansteigt.

SPITZER hat am Beispiel der Landwirtschaft in der Bundesrepublik Deutschland die intersektoralen Zusammenhänge und anteilige Zurechnungen verdeutlicht. Er sieht diesen Zweig als „Kernbereich eines Agribusiness", das er in vier Einzelbereiche gliedert:

a) einen vorgelagerten Bereich (zum Beispiel Düngemittelindustrie, Futterbau);
b) den eigentlichen Landbau;
c) einen nachgelagerten Bereich (Mühlenbetriebe, Zuckerfabriken) und
d) einen beigeordneten Bereich (Landwirtschaftsverwaltung, Ausbildungswesen, Veterinärmedizin).

Während sich der Anteil der Landwirtschaft am Bruttoinlandsprodukt in der früheren Bundesrepublik Deutschland im Jahre 1984 auf 2,1 % belief, wurde für das Agribusiness in dem genannten Umfang seinerzeit ein Anteil von etwa 15 % geschätzt (SPITZER 1990, S. 541–543).

Dieser Ansatz läßt sich auf die verarbeitende Industrie übertragen. Auch in diesem Sektor entfällt ein wesentlicher Anteil von Tätigkeiten aus anderen Bereichen auf Vorproduktions-, produktionsbegleitende und nachgelagerte Leistungen, die für die gewerbliche Wirtschaft erbracht, ohne ihr jedoch statistisch zugerechnet zu werden. Aus dieser Sicht wird der Anteil des Produzierenden Gewerbes am Bruttoinlandsprodukt nur unvollständig ausgewiesen. Mit dem steigenden Bedarf an Dienstleistungen in Konstruktion, Planung, Einkauf und Absatz sowie in der Organisation der Unternehmungen und der sinkenden Zahl der Beschäftigten in der Produktion verschiebt sich der sektoral zugeordnete Anteil der Beschäftigten; diese Tendenz ist auch innerhalb des sekundären Sektors erkennbar.

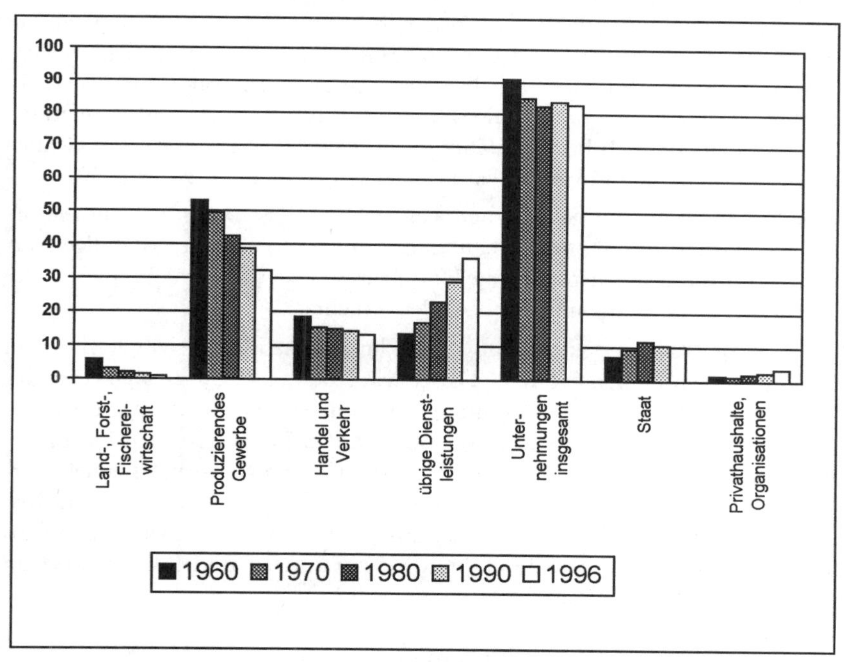


Abb. 30 Das Bruttoinlandsprodukt in Deutschland: Entwicklung von 1960 bis 1996[1]

[1]1960 bis 1990 Bundesrepublik Deutschland in damaliger Abgrenzung

Quelle: Statistisches Bundesamt (Hrsg.): Statistisches Jahrbuch 1997 für die Bundesrepublik Deutschland

In den meisten Industriestaaten ist der sekundäre Sektor trotz steigender Produktionen anteilig in der Beschäftigung und im Bruttoinlandsprodukt hinter den zusammengefaßten Dienstleistungssektor zurückgefallen. Daher werden diese Industriestaaten zuweilen als in einer „postindustriellen" Phase befindlich charakterisiert. Die Bezeichnung ist, wie gezeigt, nicht nur statistisch irreführend; denn nicht nur in jüngeren Industriestaaten, besonders in Ost- und Südostasien und in Lateinamerika, sondern auch in funktionierenden Altindustriestaaten gründet sich die wirtschaftliche Existenz auf die Industrie. Die statistische Modifikation im obigen Sinne verdeutlicht das Gewicht der güterproduzierenden Sektoren, das den Volkswirtschaften und der Weltwirtschaft insgesamt zukommt und nicht nur die Basis für die produktionsorientierten, sondern auch für eine Reihe von anderen Dienstleistungen ist, die nicht unmittelbar auf den Produktionssektor ausgerichtet sind.

Die originären Produktionen in Landwirtschaft, Forstwirtschaft, Industrie und einer Reihe von Dienstleistungen bilden die Grundlagen; die darauf ausgerichteten Dienstleistungen und der Verbrauch sind davon abhängig. Gleichwohl sind die relativen intersektoralen Veränderungen, besonders in den Industriestaaten, sehr ausgeprägt, und zwar nicht nur auf den Arbeitsmärkten (2.4.1.4), sondern auch bei den Beiträgen der einzelnen Sektoren zum Bruttoinlandsprodukt (zur Entwicklung in Deutschland 1960 bis 1996 Abb. 30).

Neben der produktionsgebundenen Entwicklung des Dienstleistungssektors mit erheblicher Funktionsausweitung haben als solche eigenständige verbrauchsorientierte Dienste ihre Stellung relativ verstärkt, zum Beispiel in der Organisation und Betreuung des Fremdenverkehrs.

Das Bruttoinlandsprodukt je Einwohner im internationalen Vergleich ist in Abb. 31 aufgenommen worden. Dabei wird, bei allen Ungenauigkeiten der Berechnung und der Währungsumrechnungen, deutlich, daß die höchsten Werte, neben der Schweiz und Luxemburg, in den Industriestaaten Nordamerikas und Westeuropas sowie in Japan, Australien und Neuseeland erzielt werden, während die niedrigsten auf zentral- und südasiatische sowie zentralafrikanische Staaten entfallen. Unter den ausgewiesenen Staaten standen Äthiopien mit 100 US-$ und Nepal mit 200 US-$ am unteren Ende, die Schweiz lag mit 43280 UIS-$ je Kopf an der Spitze.

## 3.2 Gliederung in fachliche Teildisziplinen

Die wirtschaftsgeographischen Fragestellungen beziehen alle Wirtschaftssektoren und -zweige ein. Daraus ergibt sich die Gliederung in Teilbereiche, die je nach Fragestellung in verschiedener Weise voneinander abgegrenzt werden können (SCHÖLLER 1968, BOYCE 1974, VOPPEL 1975). Der wirtschaftsgeographische Ansatz unterscheidet sich von kulturgeographischen Konzepten, in denen siedlungshistorisch-geographische, sozialgeographische und andere Teilgebiete im Vordergrund stehen.

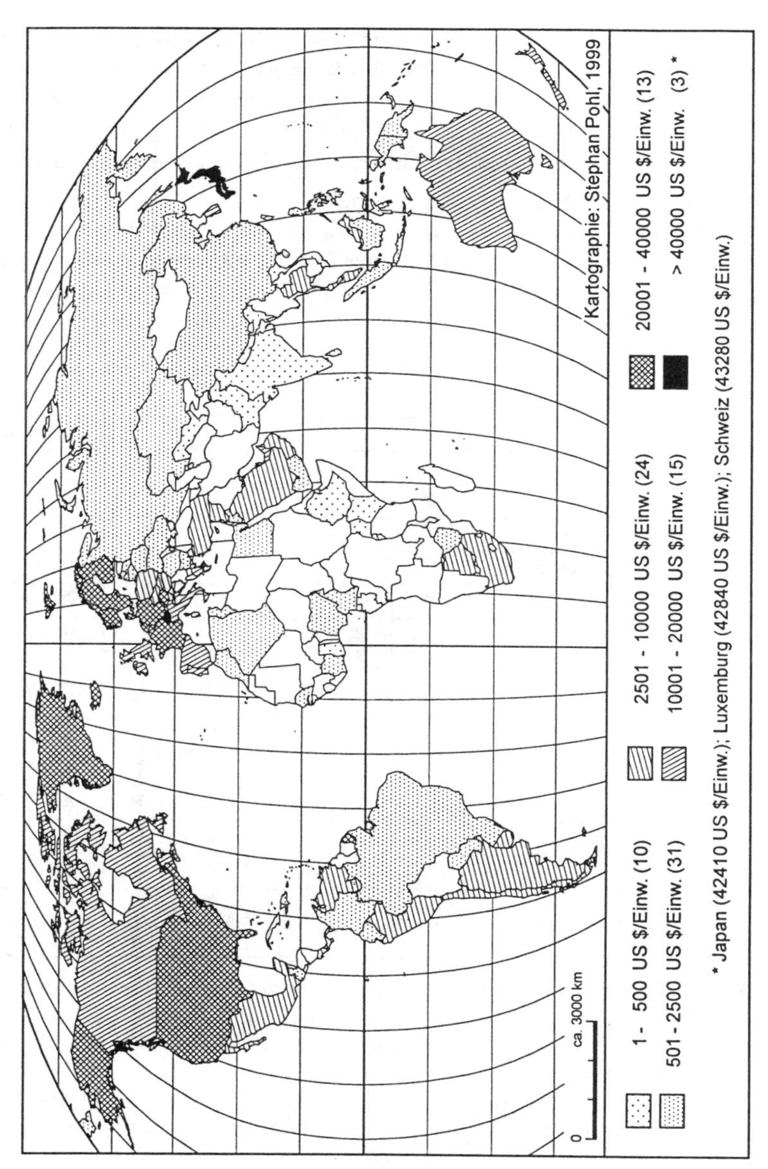


Abb. 31 Das Bruttoinlandsprodukt zu Marktpreisen je Einwohner in den Staaten der Erde (in konstanten Preisen und Wechselkursen von 1995 in US-$
Quelle: Statistisches Bundesamt (Hrsg.): Statistisches Jahrbuch 1998 für das Ausland

SCHÖLLER (1968, S. 184) hat eine Gliederung der Kulturgeographie vorgeschlagen, die in fünf Abschnitte aufgeteilt ist. Neben (1) Bevölkerungs- und (2) Sozialgeographie stehen (3) Wirtschaftsgeographie, untergliedert in Agrar- und Industriegeographie, (4) Handels- und Verkehrsgeographie sowie (5) Siedlungsgeographie mit ländlichen, teilstädtischen und städtischen Siedlungen.

BOYCE (1975) lehnt sich an die statistische Sektoreinteilung an und weist neben den drei Sektoren einen quartären Sektor aus, in dem auf die Produzenten (Typ Produktion) und auf die Verbraucher (Typ Verbrauchsorientierung) ausgerichtete Dienstleistungszweige unterschieden werden. Das Ordnungsschema wird um einen eigenen quintären Sektor, der den Verbraucherbereich umfaßt, und einen Transportsektor erweitert (Abb. 32).

| | P | $S_1$ | $S_2$ | $T_p$ | $T_k$ | $Qu_1$ | $Qu_2$ |
|---|---|---|---|---|---|---|---|
| Verkehr | | | | ■ | ■ | | |
| Energie | ■ | ■ | | | | ■ | ■ |
| Bevölkerung | | | | | | ■ | ■ |
| Land-, Forst-, Fischereiwirtschaft | ■ | | | | | ■ | |
| Bergbau | ■ | ■ | | | | ■ | |
| Industrie | | ■ | | | | ■ | |
| Baugewerbe | | ■ | ■ | | | ■ | ■ |
| Handwerk | | | ■ | ■ | ■ | ■ | ■ |
| Großhandel | | | | ■ | | ■ | |
| Einzelhandel | | | | | ■ | | ■ |
| Verwaltungen | | | | ■ | ■ | ■ | ■ |
| Forschung, Planung | | | | ■ | | ■ | |
| Organisation | | | | ■ | | ■ | |
| Banken, Versicherungen | | | | ■ | ■ | ■ | ■ |
| Sonstige Dienstleistungen | | | | ■ | ■ | ■ | ■ |

Abb. 32 Möglichkeiten sektoraler Zuordnung der Produktionen, Dienstleistungen und Nachfrage
P = Primärer Sektor, $S_1$ = Produzierender Sektor (Industrie), $S_2$ = Produzierender Sektor (handwerkliche Gewerbe); $T_p$ = produktionsorientierte Dienstleistungen; $T_q$ = verbrauchsorientierte Dienstleistungen; $Qu_1$ = Nachfrage: gewerblicher Verbrauchssektor; $Qu_2$ = Nachfrage: Endverbrauchssektor

Das Verkehrswesen und die Energiewirtschaft beanspruchen, wie angedeutet, als Zweige, die der Versorgung dienen, eine gesonderte Stellung. Sie sind Grundlage für die Produktionen im weiteren Sinne, denen Land-, Forst- und

Fischereiwirtschaft, Bergbau, Produzierendes Gewerbe mit Industrie, Baugewerbe und Handwerk sowie die Dienstleistungen ohne Verkehr und Energie zugehören. Der Fremdenverkehr wird häufig als eigenständiger Zweig (Fremdenverkehrsgeographie) behandelt; er ist Teil des produktions- und absatzbezogenen Dienstleistungssektors. Die bei ihm nachgefragten Leistungen sind teilweise, wie im Einzelhandel oder im Städtetourismus, nicht von denen der übrigen Nachfrage eindeutig trennbar.

Die Verkehrswirtschaft als Grundlage räumlicher Standorteignungen und der Vermittlung von Kontakten zwischen Anbietern und Nachfragern sowie als Träger der raumüberwindenden Vorgänge übt eigenständige Funktionen aus, woraus sich die Sonderstellung im Disziplinenschema herleitet. Die Gewichte ihrer Teilbereiche – Land-, See- und Luftverkehr sowie Nachrichtenübermittlung in eigenen Systemen – haben sich infolge der jüngeren Entwicklung der Nachrichtentechnik erheblich verlagert und eröffnen neue Möglichkeiten der betriebsinternen und -externen Verflechtungen, so daß dem *Verkehrswesen eine Schlüsselfunktion bei der Entwicklung der räumlichen Ordnung* zufällt. Bei den „traditionellen" Verkehrszweigen – Schiffahrt, Eisenbahn und Kraftfahrzeugverkehr sowie Luftfahrt – hat sich zwar nichts Grundsätzliches an den Systemen verändert, aber die technischen Eigenschaften weisen auch hier große Fortschritte etwa bezüglich Schnelligkeit, Sicherheit und Größe auf.

## 3.3 Land- und Forstwirtschaft, Fischereiwesen

Die Produktionen der drei Bereiche Landwirtschaft, Forstwirtschaft und Fischerei sind naturnah und daher statistisch häufig gemeinsam ausgewiesen. Insgesamt ist die Produktion agrarischer Güter von größerer wirtschaftlicher Bedeutung als Holzwirtschaft und Fischfang. Ihr Anteil am wirtschaftlichen Ertrag und an der Beschäftigung erstreckt sich in weiter Spanne von wenig über 0 % in Stadtstaaten und unter 10 % in den Industriestaaten bis zur wirtschaftlichen Dominanz; so steht die Landwirtschaft in zahlreichen Ländern der Erde noch an erster Stelle der Wertschöpfung.

Die Versorgung mit Nahrungsgütern der Fischwirtschaft sowie aus Wäldern und mit Holz als Brenn- und Werkstoff haben teils ergänzende agrarbetriebliche Funktionen, teils sind sie eigenständig. So kann die Gewinnung von Holz als Rohstoff für die Holz- und Papierindustrie im Vordergrund wirtschaftlicher Aktivitäten stehen, wie in den borealen Waldgebieten der nördlichen Halbkugel, vor allem in Kanada, Finnland und Schweden.

Die Eigenart der Landwirtschaft ist gegenüber dem Produzierenden Gewerbe und den Dienstleistungen durch die größere Abhängigkeit von natürlichen Risiken charakterisiert. Im Vordergrund steht dabei die Verunsicherung des Wachstumsverlaufs und der Viehhaltung infolge klimageographischer Variabilität. Insbesondere großräumliche Anomalitäten oder Unausgeglichenheiten der saisonalen Niederschläge können kurz- oder mittelfristig zu schweren Beeinträchtigungen der Nutzung und zu Ernteausfällen führen. Daneben können auch Bodenabtragung, Überschwemmungen, Schädlingsbefall und andere Faktoren örtlich und regional zu katastrophalen Einbußen führen. Die Anbau- und Ernterisiken sind in den Klimazonen unterschiedlich ausgeprägt. Moderne Methoden der Zucht und Maßnahmen unterschiedlichen Wirkungsgrades charakterisieren das Bemühen, die Risiken zu vermindern. Die sich hieraus ergebenden Ertragsschwankungen wirken sich auf Selbstversorger durch Verluste in der Ernte als auch auf Marktproduzenten aus, da die Preisbildung durch das schwankende Angebot beeinflußt wird. Hierzu trägt bei, daß zahlreiche Erzeugnisse des Ackerbaus, der Viehzucht und von Sonderkulturen schnell verderblich und daher zum Ausgleich unterschiedlicher Jahreserzeugungsmengen durch Lagerung begrenzt oder gar nicht geeignet sind. Diese Zusammenhänge sind bei der ökonomischen Bewertung dieses Wirtschaftszweiges zu berücksichtigen.

Ein weiterer Unterschied zu den übrigen Sektoren liegt in der relativ extensiven Flächennutzung von Land- und Forstwirtschaft. Zwar ist die Spannweite des Intensitätsgrades innerhalb der Landwirtschaft recht groß, wie vergleichend am Beispiel von Glashauskulturen und Schafzuchtgebieten in semiariden Weidegebieten verdeutlicht werden kann. Aber die Betriebe relativ höchster Intensität, wie Erwerbsgärtnereien zur Versorgung städtischer Märkte, haben ihren Standort an der Peripherie der städtischen Nutzenintensitätsabfolge.

Bis ins 18. Jahrhundert hinein dominierte die in traditioneller Weise betriebene Landwirtschaft in allen Ländern. Im Laufe der Industrialisierung hat sich die Rolle der Landwirtschaft dort, wo sich die Industrie entwickelte, wesentlich verändert. In vielen Staaten wurde die Landwirtschaft seit dem 19. Jahrhundert durch die Industrie aus der vordersten Position verdrängt. Die Beschäftigung ging relativ und absolut zurück, und der Anteil am Bruttoinlandsprodukt verminderte sich kontinuierlich. Die Landwirtschaft wurde durch die Industrie mit verbesserten Geräten und Maschinen ausgerüstet, so daß die Produktionsleistung je Arbeitskraft und insgesamt bei geringerer Beschäftigung weithin ansteigen konnte (Beispiel Deutschland Abb. 33).

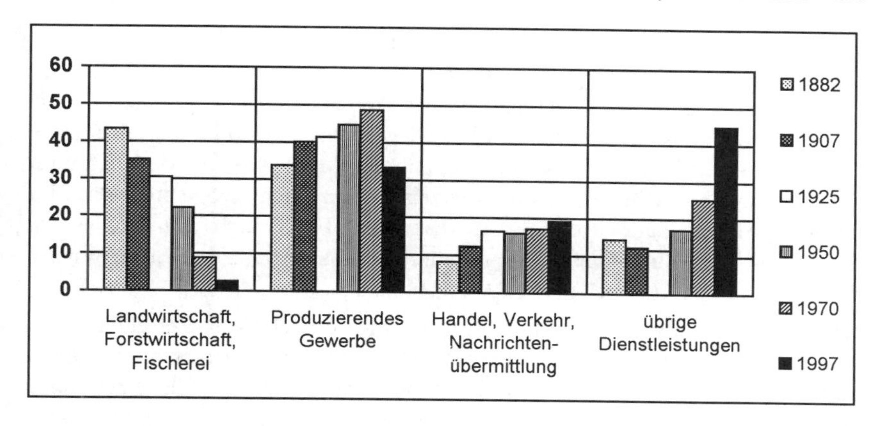


Abb. 33 Entwicklung der Beschäftigung in Deutschland in sektoraler Gliederung in %
Quellen: Statistisches Bundesamt (Hrsg.): Bevölkerung und Wirtschaft 1872–1972, 1972; Statist. Jahrbuch für die Bundesrepublik Deutschland 1994, 1998

Trotz der statistisch marginalen Position in den Industriestaaten kommt der Landwirtschaft weltwirtschaftlich eine Schlüsselposition zu; denn ihre Erzeugnisse sind lebenswichtige Grundlage für die Ernährung der Menschheit (s. 2.4.1.1).

Infolge der gestiegenen Produktivität in der Landwirtschaft hat die Zahl der im Durchschnitt von einem Landwirt ernährten Menschen stark zugenommen. So entfielen in Deutschland 1882 auf eine Erwerbsperson in der Landwirtschaft (einschließlich Forstwirtschaft und Fischerei) 6 Menschen; 1996 waren es 69 Menschen, in den Vereinigten Staaten von Amerika 74, in Großbritannien und Nordirland 116, in Japan 35 und in Spanien 37. Bei der Bewertung dieser Zahlen ist zu beachten, daß der Selbstversorgungsanteil der genannten Staaten unterschiedlich ist und die obengenannten Relationen durch Import- oder Exportüberschüsse landwirtschaftlicher Erzeugnisse entsprechend zu korrigieren sind.

Die *Erhöhung der Produktivität in der Landwirtschaft* war und ist notwendige *Grundlage für die Gewährleistung der Versorgung der* insgesamt seit Beginn der Industrialisierung kräftig angestiegenen und *weiter zunehmenden Bevölkerungszahl*. Angesichts des ungleichen Wachstums in den Ländern der Erde und der sich verändernden Verteilung der Bevölkerung durch Wechsel aus ländlichen Siedlungen in Industrieorte und Städte sowie Bildung großer Agglomerationen *entwikkelte sich der Handel allgemein und der weltwirtschaftliche Austausch landwirtschaftlicher Erzeugnisse*, bezogen auf den jeweiligen Stand der Bevölkerung, *überproportional* stark.

In der vorindustriellen Zeit waren die Erzeugung von Nahrungsgütern und deren Verbrauch überwiegend räumlich benachbart; die Marktorientierung war somit eng begrenzt. Infolge relativ hoher Transportkosten und der vielfach geringen Haltbarkeit landwirtschaftlicher Erzeugnisse blieb die Ernährung der Bevölkerung weithin auf die naturgegebenen Möglichkeiten des nahräumlichen Umfelds beschränkt. Nur vereinzelt fanden hochwertige agrarische Luxusgüter Märkte auch in größeren Distanzen. Es dienten allerdings schon frühzeitig Überschußgebiete unter geeigneten Umständen als „Kornkammern" der Versorgung ferner gelegener Absatzgebiete.

Mit transporttechnischen Verbesserungen und der relativen Verbilligung des Transportaufwands öffneten sich zahlreichen landwirtschaftlichen Produkten und Regionen großräumliche und weltwirtschaftliche Handelsbeziehungen. Geeignete tropische Früchte gelangen auf Märkte in außertropischen Absatzgebieten, und die saisonale Abhängigkeit des Warenangebots kann durch Inanspruchnahme von Anbaugebieten auf der Süd- und auf der Nordhalbkugel gemindert werden. Damit wuchs der landwirtschaftliche Sektor über historisch traditionell gehandelte Spezialgüter, wie Gewürze, hinaus: Der Handel mit Agrargütern gewann an Breite und Tiefe des Sortiments in Ausrichtung auf die Märkte und ordnete sich zunehmend in weltwirtschaftliche Handelsbeziehungen ein.

Die Anbaugebiete auf der Erde und innerhalb von Ländern und Regionen sind durch den Verkehr sehr unterschiedlich erschlossen, so daß sie untereinander und auf dem Weltmarkt nur begrenzt konkurrieren können. Beispielsweise ist der Versand verderblicher tropischer Früchte, wie Bananen, nur möglich, wenn sich bei geeigneter Verkehrserschließung die Kette von Kühleinrichtungen ohne Unterbrechung von den Anbaugebieten bis in die Absatzmärkte hinein erstreckt und die erforderlichen Reifestadien des Erzeugnisses gewährleistet sind. Die Funktionsfähigkeit des internationalen Bananenhandels ist ein gutes Beispiel für globales Handeln. Im Sinne der THÜNENschen Theorie wirken weltwirtschaftlich integrierte Verkehrspunkte in den Herkunfts- und Zielgebieten als die Intensität des Anbaus und den Absatz steuernde Märkte. Betriebe, auf die diese Voraussetzungen nicht zutreffen, können daher nur für den Eigenbedarf produzieren und gegebenenfalls lokale oder regionale Märkte versorgen.

Die räumliche Ordnung der landwirtschaftlichen Betriebe und ihrer zu bewirtschaftenden Flächen, der Intensitätsgrad und die gegenwärtig gegebene Ausrichtung der Produktion knüpfen, in Anlehnung an die physisch-geographischen Bedingungen, an alte kulturräumlich differenzierte Traditionen an. Sie unterliegen aber, von betriebsbedingtem Wechsel in der Fruchtfolge abgesehen, kurz- und langfristig stetem, marktwirtschaftlich gesteuertem Wandel. Dieser hat sich mit fortschreitender Entwicklung, besonders seit der Umsetzung wissenschaftlich-technischer Erkenntnisse in der landwirtschaftlichen Praxis, beschleunigt. So wurden die genutzten Flächen dem Bedarf entsprechend ausgedehnt. Die Intensität der Produktion ist dort, wo die Verkehrserschließung dies zuläßt, mit enger werdenden Bindungen an die Märkte gesteigert worden, und die Produktionspalette hat sich verbreitert.

Eine Fülle von wissenschaftlichen Fortschritten in der Pflanzenzucht hat Möglichkeiten eröffnet, Flächen, die zunächst nicht geeignet waren, zu bewirtschaften. So konnten zum Beispiel die Anbauflächen von Sommerweizen durch Zucht von Arten mit verkürzter Vegetationsdauer oder Steigerung der Resistenz gegen niedrigere Temperaturen ausgedehnt werden (Verschiebung der spezifischen polaren Anbaugrenze). Von großer Bedeutung in der Landwirtschaft ist das Bestreben, Pflanzen mit höherem Ertrag je Flächeneinheit oder gesteigerter Qualität, wie Erhöhung des Zuckergehalts in Rüben oder Rohr, zu züchten. Andere Maßnahmen richten sich auf Schädlingsresistenz, auf Verbesserung der Marktchancen der Produkte durch Sicherung oder Verbesserung der geschmacklichen Qualität, auf Förderung einheitlichen Aussehens oder einheitlicher Größe und auf andere Merkmale. Zugleich wird das Ziel verfolgt, den Einsatz von boden- und Grund- oder Fließwasser belastenden Chemikalien zu vermindern, um die Nachhaltigkeit der verfügbaren Potentiale zu gewährleisten und externe Schäden zu vermeiden.

In einigen Marktsegmenten sind die Erträge so stark angestiegen, daß infolge von Engpässen auf der Absatzseite die Anbauintensität zeitweilig und gebietsweise, wie in Europa und Nordamerika, reduziert werden mußte.

In der Landwirtschaft haben sich, besonders in den Industriestaaten und in marktorientierten Anbaugebieten, die Erscheinungsbilder seit Beginn der Industrialisierung stark gewandelt. Zunächst wurde infolge des Aufkommens der Industrie, neuer Arbeits- und Absatzmärkte und der Einführung industrieller Verfahrensweisen die agrarische Praxis verändert. Vielfach von großer Bedeutung ist die Ausweitung der Marktbeziehungen, die sich, ausgehend von lokalen und regionalen Lieferungs- und Bezugssystemen, über große Teile der bewirtschafteten Erde erstrecken. Diese Veränderungen haben in die sozialen und wirtschaftlichen Strukturgefüge der traditionellen agrarräumlichen Systeme tief eingegriffen. Die vermehrten weltwirtschaftlichen Kontakte haben dazu beigetragen, daß in die originären, allmählich gewachsenen Agrarlandschaften urbane Lebensweisen transferiert worden sind. Diese Wandlungsprozesse haben noch nicht alle Agrarräume der Erde erreicht.

Die ländlichen Siedlungen und ihre Fluren sind Gebilde langer kulturhistorischer Entwicklungsperioden. Dem natürlichen Haushalt und den jeweiligen kulturellen Eigenarten entsprechend hatten sich Lebens- und Arbeitsformen entwickelt, die die Potentiale in Anpassung an die Gegebenheiten nachhaltig nutzten, und zwar ohne den heute verfügbaren Einsatz technischer Hilfsmittel, die seit Beginn der Industrialisierung zur Anwendung gekommen sind, zum Beispiel bei Anlagen zur künstlichen Bewässerung in den orientalischen Ländern.

Auch in jenen einfachen Entwicklungsformen zeigten sich die Ordnungsregelhaftigkeiten, die bei der Bewirtschaftung der Fluren auf eine Optimierung des Verhältnisses von Aufwand und Ertrag gerichtet waren. Das Grundprinzip, kürzester gewichteter Wegeaufwand zwischen Betriebsstätte und bewirtschafteter Flur, findet sich daher überall, wenn auch modifiziert durch die jeweiligen Naturbedingungen und Bewirtschaftungsgewohnheiten.

Bei ausschließlicher Berücksichtigung der ordnenden Kräfte im Thünenmodell liegt die Betriebsstätte inmitten der Flur. Die Intensitäten der Bewirtschaftung der zugehörigen Nutzflächen sind auf das technische und wirtschaftliche Zentrum, meist den Hof mit Scheunen und Ställen, aber auch gewerbliche Verarbeitungsstätten, wie Zuckerraffinerien, Weinkeltereien oder Getreidesilos, ausgerichtet. Modifikationen ergeben sich aus der Berücksichtigung besonderer örtlicher Faktoren, wenn zum Beispiel die Versorgung mit Wasser und Strom oder Erschließungswege andere Besiedlungsstrukturen nahelegen. Diese Gesichtspunkte sind bei der planmäßigen Erschließung des niederländischen Nordostpolders beachtet worden (Flureinheit; Ecklage von zwei oder vier Hofstätten an der Straße, wobei auch die Betriebsführung fördernde Gesichtspunkte der Erschließung und nachbarschaftlicher Kontakte Berücksichtigung fanden).

Abwandlungen ergaben sich in der Tradition des jeweils geltenden Rechts der Flurverfassung und der Erbfolgen. Bei Anwendung des Erbteilungsrechts wird meist die Einheit der Flur aufgehoben, und bei jedem Erbgang wird grundsätzlich die Betriebsfläche kleiner. Auch die Zusammenführung von Flurstükken bei Heirat löst das Problem der Stückelung nicht. Die Aufsplitterung der Flur verhindert eine rationelle Betriebsweise, vor allem beim Einsatz von Maschinen. Man bemüht sich, durch Verfahren der Flurzusammenlegung die Einheit wieder herzustellen oder die bewirtschaftete Fläche durch Pacht geeignet gelegener Parzellen zu arrondieren.

Besondere Formen sind im Zusammenhang mit naturräumlichen Gegebenheiten entstanden, wie insbesondere Hufenfluren bei Ausrichtung auf einen Erschließungsweg (Wald-, Moor- und Marschhufen).

Erbsitten, agrarhistorische und politische Faktoren haben die Entwicklung der Betriebsgrößen beeinflußt. Zum Teil, wie in der nordamerikanischen Besiedlungsepoche, wurden die Betriebsgrößen festgelegt. In Staatsverwaltungswirtschaften wurden staatliche Betriebe (Kolchosen und Sowchosen, Produktionsgenossenschaften) gebildet, deren Produktion arbeitsteilig gegliedert und zuweilen auf bestimmte Erzeugnisse, zum Beispiel Obst, konzentriert wurden.

In Marktwirtschaften, die, wie in der Europäischen Union, sowohl untereinander als auch, wenngleich eingeschränkt, international konkurrieren, werden die durch Agrarverfassungen vorgegebenen Strukturen durch die Marktentwicklungen überlagert. Sowohl die Produktionsrichtung als auch die Betriebsgrößen müssen den Marktgegebenheiten angepaßt werden.

Am Beispiel der Bundesrepublik Deutschland wird der Strukturwandel in der Landwirtschaft im Laufe der zweiten Hälfte des 20.Jahrhunderts verdeutlicht (Abb. 34a und b). Die Zahl der Betriebe mit über 1 ha Landnutzungsfläche hat sich zwischen 1949 und 1997 in den alten Bundesländern um mehr als zwei Drittel vermindert; die Zahl der Kleinbetriebe zwischen 1 und 5 ha ist jedoch um 83% zurückgegangen. In den Größenklassen über 20 ha ist die Zahl dagegen, zum Teil erheblich, gestiegen. Die von den Betrieben durchschnittlich bewirtschaftete Fläche ist von 8,1 ha auf 23,6 ha angestiegen. In den neuen Bundesländern sind zum Teil die ehemals staatlichen Großbetriebe bestehen geblieben, so daß dort 1997 eine durchschnittliche Größe von 178,0 ha erreicht wurde. Im Bundesland Mecklenburg-Vorpommern verfügten die landwirtschaftlichen Betriebe durchschnittlich sogar über 263 ha (1933 Mecklenburg 30,5 ha, Württemberg 7,9 ha).

Die landwirtschaftlich genutzte Fläche gliedert sich nach der Bewirtschaftungsart in *Ackerland*, *Grünland* (Wiesen und Weiden), *Gartenland* und *Sonderkulturland* (Obstkulturen, Reben, Baumschulen). Die Betriebe werden im allgemeinen nach dem Produktionsschwerpunkt systematisiert, wobei Untergliederungen auf die besondere Ausrichtung hinweisen, wie zum Beispiel die Kombination von Hackfrucht- und Getreideanbau.

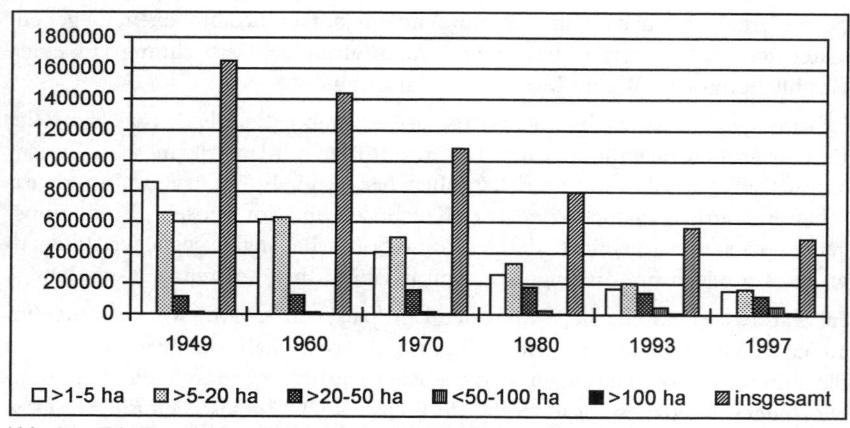


Abb. 34a Die Entwicklung der landwirtschaftlichen Betriebszahlen und -größen in Deutschland (altes Bundesgebiet): Zahl der Betrieb
Quelle: Statistisches Bundesamt (Hrsg.): Statistisches Jahrbuch für die Bundesrepublik Deutschland 1954 ff.

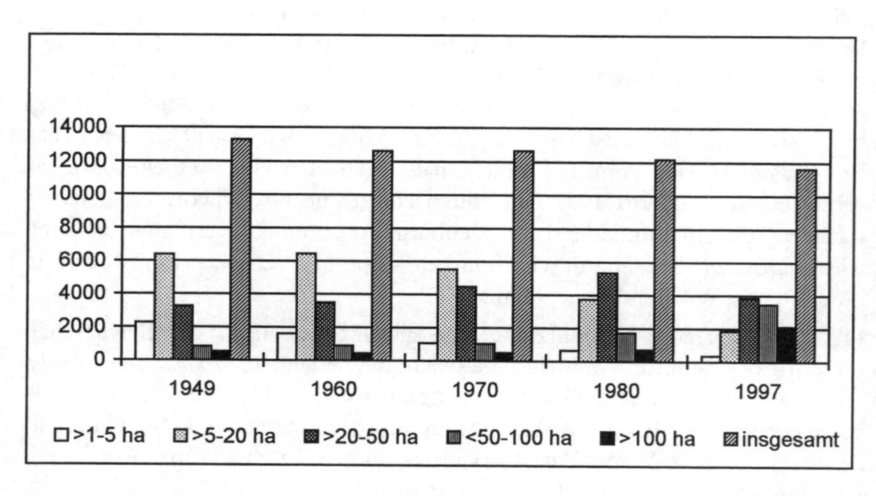


Abb. 34b Die Entwicklung der landwirtschaftlichen Betriebszahlen und -größen in Deutschland (altes Bundesgebiet): Flächen in 1000 ha
Quelle: Statistisches Bundesamt (Hrsg.): Statistisches Jahrbuch für die Bundesrepublik Deutschland 1954 ff.

Im Falle ausschließlicher oder partieller Selbstversorgung sind alle ortsüblichen Grundnahrungsmittel am Bewirtschaftungsprogramm beteiligt. Je intensiver die Ausrichtung auf Märkte ist, desto stärker ist der Grad der Spezialisierung, zum Beispiel in Plantagen (Kaffee, Tee, Kakao und Tabak, Zuckerrohr, Baumwolle, Viehzucht). In Extremfällen kann Viehzucht ohne eigene Nutzflächen betrieben werden; die Futtermittel werden importiert.

## 3.4 Bergbau

Der Bergbau dient neben der Förderung von fossilen Energierohstoffen der *Gewinnung mineralischer Rohstoffe*, die durch Aufbreitung und Verarbeitung vielseitiger Nutzung dienlich gemacht werden. Auch Gewinnungsstätten für Steine und Erden ordnen sich in diesen Zusammenhang ein. Die Lagerstätten sind ungleichmäßig über die Erde verteilt. Vorkommen, Aufbereitung, Veredelung und Verarbeitung und die Märkte der Erzeugnisse fallen meist räumlich auseinander, so daß weltwirtschaftliche Handelsbeziehungen zum Ausgleich von Mangel und Überschuß erforderlich sind.

Die Vorräte der mineralischen Vorkommen sind begrenzt. Die Kenntnisse über die vorhandenen und gegebenenfalls wirtschaftlich nutzbaren Quantitäten der einzelnen Rohstoffe werden durch lagerstättenkundliche Erforschung erworben; die Erkundung ist angesichts der damit verbundenen Kosten von den Marktsituationen und den durch diese beeinflußten jeweils erreichten Explorationsstadien abhängig. Die wirtschaftliche Bedeutung mineralischer Rohstoffe und einzelner Lagerstätten ist von technischen Entwicklungen und der jeweiligen wirtschaftlichen Bewertung abhängig.

Der an der Nachfrage gemessene *Knappheitsgrad der Rohstoffe bestimmt deren Preise* und die Intensität der Bemühungen, als Ersatz andere Rohstoffe oder Kunststoffe einzusetzen. Substitutionen werden außerdem durch technischen Fortschritt ermöglicht. So können Leichtmetalle und Kunststoffe, wegen ihres geringeren spezifischen Gewichtes als Rohstoff vor allem in Verkehrsmitteln gegenüber Schwermetallen im Vorteil, diese zum Teil verdrängen. Fortschritte in der Werkstofftechnik öffnen vielfach neue Einsatzfelder, wie zum Beispiel keramische Werkstoffe, die sich als vielseitig einsetzbar erweisen, besonders bei elektrischen Installationen und elektronischen Bauelementen.

In die Rohstoffwirtschaft ist neben der bergbaulichen Gewinnung der Materialien (*Primärgewinnung*) deren Aufbereitung und Verarbeitung einzubeziehen.

Der Materialkreislauf umfaßt auch Schrott (Produktionsabfälle und nicht mehr verwendungsfähige oder stillgelegte Güter) und andere Abfälle, die zunehmend planmäßig gesammelt und für eine Wiederverwendung (Recycling) aufbereitet werden (*Sekundärrohstoffgewinnung*). Einige rohstoffarme Metallproduzenten sind überwiegend auf die Verwendung von Schrott ausgerichtet (zum Beispiel Stahlwerke in Dänemark), andere beziehen Schrott neben Primärrohstoffen in das Herstellungsverfahren ein. In der deutschen Stahlproduktion beläuft sich der Anteil von Schrott am gesamten Metalleinsatz auf über 40%. Die erdweite Steigerung der Gesamtnachfrage nach Industriegütern erhöht tendenziell den Rohstoffbedarf, die spezifisch verbesserte Rohstoffnutzung stärkt im Kreislauf den Anteil der wiederverwendbaren Materialien.

Die technische Ausstattung der bergbaulichen Betriebe weist große Unterschiede auf; neben vorwiegender Handarbeit und der Verwendung einfacher technischer Hilfsmittel stehen hochtechnisierte, teilweise vollautomatische Abbauformen, die moderner Industrieproduktionstechnik entsprechen. Je nach Abbaugut und Lagerstättenverhältnissen wird in offenen Betrieben (Steinbruch, Tagebau oder Tieftagebau), in Stollen- oder in Untertagebaubetrieben gearbeitet (2.3.2). Steine und Erden werden überwiegend im Tagebau gewonnen. Im Untertagebergbau werden über 1000 Meter Tiefe erreicht, bei Öl- und Erdgasbohrungen weit mehr.

Den einzelnen Betriebsstätten kommt aus Sicht der Weltwirtschaft ein unterschiedlicher Rang zu; denn es werden sowohl Stoffe für lokale Belange (örtliche Ziegeleien) gewonnen als auch für großindustrielle Verarbeitung in den Wirtschaftsräumen der Erde (Bauxit).

Die Verwendung der Rohstoffe ist angesichts der geringen Wert-Gewichts-Relation und des oft massenhaften Bedarfs aus historischer Sicht - mit Ausnahme von Luxusgütern - lange auf die unmittelbare Umgebung beschränkt gewesen. Der Einsatz örtlicher oder regionaler Baurohstoffe, zum Beispiel Buntsandstein in Franken, und die Gewinnung mineralischer Rohstoffe, wie die Eisenerzeugung im Siegerland, blieben grundsätzlich auf ihre nähere Umgebung beschränkt. Erst die veredelten Erzeugnisse konnten bei entsprechendem Wert größere Absatzreichweiten erreichen.

Infolge der verkehrstechnischen Fortschritte haben sich die in der frühindustriellen Zeit noch notwendigen nahräumlichen Bindungen kontinuierlich gelockert. Unter einem Bündel von Voraussetzungen, die den Wert der Rohstoffe und den Transportaufwand berücksichtigen, sind Handelsbeziehungen bis über extreme Entfernungen hinweg möglich geworden sind, wie Lieferungen von Steinkohle aus Nordamerika oder Bauxit aus Australien nach Europa.

Die Standorte bergbaulicher Betriebe sind an Vorkommen gebunden. Entscheidungsspielraum ist nur in der Auswahl zwischen alternativen Nutzungen gegeben. Die Entscheidungen werden nach technischen und wirtschaftlichen Gesichtspunkten getroffen. Die Möglichkeiten der Abbautechnik verbessern sich kontinuierlich. Da sich die Reichweiten besonders von überseeischen Rohstofftransporten ausgedehnt haben, ist die Zahl interkontinental konkurrierender Lagerstätten gestiegen. So treffen sich auf dem deutschen Steinkohlenmarkt Erzeugnisse aus Australien, Nordamerika und Südafrika zu wesentlich niedrigeren Preisen als die heimischen Kohlen, die aufgrund der Bedingungen der Lagerstätten sowie abhängig und unabhängig davon aufgrund der Gewinnungskosten auf längere Frist nicht weltmarktfähig sind.

## 3.5 Industrie und Produzierendes Gewerbe

Seit dem 18. Jahrhundert hat sich die Industrie als eigenständiger Wirtschaftszweig entwickelt. Sie unterscheidet sich von handwerklichen Gewerben vor allem durch die Mechanisierung ihrer Produktion und Standardisierung ihrer Produkte. Bei den handwerklichen Betrieben steht die Versorgung eines nahräumlichen Einzugsgebietes durch Güterprodukten sowie durch Handel und Reparaturdienstleistungen im Vordergrund.

In der Industrie ist der Einsatz von Maschinen, Automaten und Robotern die Grundlage für die Produktion von Erzeugnissen in großer Zahl (Massenproduktion) und gleichbleibender Qualität. Besonders in der zweiten Hälfte des 20. Jahrhunderts kommen immer kompliziertere Aggregate zum Einsatz. Weit entwickelt ist der Einsatz von computergestützten Konstruktionen und Zeichnungen, von numerisch gesteuerten Werkzeugmaschinen, von Produkt- und von Planungssystemen (FAZ 26/1.2.1999).

Da das nähere Umland für derartig ausgerüstete Industriebetriebe nur begrenzt aufnahmefähig ist, mußte sich infolgedessen die räumliche Dimension des Absatzes gegenüber den meisten vorindustriellen Gewerben erheblich erweitern. Die Industriebetriebe als Erzeuger von Investitions- und Verbrauchsgütern in großen Serien oder von Spezialprodukten benötigen im allgemeinen umfangreichere Märkte bis hin zum erdweiten Absatz. Umgekehrt können industrielle Zulieferungen an Weiterverarbeiter so spezialisiert sein, daß zur Wahrnehmung von Kontaktvorteilen die räumliche Nachbarschaft zum (Haupt-)Abnehmer gesucht wird. In einzelnen Fällen gibt es auch eine großräumliche Versorgung von Einzugsgebieten mit industriellen Gütern, zum Beispiel dann, wenn innerhalb eines Konzerns Absatzgebiete aufgeteilt werden, etwa bei Raffinerieerzeugnissen. Absatzorientierte Standortwahl kann ein unternehmungsstrategisches Ziel sein, wenn der Marktzugang in einem Staat durch hohe Einfuhrzölle oder andere Importbeschränkungen erschwert wird.

Die Industriebetriebe folgen zwar Gesetzmäßigkeiten, die sich aus der Bindung an Standortfaktoren ergeben, sind aber ungleichmäßig über die bewirtschaftete Erde gestreut. Ihre Standorte können vereinzelt oder agglomeriert sein. Der historischen Entwicklung entsprechend ist die Industrie auch unter Berücksichtigung der unterschiedlichen Flächenanteile der Erdhalbkugeln auf der nördlichen sehr viel stärker vertreten als auf der südlichen.

Die Industrie hat ihre Wurzeln in Großbritannien; bis zum Beginn des 21. Jahrhunderts hat der Diffusionsprozeß die meisten Staaten der Erde erreicht. Da die neuen Industriezweige in größerem Umfang Energie (Dampfmaschine, später Elektrizität) benötigten, haben sich neben Einzelstandorten vielfach industrielle Standortgemeinschaften entwickelt. Durch die Ausrichtung auf Kohlenlagerstätten entstand ein Verbreitungsmuster, das infolge der langfristig nachwirkenden einstigen Standortbindungen in manchen Fällen bis weit ins 20. Jahrhundert erhalten geblieben ist, obwohl sich im Laufe dieses Jahrhunderts die Standortgrundlagen tiefgreifend verändert haben.

Insbesondere die Metallindustrie hat anfangs ihre Standorte häufig in der Nähe der Gewinnungsstätten von Primär- und nachfolgend Sekundärenergie gegründet, die sie für die Aufbereitung und Verarbeitung der Rohstoffe benötigte, so daß – vorwiegend auf der Nordhalbkugel – eine Reihe größerer Steinkohlenlagerstätten als Grundlage der Entwicklung von Agglomerationen diente. Die Anlagen der Bergwerke und der Grundstoffindustrie erforderten spezifisch hohe Investitionen. Hierdurch konnte auch unter stark veränderten Rahmenbedingungen eine Anpassung durch Stillegung oder Verlagerung zeitlich sehr stark verzögert werden, was starke finanzielle Belastungen der betroffenen Volkswirtschaften zur Folge hatte. Beispiele hierfür sind in Deutschland das Ruhrkohlenrevier mit der Eisen- und Stahlindustrie, in Großbritannien Anlagen in den Midlands und in Lancashire, in Frankreich Lothringen, in Belgien die wallonischen Reviere und in Nordamerika Standorte in Pennsylvanien. Beharrungstendenzen solcher Art, aber hier infolge einer lange Zeit gegebenen monopolähnlichen Situation, waren in den Textilindustiegebieten in Lancashire zu beobachten.

Die **räumliche Verteilung industrieller Betriebe** hat sich gleichwohl stark verändert. Dazu trägt eine Reihe von Faktoren bei. So hat sich das *strukturelle*

*Gefüge der Industrie* durch das Hinzukommen neuer Branchen verbreitert und in Richtung auf mehr spezialisierte Güter, zum Beispiel mit höherem Produktwert im Verhältnis zum Gewicht, differenziert; die *Produktvielfalt* nimmt zu, und die Verarbeitungsstufen sind vielseitiger gegliedert. Des weiteren, teilweise im Zusammenhang mit dem eben genannten Gesichtspunkt, vergrößert sich die *potentielle Standortmobilität* von Betrieben oder Produktionen. Auch wenn infolge von Rationalisierungen die anteiligen Arbeitskosten relativ zurückgehen, so können unterschiedliche *Arbeitskostenniveaus* unter Berücksichtigung der *Arbeitsproduktivität* globale Verlagerungen und Anpassungen der Produktionen notwendig werden lassen. Die *Nachfrage steigt* global, und der internationale Güteraustausch an sich wächst stark. Es verändern sich außerdem die Strukturen und Kapazitäten von Märkten. Dort hat sich die internationale Konkurrenz der Produzenten verstärkt. Die *Phasen von Produktinnovationen verkürzen sich*, die erhöhte Leistungsfähigkeit von Aggregaten (zum Beispiel durch Einsatz von Rechnern und Robotern) macht strategische Anpassungen erforderlich. Zudem wird der Güteraustausch durch mehr oder weniger lose internationale Zusammenschlüsse von Staatenbünden positiv oder restriktiv beeinflußt. Dies wirkt sich auf Standortentscheidungen aus, die zunehmend großräumlich und international gefällt werden müssen.

Bei den Unternehmungen mit globaler Streuung der Bezüge von Rohstoffen und Vorerzeugnissen sowie des Absatzes findet die Produktion eines Gutes unter liberalen Bedingungen irgendwo auf der Erde an einem Standort oder auf mehrere Standorte verteilt statt. Dabei können Möglichkeiten oder Restriktionen des Absatzes im Vordergrund stehen (siehe oben), oder die Wahl ist großräumlich von international unmittelbar vergleichbaren Kriterien abhängig, wie Arbeitsproduktivität, Kapitalkosten sowie Belastungen mit Steuern und anderen Abgaben. Die Bewertung der in die Vergleichsrechnungen Eingang findenden Daten wird allerdings durch Wechselkursschwankungen und Veränderlichkeit der Daten selbst erschwert. Die Bildung von Währungsunionen soll diese Unsicherheiten ausschalten.

Die Unternehmungen müssen angesichts der Intensivierung der internationalen Beziehungen ihre strategischen Positionen neu bestimmen. Vor allem Großunternehmungen sehen in der Konkurrenzsituation auf internationaler Ebene die Notwendigkeit internationaler Präsenz, die auf vielfältige Weise hergestellt werden kann. Für die erdweit agierenden Unternehmungen hat sich die Bezeichnung „Global Player“ ausgebreitet. Zu deren internationalen Aktivitäten tragen Unternehmungszusammenschlüsse und -auflösungen großer Konzerne, Unternehmungskäufe und -stillegungen bei.

In zahlreichen deutschen Großunternehmungen, vor allem in der chemischen, in der elektrotechnischen und elektronischen sowie in der Kraftfahrzeugindustrie, werden um die Wende vom 20. zum 21. Jahrhundert häufig die inländischen Investitionen von denjenigen im Ausland übertroffen. Vielfach handelt es sich dabei neben der Ausnutzung regionaler Standortvorteile jedoch um die Notwendigkeit, durch Standortwahl in einem Staat Marktzugang zu gewinnen und Marktanteile zu sichern.

Die Intensivierung der Interdependenzen zwischen Märkten sowie national und international konkurrierenden Unternehmungen trägt zur Beschleunigung der Prozesse räumlicher Umgestaltung mit dem Ziel bei, neuen Absatz zu gewinnen und sich auf die Veränderungen einzustellen sowie die Reaktionszeit der Anpassung zu verkürzen. Charakteristisch sind die sich um die Jahrtausendwende häufenden Kooperationen zwischen Unternehmungen bis hin zu Zusammenschlüssen branchengleicher oder -verschiedener Unternehmungen. Teilweise ist die Strategie der Unternehmungen auf die Gewinnung größerer Marktanteile der Kernbereiche durch Konzentration und Ergänzung des Produktionsrahmens gerichtet (chemische, Kraftfahrzeug-, Stahl-, elektrotechnische Industrie; Banken und Versicherung), teilweise wird zur Risikoabsicherung die Ausweitung der Geschäftsfelder angestrebt. Bei der ausgangs des 20. Jahrhunderts vollzogenen Gründung einer gemeinsamen Stahlgesellschaft von Thyssen und Krupp im Ruhrgebiet wird angestrebt, die globale Position insgesamt und besonders der Flachstahlproduktion zu stärken. Charakteristisch ist hierbei die *räumliche Arbeitsteilung* der bisherigen Standorte in Duisburg und Dortmund. Die rohstoffnahe Erzeugung von Roheisen und Massenrohstahl findet vorwiegend am Rhein im überlegenen Standort Duisburg statt, die Veredelung des Grundmaterials neben Duisburg im Binnenstandort Dortmund. Dieser zunächst angestrebten räumlichen Arbeitsteilung könnte letzten Endes eine stärkere Konzentration im Duisburger Raum überlegen sein. Auch die luxemburgische Stahlgesellschaft ARBED hat ihren Binnenstandort durch Erwerb von Küstenstandorten ergänzt.

Die Zusammensetzung der Industriebranchen und ihre jeweilige Marktposition unterliegen steter Veränderung, was die Produktpalette und die großräumliche Verteilung anbetrifft. Grundstoff- und Verbrauchsgüterindustrien, wie Eisen- und Stahlerzeugung sowie Textil-, Bekleidungs- und Ledergewerbe, bildeten den industriellen Anfang; neuere und neue Zweige, wie Elektrotechnik, Kraftfahrzeug- und Luftfahrzeugbau, die Elektronikindustrie und Nachrichtentechnik sowie die Biotechnik haben ihre Entwicklung später eingeleitet. Zahlreiche Erfindungen haben das Produktionsgefüge der chemischen Industrie seit ihrer Entstehung völlig gewandelt; aus diesem Industriezweig heraus haben sich Kunststofferzeugung und -verarbeitung verselbständigt.

Der technische Ausstattungsgrad der jeweiligen Produktion führt zur standörtlichen Differenzierung, wie beispielsweise bei kapital- und arbeitsintensiveren Zweigen der Textilindustrie. Die arbeitsintensiven Teile zahlreicher Industriezweige haben die Altindustrieländer mit hohen Arbeitskosten in großem Umfang verlassen und sind in die konkurrenzfähigen Niedriglohnländer abgewandert. In Deutschland sind insbesondere in der Textil-, der Bekleidungs- sowie in der ledererzeugenden und -verarbeitenden Industrie die Zahl der Betriebe und der Beschäftigten sowie die Produktion zurückgegangen, teils als Folge von Stillegungen, teils infolge von Verlagerungen (Abb. 26); Zielgebiete waren oder sind zum Beispiel Italien, Portugal, Südostasien und seit den neunziger Jahren die östlichen Nachbarländer. Die Zahl der Betriebe und der Beschäftigen der ledererzeugenden Industrie hat sich von 1950 bis 1995 in den westlichen Bundesländern um etwa 90% vermindert. Ein großer Teil der Branchen, die den industriellen Aufschwung in Deutschland im 19. Jahrhundert getragen haben, ist durch andere ersetzt worden. Neben den genannten Industriezweigen sind von den Prozessen räumlicher Umgestaltung oder Substitution Teile des Kohlebergbaus, des Metallerzbergbaus und wesentliche Teile der Grundstoffindustrie betroffen. In den Altindustrierevieren in Nordwesteuropa und in den nordöstlichen Staaten der Vereinigten Staaten von Amerika haben sich ähnliche Vorgänge strukturellen Wandels abgespielt.

Die Mikrostandorte von Industriebetrieben weisen vielfach Konstanz auf, wie zum Beispiel die Anlagen der großen Chemiekonzerne in Deutschland. Oftmals, wie in Städten, können Erweiterungen nur an nach außen verlagerten Standorten realisiert werden. Diese kleinräumliche Verlagerung wird häufig dadurch unterstützt, daß die Produktion nur auf eine Ebene konzentriert ist und hierdurch der Flächenbedarf ansteigt.

Zur nahräumlichen Verlagerung von Standorten tragen häufig auch kommunale Ordnungskonzepte bei, die unter dem Stichwort Entmischung gewerbliche Standorte aus Wohnviertel auslagern und sie in Gewerbezentren, Industrieparks und ähnlichen Einrichtungen mit unterschiedlicher Ausstattung zusammenfassen. Teilweise werden Neugründungen von vornherein in Industrieparks („Technologieparks") mit unterschiedlichen Organisationsformen zusammengeführt und dort in manchen Fällen befristet betreut.

Auch wenn Unternehmungen an ihren bisherigen Standorten verbleiben, können diese durch die Wahl neuer Standorte im Inland und besonders im Ausland geschwächt werden; es findet eine relative Verlagerung statt.

## 3.6 Baugewerbe

Als Wirtschaftszweig und in seinen räumlichen Bezügen nimmt das Baugewerbe eine Sonderstellung ein. Es handelt sich um eine auf spezielle Bedürfnisse ausgerichtete und daher dienstleistungsähnliche Produktion, vielfach in Einzelfertigung mit lokalem Charakter. Insbesondere beim Bau von Industrie- und Verkehrsanlagen können Bauunternehmungen unter Ausnutzung komparativer Kostenvorteile auch international tätig sein.

## 3.7 Dienstleistungen

### 3.7.1 Groß- und Einzelhandel

Groß- und Einzelhandel tragen dafür Sorge, daß die Erzeugnisse der Betriebe des Produzierenden Sektors dort in entsprechenden Qualitäten und Mengen angeboten werden, wo sie nachgefragt werden. Nur im Falle gering entwickelter Arbeitsteilung, bei engem technischem Verbund oder im Falle notwendiger Nahkontakte sowie in Sonderfällen, etwa bei örtlichen Zeitungen, kann die Güterproduktion unmittelbar auf die Abnehmer ausgerichtet sein. Aber auch in diesen Fällen muß die Verteilung gesondert organisiert werden.

**Großhandel** ist im wesentlichen die Handelstätigkeit zwischen Güterproduzenten untereinander sowie zwischen diesen und dem Einzelhandel. Diese Tätigkeit kann sich auf das Inland beschränken oder führt im Import und Export zu grenzüberschreitender Aktivität. Der Großhandel als solcher beliefert nicht die Endverbraucher.

Der **Einzelhandel** ist auf Absatz von Erzeugnissen an Endverbraucher (Haushalte) gerichtet. Wenn diese Tätigkeit überwiegt, spricht man von Einzelhandel im institutionellen Sinn. Der weitere Begriff, Einzelhandel im funktionellen Sinn, umfaßt alle Einrichtungen, also auch Großhändler und Warenproduzenten, die an Endverbraucher verkaufen.

Zwischen Produktion und Verbrauch sind **sammelnde und verteilende Unternehmungen des Handels** in unterschiedlich gestufter Zahl und in differenzierter Aufgabenstellung geschaltet. So wird beispielsweise Getreide in der nordamerikanischen Prärie in weiter räumlicher Streuung angebaut und verbraucht, wobei der größte Teil in den Agglomerationen der Vereinigten

Staaten von Amerika und Kanada abgesetzt wird und außerdem der Versorgung des Weltmarkts dient. Hieran sind die verschiedenen Stufen des Großhandels und der Einzelhandel beteiligt.

Zum Teil wird versucht, Handelsstufen auszuschalten. So wendet sich der **Versandhandel** unmittelbar an den Verbraucher und überspringt den gestreut verbreiteten Einzelhandel. Im sogenannten **Direktvertrieb** besuchen Vertreter oder Berater die Haushalte. In Europa werden auf diese Weise besonders Haushaltwaren und Kosmetika vertrieben (FAZ 219 vom 23.9.1998). Industriebetriebe, die ihre Erzeugnisse direkt in Handelsverkaufsstellen (Factory Outlet; 2.3.4.3) anbieten, übernehmen die Funktion des Großhandels und zum Teil des Einzelhandels; Großhandelsbetriebe setzen in Verkaufsstellen nicht nur an gewerbliche Betriebe, sondern auch an Endverbraucher ab.

Sammelnde Handelsbetriebe orientieren sich an den Anbaugebieten, verteilende richten sich auf die Absatzregionen aus. Es bilden sich Verbundsysteme unterschiedlicher Stufenzahl, die als Handelsketten bezeichnet werden.

**Speditionen** führen nicht mehr nur Transporte durch, sondern entwickeln eigene logistische Organisationstypen. Sie versuchen, in der Kette zwischen Produktion und Absatz eine Reihe von Gliedern zu besetzen (*Supply Chain Management*). Der Erfolg solcher Leistungsangebote liegt in der Optimierung der Transportkette zwischen Endnachfrage und Herstellung unter Berücksichtigung von Zeit und Kosten. Grundlage hierfür ist eine buchungstechnische Koppelung des Einzelhandels mit der Produktionsstätte (zum Beispiel die Meldung des Verkaufs eines Artikels im Laden an den Produzenten).

Die Lieferung und der Bezug von **Produktionsgütern, Halbfabrikaten und Enderzeugnissen** wird vielfach unmittelbar zwischen den beteiligten Industrie- und Gewerbebetrieben abgewickelt; teilweise sind Großhändler dazwischengeschaltet, die ihre Tätigkeit der Vermittlung zwischen Anbietern und Nachfragern durch Dienstleistungen ergänzen, die sich auf Bereitstellung der Güter in bestimmter Qualität und Quantität sowie Preislage zum erwünschten Termin erstrecken.

Der **Verkauf von Verbrauchsgütern an die Endverbraucher** wird auf unterschiedliche und sich ändernde Weise betrieben. Zu unterscheiden ist zwischen lokalisierten Verkaufsstellen und *ambulantem Handel*. Dieser füllt insbesondere Versorgungslücken in dünnbesiedelten Gebieten und verteilt Spezialerzeugnisse, wie Obst, Gemüse und Kühlwaren, die möglichst schnell ihr Ziel erreichen müssen (s. 2.3.4.3). Partiell stationäre Angebote finden sich auf *Märkten* sowie beispielsweise in rollenden Banken, Büchereien. Der *Einzelhandel in stationären Verkaufsstellen* kann, bei grundsätzlich gleicher Dienstleistungsfunktion, sehr einfach ausgestattet sein, wie Dukane in orientalischen Basaren, oder komfortabel, wie in Geschäftsvierteln großer Stadtzentren (Avenue des Champs Elyssées in Paris oder Fifth Avenue in New York).

Die Betriebsformen und Lokalisationstypen des Einzelhandels haben sich im Laufe der zweiten Hälfte des 20. Jahrhunderts weithin, besonders in den Industriestaaten, gewandelt. Hierzu haben die Entwicklung suburbaner Siedlungsweisen und des Individualverkehrs, die gestiegene Kaufkraft, veränderte Verbrauchs- und Beschaffungsgewohnheiten sowie Änderungen im Konkurrenzgefüge des Einzelhandels beigetragen. Geschäfte mit einem typischen Nahbedarfsangebot täglich oder kurzfristig nachgefragter Güter, vor allem von Nahrungsmitteln, sind zum Teil durch Einkaufsmärkte ersetzt worden, deren Standorte sich auf ein größeres Einzugsgebiet ausrichten müssen und daher ein weitmaschiges Standortgefüge aufweisen. Außerdem haben sich Einkaufszentren (Verbrauchermärkte, Fachmärkte, SB-Läden, Shopping Centres), differenziert in Ausstattung, Angebot, Größe und Organisationsformen, etabliert. Manche von ihnen nehmen gegenüber den lokalen Anbietern, die sie teilweise ersetzt haben, zusätzliche Funktionen höherer Zentralität wahr, die typischerweise überwiegend in den Stadtkernen in Warenhäusern und Fachgeschäften konzentriert waren. Das Management dieser neueren Einzelhandelsbetriebstypen wählt meist Standorte an der Peripherie der Städte oder zwischen Städten, wo die Grundstückspreise eine großflächige Bauweise und die Vorhaltung ausreichenden Parkraums zulassen (zur theoretischen Bewertung der Standorte s. 2.3.4.3). So umfaßt die Woodfield Mall 40 km nordwestlich von Chicago etwa 300 Läden auf 270000 $m^2$ Einzelhandelsfläche bei einer Gesamtfläche von 570000 $m^2$ (Der Handel, Heft 10/1996, S. 32 ff.). Zum Teil kehren die Einzelhandelsinvestoren in die städtischen Kerne zurück, wenn sie sich in Verkehrseinrichtungen mit einem intensiven Passantenverkehr niederlassen (s. 2.3.4.3).

### 3.7.2 Dienstleistungen (außer Handel, Verkehr, Energieversorgung)

Dienstleistungen sind alle wirtschaftlichen Tätigkeiten, die nicht im engeren Sinne den produzierenden Sektoren mit dem Ziel der Materialgewinnung, -verarbeitung und Montage von Gütern zuzurechnen sind und denjenigen zugute kommen, die solcher Leistungen bedürfen. Zwar ist zur Erbringung von Diensten im allgemeinen der Einsatz von Arbeitskraft erforderlich; dieser kann aber teilweise durch technische Hilfsmittel, wie am automatisierten Bankschalter, substituiert werden. Die Dienstleistungen werden kommerziell angeboten, können aber auch – gegen oder ohne Entgelt – auf andere Weise vermittelt werden, zum Beispiel in Konzert- oder Theater-Ensembles oder bei ehrenamtlichen Tätigkeiten der Beratung und Pflege sowie in Vereinen. Die Beschäftigung im Dienstleistungssektor - ohne Handel, Verkehr und Energie - wächst fast überall schneller als in den übrigen Sektoren. Dies ist auf eine Zunahme des Bedarfs an speziellen Dienstleistungen sowie auf die Ausweitung der Tätigkeitsfelder zurückzuführen. Expandierende Zweige sind unter anderen Finanzdienstleistungen, Wirtschafts-, Steuer- und Rechtsberatung, DV-Beratung, Büroorganisation, der sich breit fächernde Mediensektor, Telekommunikation und Fremdenverkehr.

Die Dienstleistungen sind vielseitig gegliedert, und ihre Differenzierung nimmt ständig zu, wobei sich infolge der Spezialisierung von Leistungen die Arbeitsteilung vertieft. Ein hierfür charakteristisches Beispiel ist das Fremdenverkehrsgewerbe, das sich vom gastronomischen Angebot bis zu vollständig organisierten Reisen mit Freizeitangeboten, Kongressen, Praktika und anderem ausgeweitet hat. Im produktionsbezogenen Dienstleistungssektor finden sich einerseits zahlreiche Tätigkeitsfelder wieder, die früher in die güterproduzierenden Betriebe und Unternehmungen integriert waren; andererseits haben sich neue Zweige mit hohem Spezialisierungsgrad von vornherein eigenständig entwickelt. Die räumliche Verbreitung derartiger Dienstleistungen ist von der Art der Tätigkeiten und der jeweiligen Ausrichtung auf einen Betrieb oder auf mehrere Betriebe einer Unternehmung und auf mehrere Unternehmungen abhängig.

In fortgeschrittenen Volkswirtschaften ist das Dienstleistungswesen stärker ausgeprägt als in weniger entwickelten Ländern (Abb. 24), so daß relative Häufungen von Standorten in den Industriestaaten und dort oftmals in den großen Agglomerationen zu finden sind. In einzelnen Industriestaaten werden bereits mehr als 70 % in diesem Sektor einschließlich Handel und Verkehr beschäftigt. Die höher- und höchstzentralen Einrichtungen dieses Teilsektors sind in den großen Wirtschaftszentren, wie New York, London und Paris, konzentriert.

## 3.8 Quartärer Sektor: Verbrauch

Im Verbrauchssektor ist die Nachfrage nach Gebrauchs- und Verbrauchsgütern sowie nach Dienstleistungen zusammengefaßt. Sie steuert direkt oder indirekt die in den übrigen Sektoren erbrachten Leistungen. In diesem Sinne absatzorientierte Produktionen und verbrauchsorientierte Dienstleistungen, vor allem des Einzelhandels, der Administration und des kulturellen Bereichs, richten sich auf die jeweils wirksame Nachfrage aus. Ausnahmen hiervon bilden Sonderfunktionen höherer Zentralität, wie Auktionen, und Versandhandlungen, die anstelle fehlender örtlicher oder regionaler Versorgungseinrichtungen deren Funktion übernehmen, sie ergänzen oder auf überregionale Nachfrage ausgerichtet sind. Die verbrauchsbezogenen Dienstleistungen sind somit überwiegend regional orientiert und auf der Seite des Absatzes in den Globalisierungsprozeß nicht unmittelbar einbezogen.

Der quartäre Sektor ist funktional geprägt. Die Nachfrage ist in ihrem Umfang und ihrer räumlichen Verbreitung von der Kaufkraft, den Verbrauchsgewohnheiten und kulturellen Bedingungen abhängig. Zwar zeigen sich Tendenzen einer Angleichung des Waren- und Leistungsangebots, besonders in den weltwirtschaftlich eng verflochtenen Industriestaaten; gleichwohl sind die Nachfragemärkte der internationalen Kulturräume individuell und durch Vielfalt geprägt. Daher findet eine dies berücksichtigende international vergleichende Marktforschung vielfältig differenzierte Aufgabenfelder vor.

# 4 Weltwirtschaft und weltwirtschaftliche Verflechtungen (Globalisierung)

## 4.1 Die Grundlagen weltwirtschaftlichen Austauschs

Der Begriff **Weltwirtschaft** umfaßt die in den Leistungsbilanzen ausgewiesenen grenzüberschreitenden wirtschaftlichen Aktivitäten sowie den Kapitalverkehr zwischen den Staaten der Erde. Die *Austauschbeziehungen* zwischen unterschiedlich ausgestatteten Räumen unterstützen die Tendenz wirtschaftlicher und kultureller Anpassung von Staaten, Wirtschafts- und Kulturräumen; sie tragen, unter marktwirtschaftlichen Bedingungen, nicht nur zur Verbreiterung und Vertiefung der internationalen Arbeitsteilung und zur Verbesserung des wirtschaftlichen Entwicklungsstandes der teilnehmenden Staaten bei, sondern fördern die gegenseitigen interkulturellen Beziehungen.

In Staatenbünden, die durch die Bildung von Zollunionen untereinander Binnencharakter haben, ist der definitorische Ansatz von „Grenzüberschreitungen" zu modifizieren.

Die weltwirtschaftlichen Vorgänge und die mit diesen zusammenhängenden Transporte von Personen sowie von materiellen und immateriellen Gütern und Leistungen sind nicht nur an sich wirtschaftsgeographische Arbeitsfelder, sondern ihre Wirkungen auf das innere Gefüge der an den Außenbeziehungen beteiligten Staaten machen sie zu einem wirtschaftsgeographischen Kernbereich.

Die **weltwirtschaftlichen Beziehungen** umfassen

a) den *Austausch von Gütern* der Landwirtschaft, Forstwirtschaft und Fischerei, bergbaulich gewonnener Rohstoffe und von industriellen Vorprodukten, Halbfertigerzeugnissen und Fertigwaren (Außenhandel)
b) *verbrauchs- und produktionsorientierte Dienstleistungen* einschließlich des Fremdenverkehrs sowie
c) den *Kapitalverkehr.* Dieser setzt sich aus Übertragungen, Patenten, Direktinvestitionen (insbesondere von Unternehmungen, häufig mit anderen unternehmerischen Aktivitäten verbunden), Portfolioinvestitionen (Finanzmitteltransfer vorwiegend von Privatpersonen) und sonstigen Kapitalbewegungen, wie bilateralen oder multilateralen internationalen Kreditvergaben und Darlehensaufnahmen zusammen.

Für weltwirtschaftliche Beziehungen sind *zweiseitige (bilaterale) und mehrseitige (multilaterale) internationale Verflechtungen* charakteristisch. Durch sie wird der Kontakt zwischen Unternehmungen und Betrieben, Unternehmungsteilen, zum Beispiel innerhalb von Konzernen, zwischen Zentrale und Betrieben, Filialen, Agenturen oder anderen Formen von Stützpunkten sowie zwischen sonstigen Verbundsystemen hergestellt.

Die Handelsbeziehungen mit Gütern und mit räumlich gebunden angebotenen Diensten sowie der Verkehr von Personen zwischen Haushalten, Betrieben und zwischen räumlichen Einheiten beruhen auf

a) der *natürlichen, kulturellen* und *wirtschaftlichen Unterschiedlichkeit* ihrer Ausstattung
b) den jeweiligen speziellen *kulturellen Ausprägungen* und *Entwicklungssituationen* der Staaten und Räume
c) den daraus folgenden *differenzierten Güter-* und *Leistungsangeboten*, besonderen regional ausgeprägten Qualifikationen und Spezifikationen
d) den diesen gegenüberstehenden *differenzierten Nachfragestrukturen*
e) arbeitsteilig gegliederten Produktionen und der *Ausnutzung komparativer Kostenvorteile* auf Grund relativer und absoluter Produktivitätsunterschiede (RICARDO 1817/1923; HENRICHSMEYER, GANS, EVERS 1993) auch bei gleichartigen Erzeugnissen. Gemäß diesem Konzept eröffnen sich auch für die insgesamt mit höheren Kosten produzierenden Staaten Möglichkeiten, mit dem relativ günstigsten Angebot am Weltmarkt teilzuhaben.

Unter der Voraussetzung herrschender marktwirtschaftlicher Bedingungen beeinflussen die **globalen Raumbeziehungen** zwischen Staaten und Staatengruppen sowie zwischen Unternehmungen grundsätzlich beide Partner(staaten) positiv; dies läßt sich entsprechend auf multilaterale Systeme übertragen, wobei die Wahrnehmung von Vorteilen umfassender gestaltet werden kann.

In der **Außenwirtschaftstheorie** wird einerseits die Auffassung vertreten, daß bei Wahrnehmung komparativer Kostenvorteile durch Produktspezialisierung der Entwicklungsstand der Partnerländer zur Annäherung tendiert; andererseits wird unterstellt, daß sich die Abstände bei ungleichem Entwicklungsstand der beteiligten Staaten vergrößern. Aus empirischer Sicht wird deutlich, daß weithin die erste Variante verwirklicht ist, wie der Verlauf der Industrialisierung im 19. Jahrhundert in Europa und Nordamerika und im 20. Jahrhundert in Ostasien sowie in Lateinamerika zeigt.

Infolge der auf verschiedenen Ebenen wachsenden Dichte weltwirtschaftlicher Kontakte greifen diese nicht nur in das gegenseitige Verhältnis der Staaten untereinander und die Konkurrenz auf den verschiedenen weltwirtschaftlichen Teilmärkten ein; sie verändern durch **globale Fernwirkungen** jeweils auch die Strukturen der Binnenwirtschaft und erhöhen deren Abhängigkeit von den Außenbeziehungen. Die Vielfalt und das Volumen der internationalen Beziehungen haben besonders in der zweiten Hälfte des 20. Jahrhunderts eine eigene Dynamik entwickelt, deren Wirkungen die jeweiligen Partner – Unternehmungen, Regionen oder Staaten – in einem der Art und Intensität der Beziehungen entsprechendem Maße betreffen. Infolge des enger gewordenen multilateralen Austauschs wirken sich eigenständige Entwicklungen in einem Staat auf mit diesem verbundene andere Staaten aus. Struktur- oder Wachstumsschwächen, die die Währungsrelationen beeinflussen, schlagen über relative Ab- oder Aufwertungen auf die Waren- und Kapitalströme zwischen den Partnerländern durch.

Lehrbeispiele hierfür bieten die Strukturkrisen einiger ost- und südostasiatischer Staaten. Deren Aufschwungphasen in den achtziger und Krisenphasen in den neunziger Jahren haben nicht nur ihre Wirkungen auf den dortigen Kapital- und Arbeitsmärkten hinterlassen, sondern sie haben in die Strategien einzelner Unternehmungen und ganzer Branchen in den Vereinigten Staaten von Amerika und in Europa sowie internationaler öffentlicher und privater Kreditinstitute eingegriffen. Augenfällig sind infolge der engen kommunikativen Vernetzung die schnellen Reaktionen der Börsen eines Landes auf Vorgänge in einem anderen.

Der Trend, die weltwirtschaftlichen Potentiale zu nutzen, verstärkt sich, ist aber in den Regionen, in den Wirtschaftszweigen und in den Unternehmungen sehr unterschiedlich ausgeprägt. Auch scheinen sowohl die Reaktionsfähigkeit auf globale Veränderungen und sich neu darstellende Aktionsmöglichkeiten als auch die Reaktionsgeschwindigkeit von Volkswirtschaften insgesamt und ebenso ihrer einzelnen Zweige und Unternehmungen unterschiedlich ausgeprägt zu sein. In erster Linie müssen sich export- und importsensible Branchen der Industrie, des Ferngroßhandels und von Dienstleistungen, etwa in der Werbewirtschaft, im Bank- und Versicherungswesen, mit dem weltwirtschaftlichen Strukturwandel auseinandersetzen; andere Zweige, wie der Einzelhandel auf der Seite des Absatzes, mögen zunächst unmittelbar weniger betroffen sein; jedoch werden auch sie mit globaler Konkurrenz konfrontiert. Daneben operieren Einzelhandelsunternehmungen, wie McDonald's, erdweit, ordnen sich aber mit den Verkaufsstellen in das absatzbezogene Nahraummilieu ein.

Die Liberalisierung von größeren Teilmärkten, wie Flugverkehr, Energieversorgung und Nachrichtenwesen, besonders in den Vereinigten Staaten von

Amerika und in den Staaten der Europäischen Union, deuten, neben den Binneneffekten, die grenzüberschreitenden Möglichkeiten an, das globale Instrumentarium mit Erfolg zu nutzen.

Gleichwohl sind Tendenzen der Beharrung im Anpassungsprozeß deutlich. So werden innerhalb der Europäischen Union die dem einzelnen durch Harmonisierung der Bedingungen in den Mitgliedsstaaten eingeräumten Möglichkeiten, zum Beispiel Freizügigkeit von Arbeit und Ausschreibungen, nur sehr zögerlich wahrgenommen.

Der Welthandel wird durch die jeweiligen Rahmenbedingungen der Staaten in unterschiedlichem Maß beeinflußt. Insbesondere Einfuhrhemmnisse zum vermeintlichen oder tatsächlichen Schutz der einheimischen Wirtschaft und Exporte zu Dumpingpreisen stören die sich marktwirtschaftlich regelnden internationalen Austauschbeziehungen und das Leistungspotential der jeweiligen Partner. Eine Abschottung von Volkswirtschaften nach außen hat im allgemeinen Stagnation der betroffenen Sektionen und die Einbuße ihrer Konkurrenzfähigkeit auf dem Weltmarkt zur Folge. Die spezifische Leistungsfähigkeit einer Volkswirtschaft und die Wahrnehmung von komparativen Vorteilen gegenüber anderen Ländern würden durch Fehlleitung der Investitionen und überhöhte Kosten der Beschaffung von Gütern und Leistungen vermindert.

Als Reaktion auf Importrestriktionen von Staaten oder Staatenbünden, zum Beispiel durch festgelegte Importkontingente oder durch Belastung mit hohen Zöllen, werden, sofern politisch möglich und wirtschaftlich sinnvoll, zum Zweck eines besseren Marktzugangs im Zielgebiet zunehmend Produktionskapazitäten durch Verlagerung, Beteiligung an bestehenden Unternehmungen oder Errichtung neuer Anlagen geschaffen. Im Ausgangsland würden die Produktion und der Export um den ausgelagerten Anteil vermindert, es sei denn, die Gründungen erzielten im Gastland zusätzlichen Absatz. Zum gleichen Ergebnis kann es führen, wenn im Ausland Standortvorteile wahrgenommen werden, zum Beispiel vergleichsweise niedrigere Arbeitskosten, höhere Arbeitsproduktivität, niedrigere Steuern, niedrigere Energiekosten (Rohaluminiumerzeugung) oder trotz verbesserter Kommunikation als erforderlich angesehene Marktnähe.

Mit zunehmender Arbeitsteilung und Spezialisierung der Produktionen und der Dienstleistungen verdichtet sich das Flechtwerk auch der grenzüberschreitenden Beziehungen, und die Austauschfrequenzen aller genannten Kategorien werden intensiver. Dies läßt sich an der Entwicklung von Produktion und Außenhandel messen; dieser wuchs in der zweiten Hälfte des 20. Jahrhunderts erdweit schneller als die Produktion (1986–1996 durchschnittliche Zunahme des Exports +5,9%, der Produktion +2,6%). Bei der Interpretation der Außenhandelsströme ist zu berücksichtigen, daß durch die Schaffung von Produktionskapazitäten im Ausland Exporte substituiert und gegebenenfalls zusätzliche Einfuhren induziert werden.

Die Außenbeziehungen können somit ein wesentlicher Faktor der Gesamtwirtschaft von Gebietseinheiten sein. Bei ähnlichem Entwicklungsstand erreicht in vergleichbaren Situationen die Außenwirtschaft in kleineren Staaten meist höhere Anteile an der Bruttowertschöpfung als in größeren. In jenen muß angesichts der geringeren Flächenerstreckung im allgemeinen der Mangel an heimischen Rohstoffen durch Importe ausgeglichen werden; zudem reicht die Aufnahmefähigkeit der heimischen Märkte für eine Produktion großer Serien vielfach nicht aus, so daß die Exportabhängigkeit steigt (zum Nettobeitrag der außenwirtschaftlichen Verflechtungen: Beispiele in Abb. 35).

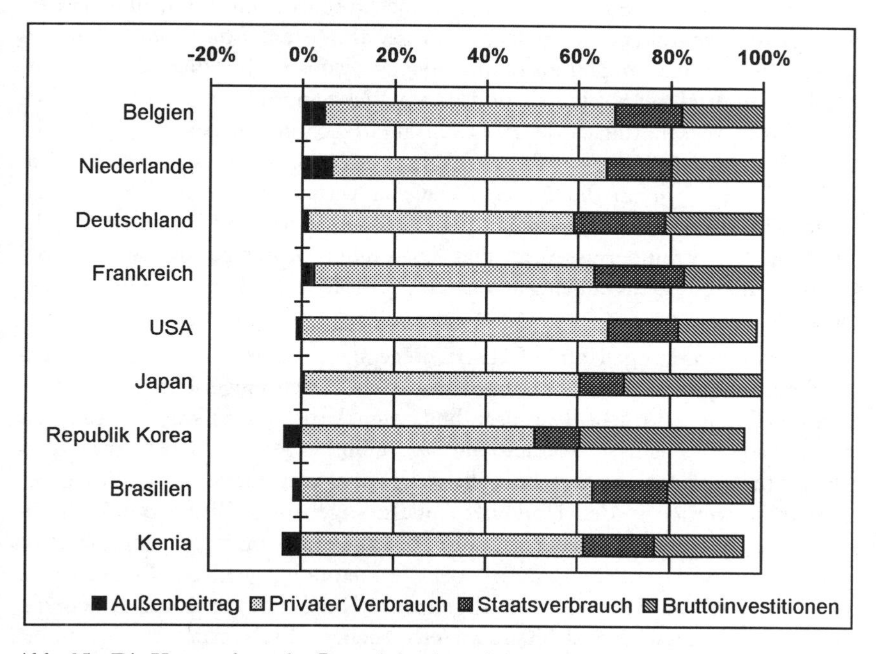


Abb. 35 Die Verwendung des Bruttoinlandsproduktes in ausgewählten Staaten der Erde (1996) in Prozent
Quelle: Statistisches Bundesamt (Hrsg.): Statistisches Jahrbuch 1998 für das Ausland

In der Bundesrepublik Deutschland summierten sich 1997 die Ausfuhr, der Dienstleistungsverkehr und die Übertragungen auf 28,9% des Bruttoinlandsprodukts. In Belgien war der Export 1996 allein mit 68,5%, in Luxemburg mit 91,1% an dieser Meßgröße beteiligt. Auf der Gegenseite erreichten die Importe eine ähnliche Größenordnung. In den Vereinigten Staaten von Amerika betrug der Anteil des Exports am Bruttoinlandsprodukt 1996 nur 11,4% und in Japan 9,9%.

Die weltwirtschaftlichen Beziehungen beeinflussen mittelbar und unmittelbar die Strategien der Produzenten landwirtschaftlicher und industrieller Güter sowie von Dienstleistungen, zum Beispiel im Kredit- und Versicherungsgewerbe, und sie wirken auf die Arbeits- und Kapitalmärkte in den beteiligten Staaten ein. Sofern die Konkurrenzmechanismen wirksam sind, tendieren sie zum Ausgleich regionaler Unterschiede.

Voraussetzungen für das Funktionieren gegenseitiger weltwirtschaftlicher Beziehungen sind der politische Wille und die Durchsetzungskraft, ungehinderten grenzüberschreitenden Austausch zu gewährleisten. Zölle zum Schutz eigener Produktionen mögen im Rahmen eines Zyklus in der Phase früher industrieller Entwicklung förderlich und akzeptabel sein, auf lange Sicht sind sie ebenso wie wirtschaftlich oder politisch autarke Systeme dem freien Handel hinderlich; sie schränken die Möglichkeiten internationaler Arbeitsteilung ein und beeinträchtigen in der Regel die eigene wirtschaftliche Situation. Auch Kartellbildungen in Wirtschaftsunionen sind häufig ursächlich für die Errichtung von Importhindernissen an den Außengrenzen der zusammengeschlossenen Ländergruppen mit negativen Langzeitfolgen in den betroffenen Sektoren.

Um Preisschwankungen am Markt zu begegnen, werden Ausgleichssysteme zur Stabilisierung von Erlösen aus Rohstoffverkäufen eingerichtet. Insbesondere die durch natürliche Einflüsse bedingten Ernteschwankungen landwirtschaftlicher Erzeugnisse können in exportabhängigen Entwicklungsländern konjunkturelle oder strukturelle Schwierigkeiten verursachen. Als Vorsorgemaßnahme werden in den Herkunftsländern sogenannte Buffer-Stocks (Zwischenlager) eingerichtet; dabei werden Überangebote vorübergehend aus dem Markt genommen und in Perioden der Verknappung wieder auf die Märkte zurückgeführt. Ein Beispiel ist die sogenannte Kaffeevalorisation in lateinamerikanischen Staaten. Bei drohendem erheblichem Preisverfall infolge überdurchschnittlich guter Ernten wurde ein Teil der Ernte vernichtet, um das Angebot künstlich zu verknappen. Die Organisation erdölexportierender Länder (OPEC; elf Mitglieder) verfolgte besonders in den siebziger Jahren unter anderem das Ziel, durch Angebotskontingentierungen die Exportpreise zu beeinflussen. Die wechselnde Belastung der Einfuhren Deutschlands zeigt Abb. 36. Im Jahre 1967 wurden für Erdöl- und Erdgasimporte (einschließlich bituminösen Gesteins) 4,7 Mrd. DM (Gesamteinfuhr 70,2 Mrd DM), 1973 9,9 Mrd. DM und 1974 24,3 Mrd. DM ausgegeben. Die zweite Welle ließ die Importe 1981 und 1982 auf über 60 Mrd. DM ansteigen.1994 lagen die Einfuhren bei knapp 28 Mrd. DM (insgesamt 600,1 Mrd. DM).

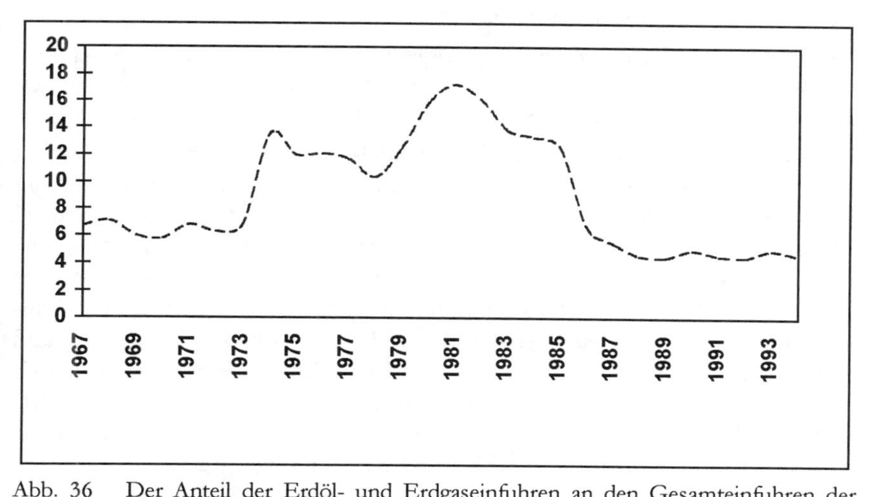


Abb. 36 Der Anteil der Erdöl- und Erdgaseinfuhren an den Gesamteinfuhren der Bundesrepublik Deutschland in Prozent
Quellen: Statistisches Bundesamt (Hrsg.): Statistisches Jahrbuch für die Bundesrepublik Deutschland 1973 ff.

## 4.2 Weltwirtschaftlich bedeutsame internationale Organisationen

Im Rahmen zahlreicher bilateraler und multilateraler internationaler Vertragswerke wird angestrebt, Grenzbarrieren mit prohibitiven Zöllen zu verringern oder ganz abzuschaffen und einen ungehinderten Welthandel zu ermöglichen. Es besteht die Tendenz zur Liberalisierung der allseitigen zwischenstaatlichen Wirtschaftsbeziehungen, insbesondere durch freien Welthandel und Öffnung der Kapitalmärkte, die sich in Prozessen der Bildung von Institutionen mit dem Ziel engerer wirtschaftlicher Kooperation und globaler Systeme spiegelt. Die Vertiefung weltwirtschaftlicher Beziehungen wird durch die Entwicklungen in der Telekommunikation und der Verbreitung ihrer Anwendungsmöglichkeiten sowie durch die Leistungssteigerung der übrigen modernen Verkehrssysteme gestützt und zum Teil erzwungen. Einige Organisationen haben sichtbare Fortschritte gebracht, wie das GATT, die OECD und Europäische Union. In anderen Fällen, zum Beispiel in Südostasien, sind grenzübergreifende Erfolge bisher weniger ausgeprägt.

Zahlreiche Organisationen und Unterorganisationen sind im Rahmen der Vereinten Nationen (UN) mit dem Ziel geschaffen worden, in den sogenannten Entwicklungsländern wirtschaftlichen und sozialen Fortschritt zu fördern.

Dem Ziel der Liberalisierung des Welthandels durch den Abbau von Zöllen und die Beseitigung von Diskriminierungen gegenüber Mitgliedsstaaten (Meistbegünstigungsklausel) diente seit 1. Januar 1948 das GATT (General Agreement on Tariffs and Trade), an dessen Stelle am 1. Januar 1995 die Welthandelsorganisation WTO (World Trade Organization) getreten ist. Das GATT hat sich durch die Förderung des Welthandels bewährt; dessen Volumen ist während der Geltungsdauer des Abkommens kräftig gewachsen, und es konnten zahlreiche Staaten stärker in den weltwirtschaftlichen Austausch einbezogen werden. Die Nachfolgeorganisation ist umfassender konzipiert und schließt auch Dienstleistungen ein; das neue Abkommen enthält die Möglichkeit der Durchführung von Schlichtungsverfahren im Streitfall.

Der Entwicklung wirtschaftlich weniger entwickelter Staaten und damit dem Ziel, diese Staaten stärker in den weltwirtschaftlichen Austausch zu integrieren, dienen der Weltwährungsfonds (International Monetary Fund) und die Weltbank (International Bank for Reconstruction and Development, seit 1946), die 177 Mitgliedsstaaten umfaßt. Sie ist auch bei internationaler Zahlungsunfähigkeit einzelner Staaten gefordert.

In weiteren Abkommen werden besondere Handels- und Verkehrsbeziehungen geregelt, zum Beispiel im Weltzuckerabkommen und in der Seerechtskonferenz zur Verteilung auf dem Meeresboden gelegener Rohstoffe.

Eine Reihe regionaler Zusammenschlüsse dient wirtschaftlichen und politischen Zielen. Umfassend ist die Konstruktion der aus der Sechsergemeinschaft der 1950 gegründeten Europäischen Wirtschaftsgemeinschaft entstandenen Europäischen Union, die 1999 fünfzehn Vollmitglieder hat. Die Europäische Gemeinschaft wird durch einige assoziierte Staaten ergänzt. Für den internen Austausch entscheidend ist der Wegfall der Binnenzölle; die Verträge gewährleisten den freien Waren-, Dienstleistungs- und Kapitalverkehr sowie

Freizügigkeit der Beschäftigten. Nach außen sind noch wettbewerbswidrige Restriktionen wirksam.

Andere Gemeinschaften haben sich in Asien, Afrika und Amerika gebildet. Die südostasiatischen ASEAN-Staaten (Association of South East Asian Nations; neun Mitglieder) streben wirtschaftliche Kooperation und Förderung des Außenhandels zwischen ihren Mitgliedern an. Die Organisation der APEC-Staaten (Asia-Pacific Economic Co-operation Group) umfaßt 16 Mitglieder, die Zollunion MERCOSUR schließt die vier Staaten im südlichen Südamerika ein, der NAFTA (Nordamerikanische Freihandelszone) gehören die Vereinigten Staaten von Amerika, Kanada und Mexiko an. Die einst bedeutende EFTA (Europäische Freihandelsassoziation) besteht nur noch aus Island, Norwegen, der Schweiz sowie Liechtenstein; im Rahmen des Vertrages über den Europäischen Wirtschaftsraum sind sie mit den EU-Staaten eng verbunden. Bedeutsam in ihrer Wirkung auf die Mitgliedsländer ist die Organisation für wirtschaftliche Zusammenarbeit und Entwicklung (OECD). Ihr gehören die Mitgliedsstaaten von EU, EFTA und NAFTA sowie weitere sieben Staaten an.

## 4.3 Der Welthandel

### 4.3.1 Die Entwicklung des Welthandels

Zur **Entwicklung der weltwirtschaftlichen Beziehungen** haben die technischen Fortschritte traditioneller und die Erfindung *neuer Verkehrssysteme* erheblich beigetragen (s. 2.4.2). So konnte sich der Welthandel seit dem 19. Jahrhundert sowohl nach der Art und dem Umfang gehandelter Güter und Dienstleistungen als auch hinsichtlich der Entfernungen, über die hinweg sich die weltwirtschaftlichen Vorgänge erstrecken, erheblich ausweiten und verdichten. Zwar nimmt nach der von LILL (1891) formulierten Gesetzmäßigkeit mit wachsender Entfernung der Widerstand gegenüber der Raumüberwindung zu. Jedoch verkürzen neue Verkehrssysteme und der Einsatz neuer Verkehrsmittel die Transportzeiten, erhöhen den Komfort im Personenverkehr und verbessern die Standards im Gütertransport. Umgekehrt setzt die erfolgreiche Teilnahme an der Weltwirtschaft voraus, sich der technisch hochentwickelten Verkehrssysteme auch zu bedienen.

Der Handel zwischen Kultur- und Wirtschaftsräumen ist seit je gepflegt worden. Vor den tiefgreifenden Veränderungen durch technische Umwälzungen waren die wirtschaftlichen Raumbeziehungen weitgehend auf lokale oder regionale Reichweiten beschränkt. Charakteristisch war der auch gegenwärtig noch weit verbreitete Austausch agrarischer Erzeugnisse und städtisch-gewerblicher Güter und Dienste zwischen den Marktorten und ihrem jeweiligen ländlichen Umland (**nahräumliche Beziehungen**).

Gleichwohl haben **Fernhandelsbeziehungen** trotz der einst damit verbundenen Mühsal der Distanzüberwindung eine lange Tradition. Gegenstände frühen Austauschs über unterschiedliche Entfernungen hinweg einschließlich trans- und interkontinentaler Verbindungen waren nicht-ubiquitäre kostbare Güter, die entweder lebensnotwendig waren, wie Salz, oder auf Grund ihres hohen Wertes und ihres Seltenheitsgrads einen großen Transportaufwand rechtfertigen mochten, wie hochwertige Gewebe, Edelsteine und Edelmetalle oder Metalle und Metallerzeugnisse.

Angesichts der verkehrstechnischen Erschwernisse und im Zusammenhang mit Sicherheitsmängeln während des Transports waren sie insgesamt von relativ untergeordneter Bedeutung, konnten aber, wie im Römischen Reich oder in China, partiell einen gewichtigen Rang innehaben und zur Entwicklung bedeutender Verkehrsknotenpunkte als Fernhandelsorte (Hansestädte) beitragen. Der Intensitätsgrad der Fernhandelsbeziehungen einzelner Standorte wurde durch Messen und ähnliche Veranstaltungen (Frankfurt, Leipzig, Nürnberg) geprägt.

Mit den technischen Fortschritten seit dem 18. Jahrhundert haben sich die Durchführung von Ferntransporten tiefgreifend und eine intensivere Kommunikation durch Nachrichtentransfer stetig verbessert. Die modernen Verkehrssysteme haben seit dem 19. Jahrhundert eine erhebliche Verstärkung und qualitative Veränderungen der weltwirtschaftlichen Beziehungen eröffnet. Der Einsatz der in voller Entwicklung befindlichen modernen Kommunikationstechniken bietet in einzelnen Bereichen des Dienstleistungssektors Möglichkeiten, die bei Berücksichtigung des Zeitfaktors den Fortschritt von den viele Monate dauernden Karawanenzügen mit Gütern und Nachrichten bis hin zur sofortigen Nachrichtenübermittlung auch über größte Distanzen deutlich werden lassen. Entscheidungen mit Wirkungen in entfernt gelegenen Wirtschaftsräumen sind daher kurzfristig und vielfach ohne persönlichen Reiseaufwand möglich.

Die generelle Steigerung der weltwirtschaftlichen Kaufkraft und die Tendenz zur Öffnung der Volkswirtschaften für internationale Handelsbeziehungen unterstützen das Wachstum weltwirtschaftlichen Austauschs, insbesondere auch deshalb, weil die Vorteile komparativer Kostenvorteile in liberalisierten internationalen Märkten stärker zur Geltung kommen können. Der unterschiedliche Entwicklungsstand der einzelnen Staaten und die Möglichkeiten der Aktivierung der Potentiale beeinflussen den Grad der Integration in die Weltwirtschaft. Die Industrialisierung ist ein wesentlicher Faktor für die Steigerung des Austauschs und der Industrialisierungsgrad für die Ausprägung der Außenhandelsstruktur.

Die Bedeutung des Faktors Zeit hat sich gerade für die Möglichkeiten und Notwendigkeiten, Geschäftsbeziehungen aufzubauen und sie über große Distanzen hinweg zu pflegen, erheblich verändert. Die Dauer von Hochseetransporten ist seit der Motorisierung der Schiffahrt signifikant geschrumpft. Der Landverkehr wurde durch die Eisenbahn modernisiert. Ein weiterer Schub zeitlicher Verkürzung des Personen- und des Frachtfernverkehrs wurde durch den Einsatz von Flugzeugen ausgelöst. Schließlich ist mit den neuartigen Mitteln der Kommunikation im Nachrichtenwesen der Zeitfaktor in diesem Verkehrssektor weitgehend neutralisiert.

Die technische Revolutionierung in der Abwicklung eines Teils der Verkehrsvorgänge hat neben der quantitativen Seite – Verminderung der spezifischen Kosten infolge kürzerer Kapitalbindung der Fracht und Größendegression der Transporteinheiten – vor allem qualitatives Gewicht und ist ein geographisches Phänomen; denn die Bewertung von räumlichen Lagemerkmalen und von Lagerelationen hat sich durch die Nutzung der jüngeren Kommunikationspotentiale mindestens partiell verändert und damit die Möglichkeiten weltwirtschaftlichen Agierens gefördert und erweitert. Beispielhaft hierfür sind die Möglichkeiten, auf das Geschehen der großen Geldmärkte in New York, Tokyo und London *erdweit ohne zeitliche Verzögerung umfassend zu reagieren.*

Beim Transport von Gütern beschränken sich die Veränderungen in der Bewertung der geographischen Lage von Ausgangs- und Zielpunkten auf die Wirkungen der Faktoren Zeit und Kosten.

Für die über kontinentale Grenzen hinausreichenden Funktionen höchster Zentralität (London als Hauptstadt des Commonwealth; New York) war bis ins 20. Jahrhundert die Erreichbarkeit durch Überseeschiffe eine wesentliche Voraussetzung. Im 21. Jahrhundert wird dieser Standortfaktor durch den Flugverkehr und die Telekommunikation, die die wesentlichen Aufgaben des Transports von Personen und hochwertigen Gütern übernommen haben, weitgehend substituiert. Damit gewinnen für die räumlichen Bezugssysteme der Weltwirtschaft andere Lagefaktoren an Bedeutung und ermöglichen die

Bildung neuer Verteilungsmuster von Industrie- und Dienstleistungsstandorten. Als Folge der Verlagerungen von Transporten von einem der Verkehrssysteme in ein anderes entwickeln sich neue räumliche Ansätze, die auf die Punkte der Verfügbarkeit von Importen oder des Versands der eigenen Erzeugnisse ausgerichtet sind. Insbesondere die Übernahme eines wachsenden Anteils der Fracht und des größten Teils des kommerziellen Personentransports im Interkontinentalverkehr durch Flugzeuge stärkt gewerbliche Binnenstandorte im Umfeld internationaler Flughäfen, zum Beispiel Verarbeiter hochwertiger Güter (Elektronikindustrie) und Dienstleistungsunternehmungen mit intensivem Außenkontakten (Beratungsdienste; Speditionen).

Die Teilhabe an den Prozessen qualitativer Veränderungen im Verkehrssektor setzt allerdings voraus, daß die entsprechenden Systeme und die zugehörigen Stationen für Personen-, Güter- und Nachrichtenverkehr in der jeweils notwendigen Leistungsstufe verfügbar sind. Hier sind vielfach noch große Unterschiede zwischen den weniger entwickelten und den hochindustrialisierten Staaten zu erkennen. Während die einen fast ubiquitär erschlossen sind, bestehen bei anderen noch große Erschließungslücken. So können in zahlreichen Überseehäfen die großen Container- und andere Frachtschiffe nicht abgefertigt werden; für Großflugzeuge zur Beförderung von Fracht und Personen geeignete Plätze (Landebahnen und technische Ausstattung) sind nur begrenzt vorhanden, und Netze sowie technische Einrichtungen im Nachrichtenwesen stehen vielfach nicht zur Verfügung.

Die Entwicklung des Welthandels wirkt auf die Bewertung von Standortpotentialen verändernd ein. Zu Beginn der Industrialisierung war für Maschineneinsatz die Nähe zu verfügbaren Energieressourcen unabdingbar, so daß in der frühen Industrieentwicklung die charakteristischen steinkohleorientierten Industriegebiete entstanden sind. Gegenwärtig kann, abgesehen von Substitutionen durch andere Energieträger, infolge der genannten relativen Verbilligung der Transportkosten Primärenergie aus weit entfernten Revieren durch Kauf auf dem Weltmarkt eingesetzt werden. So wird verständlich, daß deutsche Unternehmungen der Braun- und Steinkohlengewinnung leistungsfähige Zechen in Nordamerika kaufen und den heimischen Markt anstelle der nicht konkurrenzfähigen Steinkohle mit importierter Kohle versorgen wollen.

### 4.3.2 Regionale Entwicklungen

Im Laufe der Zeit haben sich die Schwerpunkte des Austauschs zwischen Staaten und Regionen mehrfach verschoben. Die historischen Glanzperioden einzelner Staaten oder Regionen spiegelten oder spiegeln sich in gesteigertem Güteraustausch wider. Der Motor hierfür war und ist, neben politischen Lenkungsfaktoren, die dahinter stehende Kaufkraft.

Die moderne Entwicklung der Wirtschaft seit der Industrialisierung zeigt ähnliche Zusammenhänge zwischen dem Stand der Produktivität im internationalen Vergleich und der Entwicklung des internationalen Handels. Der Welthandel konzentriert sich seitdem in erster Linie auf die stärker industrialisierten Staaten, woran sich bis zur Gegenwart wenig geändert hat. Insbesondere zwischen Nordamerika und Ostasien sowie Europa wird intensiver Handel abgewickelt.

Gleichwohl wandelt sich das Gefüge des Außenhandels sowohl innerhalb der einzelnen Staaten als auch zwischen den Staaten in seiner Zusammensetzung und in den Anteilen am Welthandel ständig. Im Laufe der industriellen Entwicklungsphasen gewannen die jeweils jüngeren Industriestaaten zu Lasten der älteren Anteile am Welthandel, anfangs besonders durch Erzeugnisse derjenigen Branchen, die sich als erste in ihrem Produktionsprogramm gegen internationale Konkurrenz bewähren konnten und als konkurrenzfähig erwiesen. Beispielsweise haben sich Deutschland und die Vereinigten Staaten von Amerika im Verhältnis zu Großbritannien im 19. Jahrhundert, Japan im Laufe des 20. Jahrhunderts, die Republik Korea oder Thailand im letzten Viertel dieses Jahrhunderts im Welthandel etabliert.

Die Staaten der frühen Industrialisierungsphasen sind bislang die Hauptbeteiligten am Außenhandel geblieben, wozu insbesondere die Endprodukte spezialisierter Industriezweige beitragen. 1994 entfielen auf die elf Staaten der Erde mit den größten Exporterlösen 64% der Ausfuhr (1970: 66%; 1980: 58%) und 63% der Einfuhr (1970: 62%; 1980: 55%). Hierin zeigt sich eine ausgeprägte Konzentration des Außenhandels.

Die Situation um die Jahrtausendwende ist dadurch charakterisiert, daß sich räumliche Verlagerungen der Gewichte der Angebots- und Nachfragepotentiale bereits vollzogen haben oder abzeichnen, und zwar zugunsten von Staaten, deren Industrialisierung jeweils in zeitlich nachgelagerten Phasen begonnen hat, so von europäischen Staaten und Nordamerika nach Ostasien und in den Vorderen Orient sowie nach Südamerika.

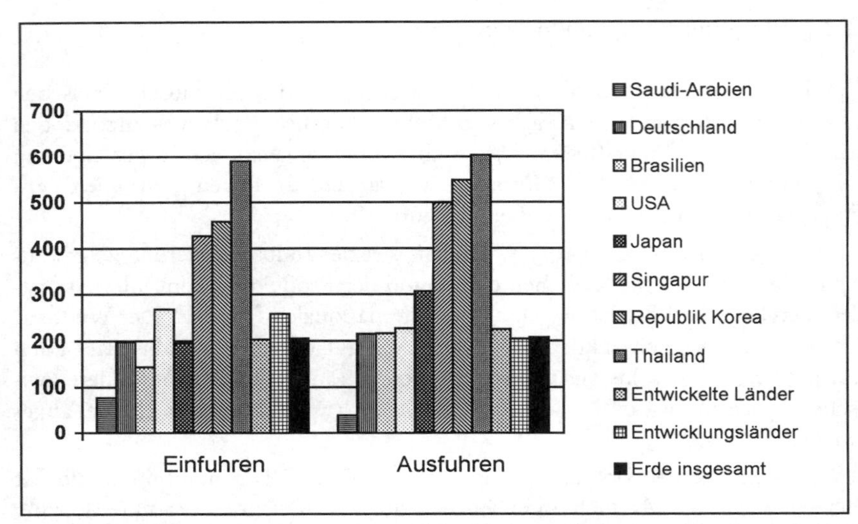


Abb. 37 Die Entwicklung des Außenhandels auf der Erde (ausgewählte Staaten) 1980 bis 1994 (in Prozent); Saudi-Arabien: 1980 bis 1993; durch Ölpreisrückgang nach 1980 besonders beeinflußt
Quelle: Statistisches Bundesamt (Hrsg.): Statist. Jahrbuch für das Ausland 1997

Unter den elf Staaten, die 1994 Exporterlöse von jeweils mehr als 100 Mrd. US-Dollars erwirtschafteten, befinden sich neben Japan die damalige Kronkolonie Hongkong und China; knapp unter dieser Schwelle standen Singapur und die Republik Korea. Die jüngeren Industriestaaten zeichnen sich durch hohe Zuwachsraten bei Importen und Exporten aus; demgegenüber haben die bisher nur wenig industrialisierten Länder einen geringen Anteil inne und weisen eine weniger ausgeprägte Dynamik auf (Tab. 16 sowie Abb. 37 bis 39).

Zudem hat die relative Verbilligung der Transporte Staaten wie Australien und Brasilien den erfolgreichen Eintritt in den Welthandel mit Massenrohstoffen und schließlich mit daraus erzeugten Industriegütern geöffnet, die vorher auf Grund ihrer Lage entfernt von den Märkten der Industriestaaten faktisch weitgehend ausgeschlossen waren.

Tab. 16 Ausfuhren ausgewählter Staaten (in Mio. US-$ 1980-1994 und in % 1950-1994)

| Länder | 1950 | 1960 | 1970 | 1980 | | 1990 | | 1996 | |
|---|---|---|---|---|---|---|---|---|---|
| | % | % | % | absolut | % | absolut | % | absolut | % |
| USA | 16,7 | 15,9 | 13,9 | 225566 | 11,2 | 393592 | 11,5 | 622945 | 11,7 |
| Deutschland | 3,3 | 8,9 | 11,0 | 192930 | 9,6 | 422041 | 12,3 | 524140 | 9,9 |
| Japan | 1,3 | 3,2 | 6,2 | 129810 | 6,5 | 287648 | 8,4 | 411242 | 7,7 |
| Republik Korea | 0,0 | 0,0 | 0,3 | 17473 | 0,9 | 64879 | 1,9 | 130526 | 2,5 |
| Brasilien | 2,2 | 1,0 | 0,9 | 20132 | 1,0 | 31414 | 0,9 | 47747 | 0,9 |
| Malaysia | • | • | 0,5 | 12945 | 0,6 | 29453 | 0,9 | 78246 | 1,5 |
| Erde insgesamt | • | • | • | • | • | • | • | 5314246 | 100,0 |

Quellen: Statistisches Bundesamt (Hrsg.): Statistisches Jahrbuch für die Bundesrepublik Deutschland und für das Ausland, mehrere Jahrgänge

Tab. 17 Außenhandel ausgewählter Länder mit Staatengruppen 1996 in Prozent

| | Deutschland | | Japan | | USA | | Singapur | |
|---|---|---|---|---|---|---|---|---|
| | Ausfuhr | Einfuhr | Ausfuhr | Einfuhr | Ausfuhr | Einfuhr | Ausfuhr | Einfuhr |
| EU | 57,4 | 56,2 | 15,4 | 14,2 | 20,5 | 18,0 | 13,0 | 14,5 |
| NAFTA | 8,6 | 8,1 | 29,7 | 26,3 | 30,4 | 28,6 | 19,1 | 17,1 |
| Östliches Europa | 7,0 | 6,5 | 0,2 | 0,2 | 0,5 | 0,4 | 0,2 | 0,2 |
| GUS-Staaten | 2,1 | 2,5 | 0,3 | 1,2 | 0,8 | 0,6 | 0,7 | 0,1 |
| MERCOSUR | 1,1 | 0,9 | 0,7 | 1,3 | 3,0 | 1,4 | 0,6 | 0,3 |
| ASEAN | 2,8 | 2,7 | 14,1 | 15,0 | 7,0 | 8,4 | 28,2 | 22,0 |
| Übrige Staaten | 21,0 | 23,1 | 39,6 | 39,8 | 37,8 | 42,6 | 38,2 | 45,8 |

Quelle: Statistisches Bundesamt (Hrsg.): Statistisches Jahrbuch 1998 für das Ausland

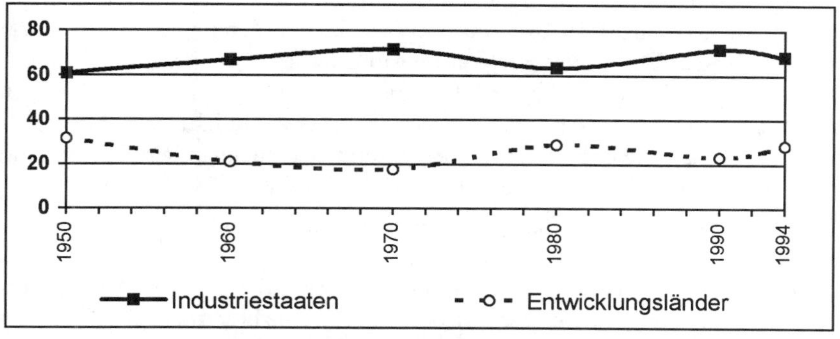


Abb. 38 Ausfuhren der Industriestaaten und Entwicklungsländer (1950 bis 1994 in %) Quellen: Statistisches Bundesamt (Hrsg.): Statistisches Jahrbuch für die Bundesrepublik Deutschland und für das Ausland 1954 ff.

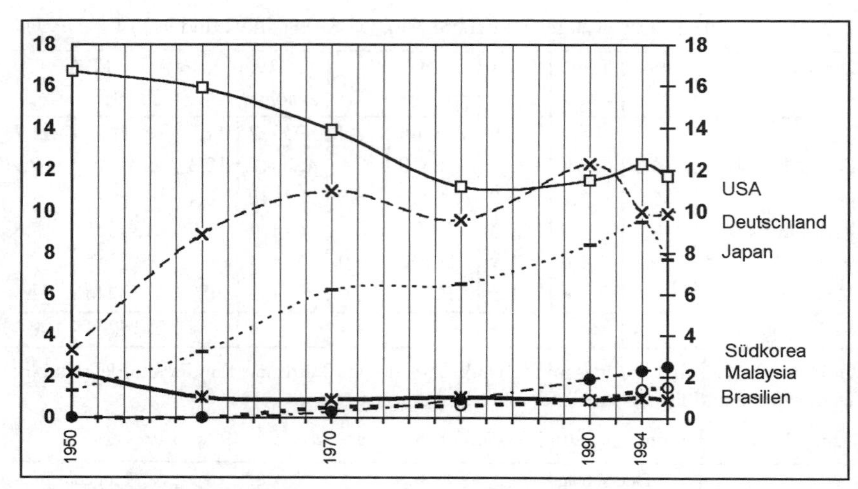


Abb. 39 Die Ausfuhren ausgewählter Staaten (1950 bis 1996 in Prozent)
Quellen: Statistisches Bundesamt (Hrsg.): Statistisches Jahrbuch für die Bundesrepublik Deutschland und für das Ausland, 1954 ff.

Die Bildung von Wirtschaftsunionen hat unter anderem das Ziel, die Bedingungen für den gegenseitigen Handel der Mitglieder zu erleichtern und das Volumen zu steigern. In Tab. 17 werden für vier Staaten die Anteile des Handelsvolumens mit einigen Staatengruppen dargestellt. Die engsten Beziehungen der dargestellten Staaten sind überwiegend mit den Gruppierungen geknüpft, denen sie zugehören. Nur Japans Außenhandel ist stärker gegliedert. An erster Stelle werden Rohstoffe und Ernährungsgüter aus den NAFTA-Staaten beschafft und industrielle Güter dorthin exportiert, wobei Produktionen in Mexiko eine Plattform für Exporte in die Vereinigten Staaten von Amerika bieten. Die Wirtschaft von Singapur basiert sehr stark auf dem Außenhandel; der kleine Stadtstaat bildet die Verbindung zwischen Indonesien und Malaysia und den Märkten in Ostasien, Amerika und Europa. Mit 0,5 % der Erdbevölkerung erzielt er 2% des gesamten Außenhandels. Hieran sind besonders die Erdölaufbereitung und -umschlag beteiligt.

Die Mitgliedsstaaten der Europäischen Union weisen hohe Liefer- und Bezugsabhängigkeiten innerhalb des Staatenbundes auf. Es zeigen sich aber deutliche Unterschiede (Tab. 18). Besonders fallen die hohen Anteile von Portugal und Spanien auf. Bei den Niederlanden ist insbesondere die Funktion von Rotterdam für Erdölumschlag und -aufbereitung für die hohe Ausfuhrrate verantwortlich. Hohe Anteile im Handel mit den Staaten der EU erzielen Nichtmitglieder, wie die assoziierten Maghreb-Staaten Tunesien (Einfuhr 72,3,

Ausfuhr 80,0 %), Algerien und Marokko, ebenso die Schweiz (79,1/60,6 %) und Norwegen (71,5/77,0 %), die beide einen Beitritt in die EU abgelehnt haben. Mit der Erweiterung des Binnenmarktes der Staaten der Europäischen Union wird sich der Anteil ihrer Mitgliedstaaten am (übrigen) Außenhandel der Erde stark vermindern. Die grenzüberschreitenden Handelsströme werden sich neu ordnen.

Tab. 18 Anteile der EU-Staaten am Handel mit den übrigen EU-Staaten in % des ges. Außenhandels (1997)

| | Einfuhr | Ausfuhr |
|---|---|---|
| Portugal | 75,7 | 80,0 |
| Niederlande | 60,0 | 78,1 |
| Spanien | 66,3 | 71,0 |
| Belgien/Luxemburg | 73,6 | 70,4 |
| Irland | 53,6 | 66,0 |
| Dänemark | 68,9 | 64,4 |
| Frankreich | 63,3 | 62,6 |
| Österreich | 74,8 | 59,7 |
| Deutschland | 56,2 | 57,4 |
| Griechenland | 69,5 | 56,4 |
| Italien | 60,8 | 55,4 |
| Schweden | 66,4 | 55,0 |
| Finnland | 58,5 | 53,4 |
| Großbritannien und Nordirland | 49,7 | 52,7 |

Quelle: Statistisches Bundesamt (Hrsg.): Statistisches Jahrbuch 1998 für das Ausland

### 4.3.3 Die Güter des Welthandels

Die Zusammensetzung der am Welthandel beteiligten Güter ist zeitbedingt ausgeprägt und daher Veränderungen unterworfen. Die wachsende Vielfalt der Güterproduktion und die spezifisch erhöhten Leistungen der Verkehrssysteme erleichtern den Zugang zum Welthandel. So war die Erfindung der Gefriertechnik Voraussetzung für den Ferntransport verderblicher Erzeugnisse der Landwirtschaft; insbesondere wurden die Durchquerung der Äquatorialzone und damit der Austausch derartiger Güter unter Ausnutzung des jahreszeitlichen Wechsels zwischen den Märkten der südlichen und nördlichen Hemisphäre ermöglicht (3.3). Die Transporte der Massenrohstoffe Eisenerz, Bauxit und Kohle aus Australien sowie von Bauxit und Eisenerzen aus Lateinamerika und Zentralafrika können infolge der relativen Verbilligung der Transporte und zum Teil der Rohstoffe selbst in großen Frachtschiffen Abnehmer in Industriestaaten der nördlichen Halbkugel in Japan, Europa und Nordamerika erreichen. So hat sich beispielsweise der Export von Eisenerz aus Australien seit 1970 von 33,8 Mio. t auf 147 Mio. t (1997) erhöht, wobei neben Japan (64,4 Mio. t), China (31,6 Mio. t) und Südkorea (16,9 Mio. t) auch weiter entfernte Verarbeiter in Europa (Großbritannien und Nordirland 7,8 Mio. t) beliefert werden.

Der Einsatz von in ihren Größen genormten Transportbehältern (Containern) ermöglicht es, Stückgüter ähnlich wie Massengüter zu behandeln, damit den Umschlag in den Häfen und den Transport qualitativ zu verbessern sowie Ladevorgänge und Zwischenlagerungen zu rationalisieren.

Die räumliche Entwicklung der Industrie wurde in ihren Anfängen sehr stark und wird teilweise auch gegenwärtig von den eingesetzten Roh- und Energiestoffen beeinflußt. Mit dem Beginn der Industrialisierungsphase in Europa war zunächst die Steinkohle zum Betrieb von Dampfmaschinen der wichtigste international gehandelte Energierohstoff; auch mineralische Rohstoffe, besonders Eisenerz, hatten eine starke Bindungskraft. Vor allem die Grundstoffindustrie war auf nahegelegene Vorkommen angewiesen.

Im Laufe des 20. Jahrhunderts wurde die Steinkohle zum Teil durch Erdöl ersetzt und fand sich später zusätzlich von der Konkurrenz des Erdgases bedrängt, bis starke Verteuerungen der letztgenannten Energierohstoffe in den achtziger Jahren wieder zu einer partiellen Umkehrung der Anteile am Welthandel führten. Auch die Vorratslage (Abb. 28) spricht dafür, daß sich die Position der Steinkohle als Welthandelsgut künftig verbessern könnte. Die Braunkohle spielt demgegenüber im internationalen Fernhandel keine Rolle, da ihr im Vergleich mit Steinkohle und Erdöl geringer spezifischer Energiegehalt weite Transporte nicht zuläßt.

Die Konzentration der Industrie in Europa und Nordamerika im 19. und beginnenden 20. Jahrhundert haben die Ströme industrieller und agrarischer Rohstoffe in diese Regionen gelenkt; in der Gegenrichtung wurden Industrieerzeugnisse, zunächst vorwiegend Verbrauchsgüter, transportiert. Der Atlantik stellte die wichtigste Interkontinentalverbindung her.

Dieses Muster der industrieräumlichen Ordnung auf der Erde wandelte sich mit dem Aufkommen neuer Industriestaaten besonders in Asien und Südamerika. In der jüngsten Entwicklungsphase verändern sich die Quantität, die Zusammensetzung der gehandelten Güter und die Richtungen der internationalen Verkehrsströme. Die Rohstoffe werden vielfach schon in den weniger industrialisierten Ländern aufbereitet und in ersten, auch technisch aufwendigen und somit kapitalintensiveren Stufen verarbeitet. So hat sich beispielsweise in Brasilien, Venezuela und Ghana, die über reichhaltige Bauxitvorkommen verfügen, die kapital- und technikaufwendige Rohaluminiumerzeugung etabliert. Infolge des spezifisch hohen Energieverbrauchs ist umgekehrt die Aluminiumverhüttung in europäischen Altindustrieländern und besonders in Japan rückläufig, da die im internationalen Vergleich hohen Energiekosten die Konkurrenzfähigkeit einschränken. Vorteile haben auf hydroelektrischer Basis Norwegen und Kanada (Abb. 40 und 43).

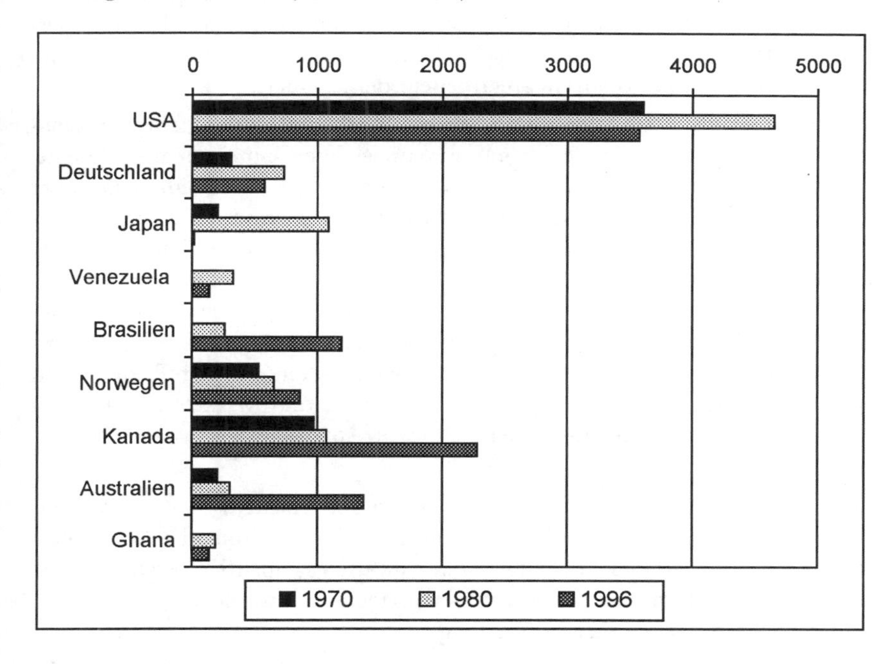


Abb. 40 Räumlicher Wandel in der Hüttenaluminiumerzeugung am Beispiel ausgewählter Staaten (1000 t)
Quellen: Statistisches Bundesamt (Hrsg.): Statist. Jahrbücher 1952 und 1982 für die BR Deutschland; Statist. Jahrbuch 1998 für das Ausland

Infolge der Dynamik der Ausbreitung der Industrie in einer Reihe ost- und südostasiatischer Staaten besonders im letzten Drittel des 20. Jahrhunderts wächst der Anteil des Pazifischen Ozeans als bedeutender Seeverkehrsraum.

Wachstumsbedingte Rückschläge des Industrialisierungsprozesses, wie sie ausgangs des 20. Jahrhunderts in Südostasien zu beobachten waren, dürften den Trend einer Verstärkung der weltwirtschaftlichen Position dieses Raumes nicht ändern.

Im Zuge der international wachsenden arbeitsteiligen Produktion nimmt der Austausch von Gütern in unterschiedlichen Veredelungsstufen zu. So werden beispielsweise Vorerzeugnisse importiert und Halb- oder Fertigfabrikate exportiert. Nach Hongkong werden in großem Umfang Textilien eingeführt, die nach ihrer Verarbeitung als Erzeugnisse der Bekleidungsindustrie das Gebiet zu einem großen Teil wieder verlassen. Die Ausnutzung des internationalen Arbeitskostengefälles initiiert Transporte von Gütern zwischen Staaten mit hohen und niedrigen Arbeitskosten; nach arbeitsintensiver Bearbeitung werden die Erzeugnisse wieder in das Herkunftsland oder in andere Zielgebiete reexportiert und zum Teil weiterverarbeitet oder montiert.

Insgesamt ist der Welthandel durch starkes Wachstum und zunehmend dichtere und komplexere Handelsströme gekennzeichnet. Untereinander konkurrierende gleichartige Industrieerzeugnisse, zum Beispiel Kraftfahrzeuge oder elektrotechnische Erzeugnisse, werden zunehmend in erdweiter Streuung produziert und gegenseitig ausgetauscht (Tab. 19). Selbst Produkte und Produktionen aus verschiedenen Betrieben einer Unternehmung stehen zum Teil untereinander in Konkurrenz und bedienen die Märkte gegenseitig. Die produktions- und absatzstrategischen Dispositionen der Unternehmungen in den alten und jüngeren Industriestaaten haben der Ausdehnung der Bezugs- und Absatzmöglichkeiten auf zahlreiche neue Anbieter und Märkte Rechnung zu tragen; den jungen Industriestaaten steht von Anfang an ein weites Operationsfeld offen.

Die einstige Dominanz von Exporten industrieller Erzeugnisse aus den Industriestaaten und von Rohstoffimporten in jene wird zunehmend durch Güterströme von gleichartigen Erzeugnissen in teilweise gegenläufiger Richtung korrigiert. Zudem kommen weniger materialintensive Transportgüter im Austausch dieser Länder stärker zur Geltung.

Vorherrschende Gütergruppen des internationalen Handels sind agrarische und mineralische Rohstoffe, die in der Industrie zu verschiedenartigen Erzeugnissen verarbeitet werden, und industrielle Erzeugnisse einfacher und komplizierter Herstellungstechnik.

Tab. 19 Exporte und Importe von Kraftfahrzeugen ausgewählter Staaten 1995

| Exportland →<br>Importland ↓ | Frankreich | Deutschland | UK[1] | Japan | Südkorea[2] | Spanien | Italien |
|---|---|---|---|---|---|---|---|
| Frankreich | – | 314749 | 362489 | 11112 | • | 350355 | 242331 |
| Deutschland | 328649 | – | 292811 | 132065 | 3342 | 152439 | 331348 |
| UK[1] | 107929 | 115953 | – | 25541 | • | 75643 | 101819 |
| Japan | 37571 | 275761 | 123081 | – | • | 22783 | 37587 |
| Südkorea[2] | 18469 | 70964 | 44211 | 160 | – | 24034 | 19957 |
| Spanien | 543337 | 239401 | 205312 | 16056 | • | – | 310219 |
| Italien | 165695 | 141102 | 74725 | 4437 | • | 64366 | • |

[1] Vereinigtes Königreich von Großbritannien und Nordirland; [2] Republik Korea
Quelle: VDA (Hrsg.): International Auto Statistics 1996

Für den Austausch und dessen Reichweite ist die Relation von Wert und Gewicht der Rohstoffe sowie der Vor- und Enderzeugnisse bedeutsam. Massengüter geringen spezifischen Wertes werden relativ stärker mit Transportkosten belastet als hochwertige Güter. Dem steht nicht entgegen, daß sich infolge der Kostendegression mit wachsenden Transporteinheiten die Reichweite vergrößert hat. Grundsätzlich haben verarbeitete Güter eine größere Reichweite als Rohstoffe und Halberzeugnisse, unterscheiden sich aber in ihrer Transportfähigkeit untereinander ebenfalls nach ihrer Wert-Gewichts-Relation.

Ferner sind die Verbreitung der Güter und die Dichte ihrer Vorkommen oder Produktionsstätten sowie die Verbreitung der Nachfrage für den Welthandel bedeutsam. Ubiquitäten werden ex definitione über Distanzen hinweg nicht gehandelt. In den übrigen Fällen können die Kosten der zu überwindenden Entfernungen darüber entscheiden, ob ein Austausch zustande kommt oder nicht und ob gegebenenfalls Surrogate verwendet werden (müssen).

Partner des internationalen Güterhandels sind vorwiegend Produktions- oder Handelsunternehmungen in weltweiter Streuung.

Zu Beginn der Industrialisierung dominierte die Grundstofferzeugung; daher überwogen zu dieser Zeit Massenguttransporte. Die zunehmende Aufgliederung und Spezialisierung der industriellen Erzeugung ließ den Anteil von Gütern mit einem hohen Wert-/Gewichtsverhältnis stark ansteigen. Die qualitative Veränderung der Handelsströme hat zur Folge, daß die Massenguttransportmittel zugunsten der für hochwertigen Stückguttransport geeigneten Verkehrssysteme relative und zum Teil absolute Einbußen erleiden.

Neben dem Handel von landwirtschaftlichen und mineralischen Rohstoffen sowie industriell erzeugten Gütern nimmt der Umfang von international gehandelten Dienstleistungen zu. Sie erreichten 1995 in den Vereinigten Staaten von Amerika mehr als ein Fünftel der Gesamtausfuhr, in Deutschland etwa 12% und in Japan knapp 10%. Zahlreiche dieser Dienstleistungen sind dem Bergbau und Produzierenden Gewerbe sowie der Land- und Forstwirtschaft zugeordnet. Die Relationen zwischen den Sektoren verändern sich durch Spezialisierung von Dienstleistungen, die bisher in den produzierenden Sektoren integriert waren, und durch eigenständig erbrachte Leistungen, darunter im Fremdenverkehr, zugunsten des Dienstleistungssektors.

### 4.3.4 Sektoraler Güteraustausch

#### 4.3.4.1 Land- und Forstwirtschaft

Aus der Gliederung der Erde in natürlich differenzierte Landschaftszonen ergibt sich die diesen angepaßte Kultivierung vielartiger landwirtschaftlicher und forstwirtschaftlicher Erzeugnisse. Insbesondere die Klimazonen geben über Vegetationsdauer und Wasserhaushalt den zeitlichen Ablauf der Vegetation, das Programm und die Ordnung der land- und forstwirtschaftlichen Nutzung vor. Die Vielfalt der Erzeugnisse und die zeitliche Verteilung des Anbaus ist wesentliche Grundlage für weltwirtschaftliche Beziehungen (Abb. 41).

Die nachhaltige Bewirtschaftung der unterschiedlich für Land- und Forstwirtschaft geeigneten Ausschnitte der Landoberfläche bildet empfindliche Nutzungssysteme, die angesichts der steigenden Bedürfnisse an Nahrungs- und sonstigen Gütern aus diesen Wirtschaftszweigen besonders sorgfältig zu pflegen sind (s. 2.4.1.1).

Soweit die Produkte aus Ackerbau und Viehzucht sowie der Waldnutzung nicht der Selbstversorgung dienen, werden sie im wesentlichen in nahegelegenen Märkten der Anbaugebiete verbraucht. Zwar werden, seit die verkehrstechnischen Fortschritte die weiträumige Verteilung der Erzeugnisse ermöglichen, einige land- und forstwirtschaftliche Produkte weltwirtschaftlich gehandelt, aber der größte Teil verbleibt in den Anbauregionen. Charakteristisch ist der relativ geringe Anteil des Reises am Welthandel. Wesentlich größer ist die weltwirtschaftliche Bedeutung des Weizens, dessen Anbau weiter verbreitet ist und der in einigen Staaten weit über den eigenen Verbrauch hinaus erwirtschaftet wird.

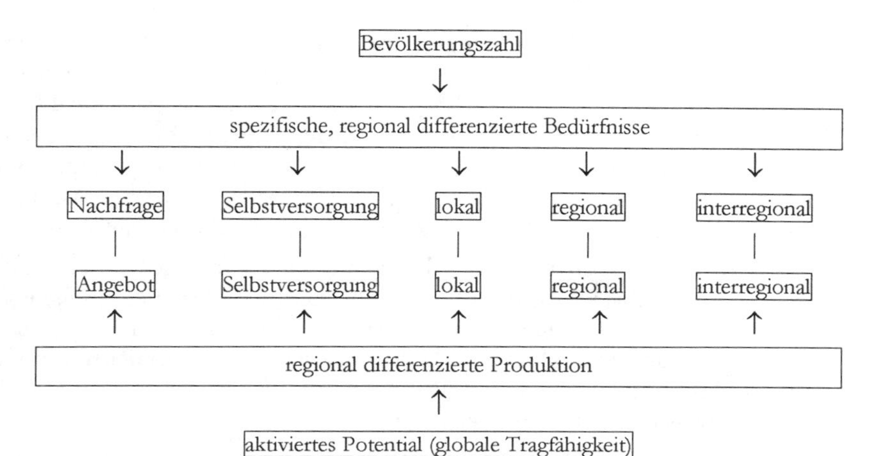


Abb. 41 Weltwirtschaft der Nahrungsgüter (Statisches Modell)

Der weltwirtschaftliche Austausch von Gütern der Land- und Forstwirtschaft gründet sich neben der Angebotsdifferenzierung aus klimageographischen Gründen (zum Beispiel Früchte tropischer Gewächse auf europäischen Märkten) auf Produktionen von Überschüssen und auf Angebotsdefizite in einzelnen Staaten. Die größere Bedeutung kommt dem Ausgleich von Defiziten zu. Diese können strukturell sein, wenn in einer Region mittel- oder längerfristig der Bedarf an Nahrungsgütern oder Futtermitteln nicht befriedigt werden kann (Tragfähigkeit 2.4.1.1) oder wenn infolge von Mißernten größere Ernteausfälle eintreten, die nicht innerhalb des Landes durch Reserven oder andere Erzeugnisse ausgeglichen werden können. Insbesondere Weizen dient angesichts des Überschußpotentials der nordhemispherischen Industriestaaten vielfach und umfänglich zum Ausgleich von Erntedefiziten nach großräumlich aufgetretenen Mißernten, wie zum Beispiel 1998 in Rußland. Daher schwanken die in den Welthandel gelangenden Mengen in den Außenhandelszielgebieten sehr stark.

Der Welthandel mit agrarischen Rohstoffen wird von Massenerzeugnissen des Futterbaus (zum Beispiel Soja) und der Ernährung (zum Beispiel Weizen) bestimmt.

Unter den weltwirtschaftlich gehandelten Getreidearten dominiert eindeutig der Weizen. 1995 beliefen sich die Einfuhren dieses Getreides auf fast 19 Mrd. US-$, während der Reis nur auf ein reichliches Drittel (6,6 Mrd. US-$) kam. Der grenzüberschreitende Handel dieser Getreideart konzentrierte sich auf Asien: mehr als 54 % der Reisimporte und 51,7 % der Reisexporte entfielen auf diesen Kontinent. Das wichtigste Exportland ist Thailand. Der Weizenmarkt wird auf der Exportseite von Amerika (1995 Vereinigte Staaten von Amerika 32,8 % und Kanada 17,2 %) beherrscht; Frankreich steuerte 17,8 % bei. Die Hauptempfänger waren in Asien Japan, China und Südkorea. Noch stärker ist die Stellung der Vereinigten Staaten von Amerika beim Export von Mais (insgesamt 11,6 Mrd. US-$); allein 70 % des Weltexportes stammten 1995 aus diesem Land. Auch hier konzentrierte sich die Einfuhr auf Asien.

Der Welthandel mit rohen und verarbeiteten Fischen (Importe 52 Mrd. US-$), Fleisch (einschließlich Konserven 45 Mrd. $) und tierischen Fetterzeugnissen (28 Mrd. $) übertrifft, gemessen am Wert, deutlich den gesamten Getreidehandel. Während bei Fischen der Handel innerhalb asiatischer Partner dominiert und insbesondere Japan bedeutendster Einfuhrmarkt ist, werden Fleischwaren überwiegend in Europa gehandelt.

Die gestiegene Kaufkraft in den Industrieländern hat insbesondere bei agrarischen Luxusgütern, wie tropischen Früchten, und von Produkten aus der südlichen Hemisphäre, die die Erzeugnisse der nördlichen Halbkugel jahreszeitlich ergänzen, den Absatz räumlich und quantitativ erweitert. Frische und verarbeitete Früchte und Gemüse erreichten 72 Mrd. $-Dollars. Die Importe konzentrierten sich auf Nordamerika, Westeuropa und Japan.

### 4.3.4.2 Weltwirtschaft der Energieeinsatzmittel

Der Welthandel von Primärenergie und Sekundärenergie ist nur bei nicht ortsgebundener Verfügbarkeit möglich. Solar-, Wind- und Wasserenergie als Primärenergien sind nicht mobil und können daher nur am Ort ihrer Nutzung eingesetzt werden. Die fossilen Energierohstoffe Holz, Torf, Braun- und Steinkohle, Erdöl, Ölschiefer und Ölsande, Erdgas sowie Uran und andere Kernbrennstoffe sind transportabel und können daher nachfrageorientiert abseits ihres Vorkommens verwertet werden. Die genannten Primärenergien sind zur Umwandlung in elektrische Energie geeignet und substituierbar.

Wie an anderer Stelle (2.4.3) dargestellt, unterscheiden sich die Energierohstoffe in ihrer potentiellen räumlichen Reichweite. Weltwirtschaftlich bedeutsam sind nur Erdöl und Erdgas, Steinkohle sowie Kernbrennstoffe. Infolge von deren ungleicher Verteilung über die Wirtschaftsräume der Erde bilden sie wesentliche Bestandteile des Rohstoffhandels. Sie stehen in den meisten Industriestaaten dem Wert nach an der Spitze der gehandelten Warengruppen.

Die meisten europäischen Industriestaaten - mit Ausnahme von Großbritannien und Norwegen - sowie Japan verfügen nur über geringfügige Vorkommen von Erdöl und Erdgas, so daß sie auf Einfuhren angewiesen sind. Auch die heimischen Steinkohlevorkommen der westeuropäischen Staaten sind derzeit nicht konkurrenzfähig, so daß auch bei diesem Energierohstoff die Importabhängigkeit wächst. Die Vereinigten Staaten von Amerika sind zwar reich an den genannten Mineralien, gleichwohl aber auf Einfuhren angewiesen. Beispiele von Defiziten oder Überschüssen bei Erdölgewinnung und Verbrauch sind in Abb. 42 dargestellt. Die Salden machen die Bedeutung des Welthandels für diesen Rohstoff deutlich.

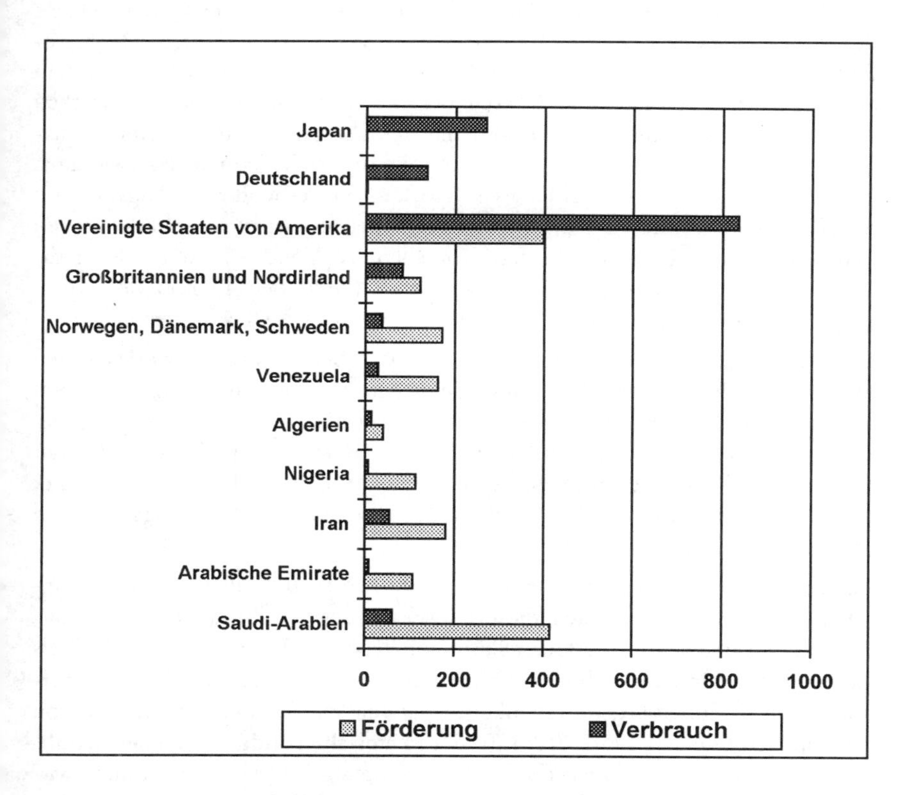


Abb. 42 Erdölgewinnung und -verbrauch ausgewählter Staaten 1997 (in Mio. t)
Quelle: Hrsg.: ESSO AG: OELDORADO 1998

Die bessere Transporteignung von Erdöl und Erdgas angesichts des spezifisch höheren Energiegehalts je Gewichtseinheit (s. 2.4.3.2) gegenüber der Steinkohle haben die Umstellung der Energieverbraucher auf jene Kohlenwasserstoffe begünstigt und die Stellung im internationalen Handel gefestigt.

Im Zusammenhang mit den Preiserhöhungen der siebziger und achtziger Jahre von Erdöl und Erdgas hat sich indessen die weltwirtschaftliche Position von Steinkohle verbessert. Die Stillegung von derzeit zu teuren Steinkohlenzechen in Europa und in Japan konnte durch Steigerung der Produktion besonders in China, Nordamerika und Australien ausgeglichen werden. Die verbesserte Transporttechnik machte den interkontinentalen Austausch unter Wettbewerbsbedingungen möglich.

*Uran* wird ausschließlich zur Erzeugung elektrischer Energie eingesetzt. Die Gewinnung von Elektrizität auf dessen Basis hatte sich in der zweiten Hälfte des 20. Jahrhunderts kräftig entwickelt; 1997 waren in 32 Staaten 437 Kernkraftwerke in Betrieb. In einigen Ländern stagniert der Ausbau, da die mit dem Schmelzprozeß verbundenen Risiken der bei Unfällen in den Kraftwerken möglichen Freisetzung von Radioaktivität die Akzeptanz stark vermindert haben. Unter umweltpolitischen Gesichtspunkten besteht jedoch das Dilemma, daß die Nutzung von Kohlenwasserstoffen mit erheblicher Abgabe von Schadstoffen verbunden ist. Die konventionellen Wärmekraftwerke geben neben anderen belastenden Stoffen vor allem Kohlendioxid frei, das in die Atmosphäre entweicht. In Deutschland wird durch den Betrieb der Kernkraftwerke die Emission von 47 Millionen Tonnen $CO_2$ jährlich vermieden.

Bei Wasserkraftwerken sind durch den Bau von Stau- und Kraftwerksanlagen unterschiedlicher Art ebenfalls Eingriffe in den Naturhaushalt, zum Teil auch in Kulturlandschaften, erforderlich. Andere Anlagen zur Gewinnung regenerativer Energie, besonders Windräder sowie Solarzellen, werden angesichts der dargestellten Probleme im letzten Drittel des 20. Jahrhunderts politisch stark gefördert; sie sind jedoch bisher nicht in der Lage, die fossilen Energiestoffe in größerem Umfang zu substituieren.

Beim Einsatz der Kohlenwasserstoffe als Rohstoff, besonders in der chemischen Industrie, konkurrieren diese teilweise, aber es gibt auch arbeitsteilige Differenzierungen. Für die Herstellung von Koks als Energierohstoff und als Einsatzmittel für chemische Reduktionsprozesse, vor allem in der Eisenverhüttung, wird überwiegend Steinkohle verwendet, für die Produktion von Treibstoffen in erster Linie Erdöl. In der chemischen Industrie dienen Kohle, Erdöl und Erdgas als Rohstoffe für die Erzeugung zahlreicher Produkte, wobei die Kohle in großem Umfang durch Erdöl und Erdgas verdrängt worden ist.

### 4.3.4.3 Mineralische Rohstoffe als industrielle Grundstoffe

Zwar sind einige Industriestaaten reich an mineralischen Bodenschätzen, aber Bedarf und Verbreitung fallen weitgehend auseinander.

Am häufigsten kommen Eisen- und Aluminiumerze vor. Eisenerz findet sich in allen Kontinenten; demgegenüber werden die für die Aluminiumerzeugung eingesetzten Bauxite vorwiegend in den Tropen und Subtropen gewonnen. Während die Eisenverhüttung historisch alt und weit verbreitet ist, sind die Herstellungsverfahren zur Gewinnung von Rohaluminium technisch komplizierter und kapitalaufwendig. Daher hat sich die Aluminiumerzeugung bis weit ins 20. Jahrhundert in den Industrieländern konzentriert (Abb. 43). Als Lieferanten des Rohstoffs fungierten insbesondere Staaten der Karibik. Trotz der Gewichtsverluste, die bei der Veredelung (im Verhältnis vier bis fünf Tonnen Bauxit auf eine Tonne Rohaluminium) eintreten, fand die Herstellung von Aluminiumoxid und Rohaluminium in den Industriestaaten statt. Mit zunehmender Ausbreitung der Kenntnis der Herstellungsverfahren und Verteuerung der Sekundärenergie sowie insbesondere mit sich steigernder internationaler Mobilität des Kapitals traten bedeutende relative und absolute Verlagerungen der Produktion ein. So wurden 1993 bereits mehr 12 % des Hüttenaluminiums in Brasilien, Venezuela, Indien und Indonesien erschmolzen. An einer geplanten neuen Hütte in Moçambique mit einer Investitionssumme von 2,3 Mrd. DM sind beispielsweise südafrikanisches, britisches und japanisches Kapital beteiligt (FAZ 115/ 19.5.1998).

Gut erkennbar sind die räumlichen Entwicklungsphasen der Eisen- und Stahlindustrie. Seit Beginn der industriellen Fertigung von Eisen und Stahl greift die Produktion jeweils auf jüngere Industriestaaten über. Die USA und Deutschland haben im 19. Jh. Großbritannien, das den Markt damals beherrschte, an der Spitze abgelöst. Im Laufe des 20. Jh. sind zahlreiche weitere Produktionsstätten zunächst in Europa und Australien sowie nachfolgend in Asien, Lateinamerika, Süd- und Nordafrika hinzugekommen. Während diese Prozesse zunächst nur die Position der Altindustriestaaten betroffen haben, die Produktion aber weiter anstieg, ist diese in den meisten Altindustriestaaten seit den sechziger Jahren des 20. Jh. auch absolut rückläufig. Seit den sechziger Jahren hat sich Japan in eine vordere Position geschoben, und Staaten wie die Republik Korea, Brasilien, Indien, Mexiko, Indonesien und Venezuela konnten ihren Produktionsanteil absolut und relativ verstärken (Abb. 44). Auf die neue Verteilung der Eisen- und Stahlproduktion haben sich auch die Welthandelsströme der Rohstoffe sowie der Erzeugnisse ausgerichtet; insbesondere hat sich der Import von Erzeugnissen in die alten Industriestaaten verstärkt.

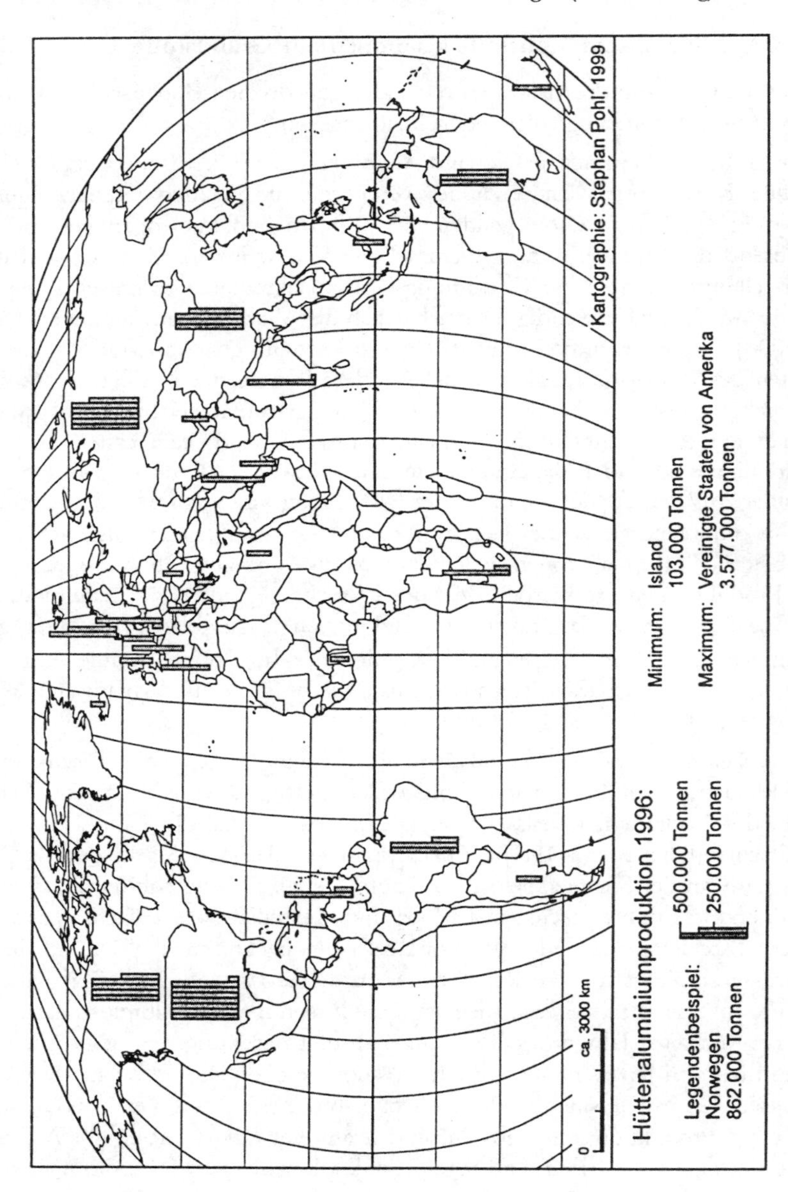


Abb. 43 Die Hüttenaluminiumproduktion der Erde 1996
Quelle: Statistisches Bundesamt: Statistisches Jahrbuch für das Ausland 1998

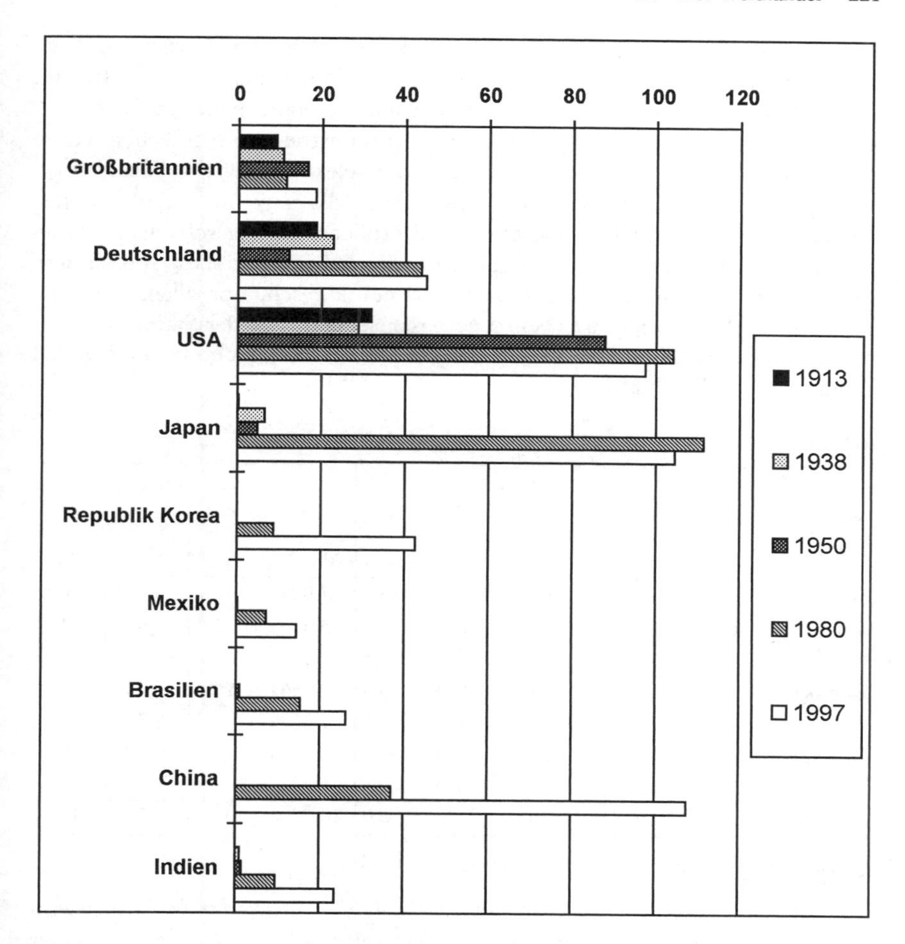


Abb. 44 Die Entwicklung der Rohstahlerzeugung in ausgewählten Staaten der Erde in Millionen Tonnen
Quellen: Statistisches Jahrbuch für das Deutsche Reich 1929, für die Bundesrepublik Deutschland 1954; Statist.Jahrbuch der Stahlindustrie 1982, 1998

Deutschland, traditioneller Exporteur von Erzeugnissen der Stahlindustrie, ist zugleich zu einem der großen Importeure geworden. Der Austausch innerhalb der Staaten der Europäischen Union ist vorherrschend (Tab. 20). In Amerika werden insbesondere die Vereinigten Staaten von Amerika beliefert, in Asien Iran, Indien, China und Pakistan.

Die Globalisierung hat, besonders im Verlaufe des vierten Quartals des 20. Jahrhunderts, die Standorte und die inneren Strukturen der Stahlindustrie auf der Erde erheblich verändert. Den räumlichen Gesetzmäßigkeiten (s. 2.3.4.2) entsprechend ist dieser Zweig der Grundstoffindustrie in wesentlichen Teilen neu geordnet worden. Die qualitative Standortselektion, etwa in Westeuropa, Nordamerika, Japan und Südkorea unterstreicht die Ergebnisse des Strukturwandels. Die traditionellen Standorte sind großenteils ausgeschieden, wie im Siegerland und im mittleren Ruhrgebiet, oder haben sich stark spezialisiert. Die Verschmelzung von Krupp zunächst mit Hoesch, vor allem aber mit Thyssen am Niederrhein ist ebenso eine Konsequenz aus der Standortschwäche von Binnenstandorten wie die angestrebte Stärkung der Positionen auf Segmenten der Produktpalette.

Tab. 20 Der Rohstahlaußenhandel Deutschlands 1977 und 1997

| | Einfuhren | | | | Ausfuhren | | | |
|---|---|---|---|---|---|---|---|---|
| | 1977 | | 1997 | | 1977 | | 1997 | |
| | Mio. t | % | Mio. t | % | Mio. t | % | Mio. t | % |
| EU-Staaten (15) | 8,013 | 75,9 | 12,210 | 75,0 | 7,006 | 49,1 | 14,101 | 62,5 |
| übriges Europa | 1,224 | 11,6 | 3,862 | 23,7 | 3,055 | 21,4 | 2,618 | 11,6 |
| Afrika | 0,183 | 1,7 | 0,011 | 0,1 | 0,534 | 3,7 | 0,519 | 2,3 |
| Amerika | 0,043 | 0,4 | 0,083 | 0,5 | 2,356 | 16,5 | 2,933 | 13,0 |
| Asien | 0,877 | 8,3 | 0,084 | 0,5 | 1,310 | 9,2 | 2,361 | 10,5 |
| Australien, Neuseeland | 0,219 | 2,1 | 0,022 | 0,1 | 0,009 | 0,1 | 0,029 | 0,1 |
| Insgesamt | 10,559 | 100,0 | 16,272 | 100,0 | 14,270 | 100,0 | 22,561 | 100,0 |

Quelle: Statistisches Jahrbuch der Stahlindustrie 1978, 1998

Die übrigen Metalle kommen weit seltener vor. Sie sind weltwirtschaftlich von unterschiedlicher Bedeutung. In der Elektrotechnik ist Kupfer als guter Stromleiter bedeutsam. Andere Metalle werden ihren spezifischen Eigenschaften entsprechend eingesetzt, zum Beispiel in Legierungen bei der Herstellung besonders beanspruchter Werkstoffe zur Veredelung von Stahl.

#### 4.3.4.4 Weltwirtschaft der Industriegüter

Der Außenhandel wird statistisch regional und nach Warenarten gegliedert. Das Internationale Warenverzeichnis (Standard International Trade Classification SITC) umfaßt neun Warengruppen; davon betreffen drei die Land- und Forstwirtschaft, die Fischerei und die deren Erzeugnisse verarbeitende Industrie; zwei umfassen die übrigen Rohstoffe und vier die übrigen Industriegüter. Eine Gliederung nach Branchen und Branchenteilen sowie nach Herstellungsstufen ist aussagekräftiger.

Der Welthandel, vor allem mit Industriegütern, hat sich besonders im Laufe der zweiten Hälfte des 20. Jahrhunderts sehr kräftig ausgedehnt, und zwar sowohl dem Umfang und Wert nach als auch räumlich. Das Gesamtvolumen hat sich zwischen 1950 und 1970 fast vervierfacht, von 1970 bis 1980 hat es um zwei Drittel zugenommen. Seitdem ist die Wachstumsintensität verhaltener.

Unter den gehandelten Gütern ragen Erzeugnisse der Elektrotechnik, des Maschinen-, Geräte- und des Fahrzeugbaus heraus. Vor allem die Ausfuhr industrieller Fertigwaren konzentriert sich noch auf die älteren Industriestaaten; aber verstärkt schalten sich jüngere Industriestaaten ein. In den noch wenig industrialisierten Ländern steht der Import im Vordergrund dieser Branchen (Tab. 21).

Tab. 21 Gliederung des Außenhandels ausgewählter Staaten nach Warengruppen (%)

| | Landwirtschaftl. Erzeugnisse | | Rohstoffe (ohne Energie) | | Energierohstoffe | | Industrieerzeugnisse | |
|---|---|---|---|---|---|---|---|---|
| | Import | Export | Import | Export | Import | Export | Import | Export |
| Deutschland (1995) | 9,5 | 5,0 | 4,4 | 1,9 | 6,2 | 1,0 | 74,2 | 88,5 |
| Japan (1994) | 17,2 | 0,5 | 10,2 | 0,6 | 17,4 | 0,6 | 52,9 | 96,3 |
| USA (1994) | 5,0 | 8,8 | 2,8 | 5,3 | 8,7 | 1,8 | 80,2 | 79,7 |
| Brasilien (1994) | 10,3 | 25,9 | 5,6 | 12,6 | 14,8 | 1,8 | 69,2 | 58,2 |
| Pakistan (1994) | 16,0 | 9,6 | 8,1 | 2,6 | 18,3 | 0,8 | 52,2 | 86,8 |
| Singapur (1994) | 5,1 | 4,5 | 1,2 | 1,5 | 8,8 | 9,6 | 83,3 | 83,3 |
| Kenia (1992) | 17,0 | 42,8 | 2,8 | 7,6 | 25,2 | 11,2 | 55,2 | 36,9 |

Quelle: Statistisches Bundesamt (Hrsg.): Statistisches Jahrbuch für das Ausland 1997

Die Warenströme folgen inhaltlich und in der Ausrichtung den jeweils erreichten Entwicklungsstadien der beteiligten Staaten und unterliegen daher steten Veränderungen. Während zunächst Rohstoffe und Nahrungsmittel aus den Agrarländern in Richtung Europa verfrachtet wurden, gingen Industrieerzeugnisse aus Europa und aus Nordamerika in die nicht oder wenig industrialisierten Länder der Erde. Seit dem Aufkommen jüngerer Industriestaaten in Ost- und Südostasien sowie in Lateinamerika und der zunehmend erfolgreichen Konkurrenz ihrer Industrieprodukte gegenüber den Altindustriestaaten haben sich die Verläufe der Warenströme und ihre Zusammensetzung stark verändert, teilweise auch umgekehrt. An einzelnen Beispielen wird deutlich, wie sich die Anteile verschoben haben.

Charakteristisch ist die Entwicklung beim Außenhandel mit Textilgarn. Die Bundesrepublik Deutschland nahm in den sechziger und siebziger Jahren in einer Reihe von textilgewerblichen Erzeugnissen sowohl im Export als auch im Import die erste Stelle ein. Aus Tab. 22 ist am Beispiel des Weltmarktes von Garnen zu erkennen, daß diese Stellung verloren gegangen ist. Im übrigen verdeutlicht dieses Beispiel wie auch der Handel mit Fernsehgeräten als Beispiel für die elektrotechnische Industrie den phasenweise ablaufenden Prozeß der Verdrängung der Industriestaaten mit hohen Arbeitskosten durch jüngere Industriestaaten insbesondere in Südostasien, aber auch in Lateinamerika (Abb. 45).

Tab. 22 Anteile ausgewählter Staaten am Weltaußenhandel von Textilgarn

| | Ausfuhren in Prozent | | | Einfuhren in Prozent | | |
|---|---|---|---|---|---|---|
| | 1986 | 1991 | 1995 | 1986 | 1991 | 1995 |
| Deutschland | 24,5 | 13,8 | 11,1 | 20,3 | 10,2 | 7,2 |
| Italien | 8,1 | 8,5 | 7,9 | 7,5 | 8,5 | 8,7 |
| Hongkong | 4,7 | 7,3 | 8,8 | 8,1 | 10,0 | 11,0 |
| China | 2,4 | 5,4 | 6,4 | • | 2,9 | 7,1 |

Quelle: International Trade Statistics Yearbook 1995, Band II, New York 1996

Im weltwirtschaftlichen Verbund spiegelt sich auch die räumliche Diversifikation von Produktionsschritten wider. So werden Erzeugnisse der Industrieländer in Teilen oder vollständig in Ländern mit niedrigen Arbeitskosten produziert, zum Beispiel von nordamerikanischen Produktionen in Ostasien oder von Korea und Japan aus in China (Abb. 45).

Zwischen den Industriestaaten werden qualitativ vergleichbare Industriegüter gehandelt. So stehen zum Beispiel bei Meßgeräten die USA, Deutschland, Japan, Großbritannien und Frankreich sowohl bei den Ausfuhren (1994 zusammen 70 %) als auch bei den Einfuhren (zusammen 42 %) an der Spitze.

### 4.3.5 Weltwirtschaftliche Kapitalströme

Kapital ist ein Gut, dessen Mobilität sich infolge der Vertiefung internationaler Vernetzungen und der Verbesserung der für Kapitalbewegungen nötigen Transportsysteme erheblich vergrößert hat.

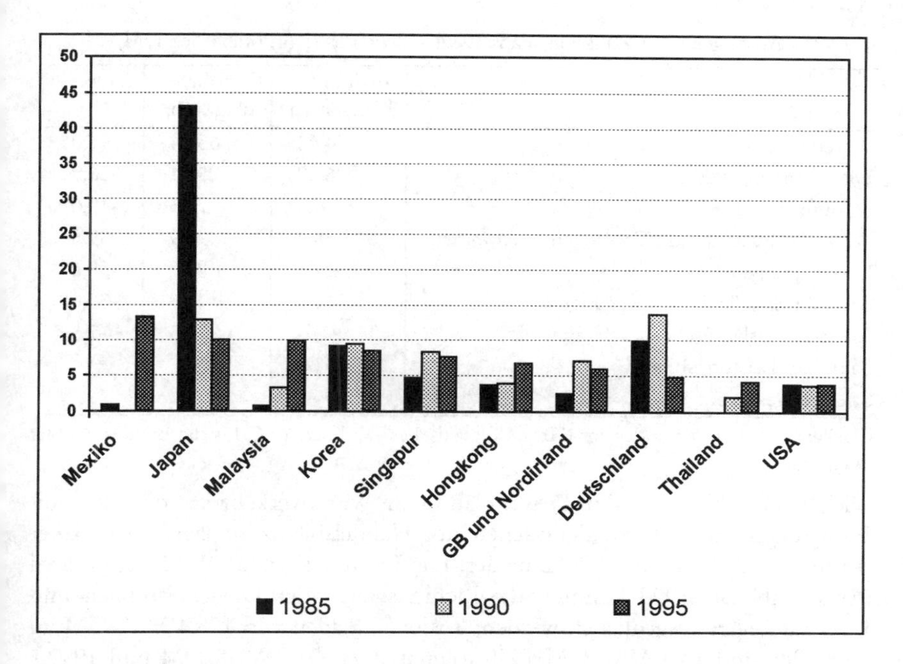


Abb. 45 Weltexport von Fernsehgeräten: Die Staaten mit den höchsten Anteilen (in Prozent) 1995
Quelle: International Trade Statistics Yearbook, Band II, 1994 und 1995, New York 1995 und 1996

Die **Zahlungsbilanz** eines Landes **umfaßt die Leistungs- und die Kapitalbilanz**. In der Leistungsbilanz werden die Warenströme, der Dienstleistungsverkehr und Übertragungen, sogenannte unentgeltliche Leistungen, zwischen Inländern und Ausländern zusammengefaßt. Der Saldo der Kapitalbilanz weist eine Zu- oder Abnahme des Auslandsvermögens aus (Statistisches Jahrbuch 1997 für die Bundesrepublik Deutschland).

Die Warenexporte Deutschlands übersteigen regelmäßig die Warenimporte, so daß der Saldo der Handelsbilanz positiv ist. Nach 1990 sank ihr Überschuß stark ab, da die Warenströme zum Teil in die östlichen Bundesländer umgelenkt und die Einfuhren deutlich angestiegenen waren; demgegenüber stagnierten die Ausfuhren.. In den folgenden Jahren stieg jedoch der Exportüberschuß wieder kräftig an (Tab. 23).

Tab. 23 Auszug aus der Zahlungsbilanz Deutschlands 1995 (in Milliarden DM)

| | Ausfuhr/ Einnahmen | Einfuhr/ Ausgaben | Saldo |
|---|---|---|---|
| Warenverkehr | 749,4 | 654,4 | 95,0 |
| Dienstleistungsverkehr | 263,2 | 290,1 | -26,9 |
| darunter Reiseverkehr | 24,3 | 73,3 | -49,0 |
| Erwerbs- und Vermögenseinkommen | 138,4 | 98,9 | 39,5 |
| Übertragungen | 24,1 | 82,7 | -58,6 |
| darunter Staatliche Übertragungen | 11,8 | 41,8 | -30,0 |
| Ausländische Beschäftigte | - | 7,5 | -7,5 |
| Saldo der Leistungsbilanz | -33,8 | | |
| Saldo insgesamt | -34,7 | | |

Quelle: Statistisches Bundesamt (Hrsg.): Statistisches Jahrbuch 1997 für die Bundesrepublik Deutschland

Die Zahlungsbilanz wird in Deutschland vom Warenverkehr insbesondere mit Industriegütern gestützt. Schwächen der Handelsbilanz schlagen sich daher deutlich in der Zahlungsbilanz nieder. Die Leistungsbilanz schließt strukturell negativ ab. Bis 1990 konnten die Mehrausgaben der Dienstleistungen und Übertragungen ausgeglichen werden; positiven Salden von 108,4 Mrd. DM im Jahr 1989 und 74,7 Mrd. DM 1990 folgten 1991 -31,5 Mrd. DM und 1992 -32,2 Mrd. DM. Der Saldo der Übertragungen belief sich 1995 auf fast -59 Mrd. DM. Darin sind insbesondere staatliche Leistungen an die Europäische Union, an die Weltbank und an internationale Organisationen sowie Überweisungen von ausländischen Beschäftigten in ihre Heimatländer enthalten. Auch der Reiseverkehr weist regelmäßig ein hohes Defizit aus. Ausgaben von 73,3 Mrd. DM (1995) standen Einnahmen von 23,5 Mrd. DM gegenüber.

Die räumlichen Prozesse der Leistungsbilanz werden für die Bundesrepublik Deutschland im Jahr 1992 zusammengefaßt in Abb. 46 dargestellt. Die Warenbilanz war gegenüber den außereuropäischen Industrieländern (nach der Abgrenzung des Statistischen Bundesamtes: Japan, Australien, Neuseeland, Kanada und Südafrika) deutlich negativ, gegenüber den Vereinigten Staaten von Amerika nahezu ausgeglichen, gegenüber den Entwicklungsländern leicht positiv. Die Überschüsse kamen im Außenhandel mit den EU-Staaten und dem übrigen Europa zustande.

Eine binnenorientierte Wirtschaftspolitik in Deutschland würde dem System der Kapitalströme nicht gerecht werden, die von Deutschland weg und nach Deutschland hinein ungleichmäßig fließen, in denen sich per Saldo also Überschüsse und Defizite bilden.

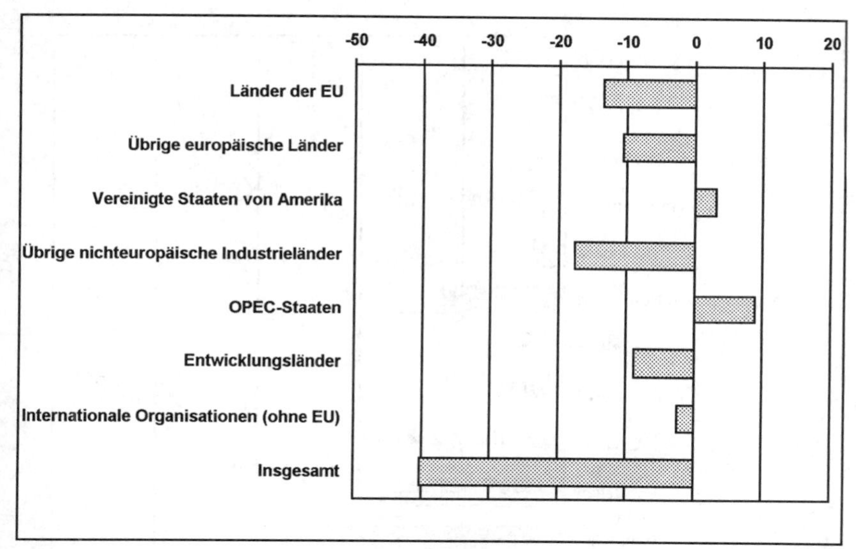


Abb. 46 Der Saldo der Leistungsbilanz Deutschlands 1992 (in Milliarden DM)
Quelle: Statistisches Bundesamt (Hrsg.): Statistisches Jahrbuch 1995 für die Bundesrepublik Deutschland

Die Einnahmen und Ausgaben der Europäischen Union von und an ihre Mitgliedsstaaten zeigt Abb. 47. Mit der Bildung eines gemeinsamen Marktes und einer politischen Union besteht seit Beginn das Ziel, räumlichen Disparitäten durch Ausgleichsmechanismen zu begegnen. Dies führt dazu, daß unter Berücksichtigung der unterschiedlichen Leistungsfähigkeit der beteiligten Staaten Einzahlungen in unterschiedlicher Höhe zu leisten sind und dem Entwicklungsstand einzelner Staaten und Regionen entsprechend Zuweisungen vorgenommen werden. Die unterschiedlichen Belastungen haben zur Diskussion der Verteilungsschlüssel geführt. Auffällig ist das Verhältnis von Ein- und Auszahlungen einerseits in den Niederlanden und Deutschland, andererseits Spanien, Portugal und Griechenland.

Wenn die Kapitalströme zwischen den Mitgliedsstaaten und der zentralen Behörde der Europäischen Union gleich hoch wären, könnte keine Regionalpolitik im obigen Sinn betrieben werden. Andererseits muß sich der Modus auf sachgerechte Kriterien stützen, die der Wirtschaftsstruktur der beteiligten Volkswirtschaften gerecht werden muß und die Leistungsfähigkeit der betroffenen Staaten nicht einschränkt.

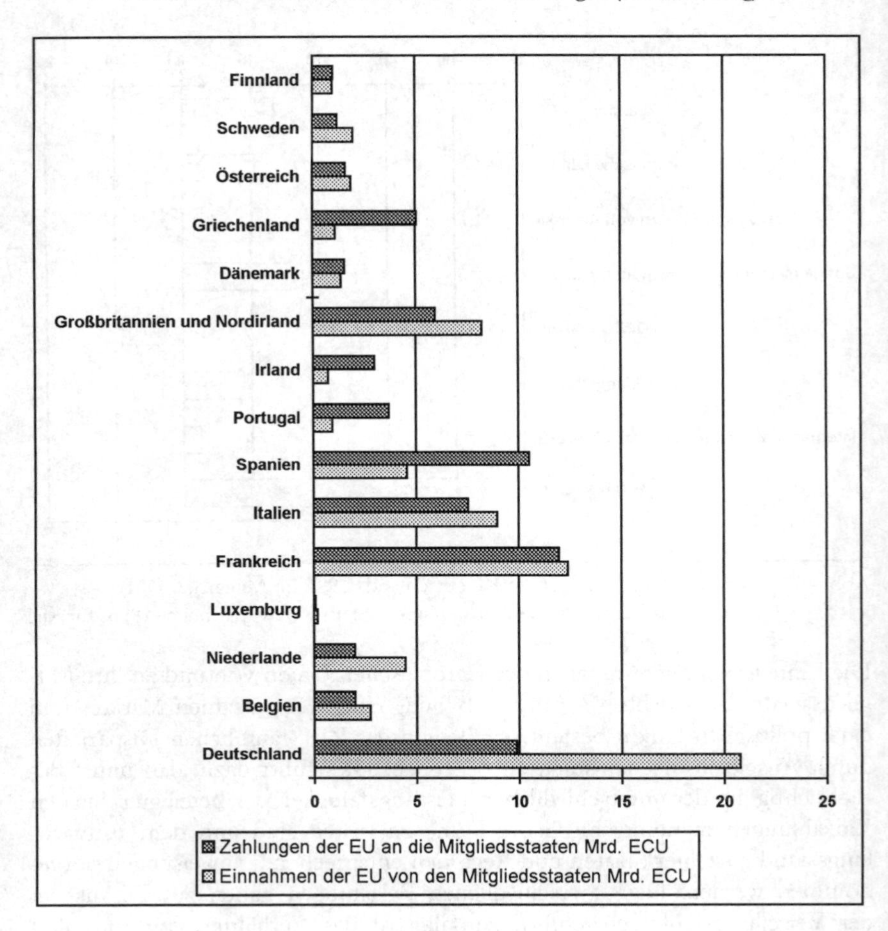


Abb. 47 Zahlungsverkehr zwischen den Mitgliedsstaaten der EU und der EU
Quelle: Statistisches Bundesamt (Hrsg.): Statist. Jahrbuch 1998 für das Ausland

Ein Gradmesser für die international konkurrierende Leistungsfähigkeit der Länder ist der Umfang sogenannter Direktinvestitionen, der Anlage von Kapital einer Unternehmung in einem anderen Staat als in dem ihres Hauptsitzes. Die Grundlagen für grenzüberschreitende Investitionen und die Ziele, die damit verfolgt werden, sind vielfältig. Es kann sich um die Sicherung der Rohstoffversorgung, um alternative Rohstoffversorgung, um die Ausnutzung spezifischer Standortvorteile im Gastland, darunter besonders die qualitative Eignung von Arbeitskräften oder Anreize niedriger Arbeitskosten, handeln; auch Vorteile der Kapitalanlage an sich können ursächlich ein.

Tab. 24 Die Bestände an Direktinvestitionen – Beispiele ausgewählter Staaten

| | Bestand an Direktinvestitionen in Mrd. US-$ | | | |
|---|---|---|---|---|
| | im Ausland | | des Auslands im Land | |
| | 1985 | 1996 | 1985 | 1996 |
| Deutschland[1] | 59,909 | 288,398 | 36,926 | 170,989 |
| Niederlande | 47,772 | 184,738 | 25,071 | 118,626 |
| Großbritannien und Nordirland | 100,313 | 356,346 | 64,028 | 344,703 |
| Vereinigte Staaten von Amerika | 251,034 | 794,102 | 184,615 | 644,717 |
| Japan | 44,296 | 330,209 | 4,740 | 18,029 |
| Republik Korea | 0,526 | 13,757 | 1,806 | 12,491 |
| Singapur | 6,254 | 37,495 | 3,016 | 66,764 |

[1]1985: Bundesrepublik Deutschland in damaligen Grenzen
Quelle: Statistisches Bundesamt (Hrsg.): Statistisches Jahrbuch 1998 für das Ausland

Die Direktinvestitionen beruhen auf unternehmungsstrategischen Entscheidungen. Sie sind jedoch nicht nur von der Breite der Kapitalbasis im eigenen Land, sondern auch von den wirtschaftlichen und politischen Rahmenbedingungen der Gastländer abhängig (Abb. 48).

Die Beispiele in Tab. 24 lassen erhebliche Unterschiedlichkeiten in den einzelnen Staaten erkennen. Das größte Volumen erreichen die Vereinigten Staaten von Amerika einerseits als Investoren und andererseits - in größerem Umfang - als Zielgebiet für ausländische Investitionen. Sehr rege sind auch die Kapitalströme mit dem Vereinigten Königreich, das höhere Bestände aufweist als Deutschland. Relativ zeichnen sich die Niederlande durch rege Investitionstätigkeit jenseits ihrer Grenzen aus; auch umgekehrt sind sie als Ziel von Direktinvestitionen bevorzugt, wenn auch in geringerem Umfang. In diesem Zusammenhang auffällig ist das niedrige Niveau von Auslandsinvestitionen in Japan, sowohl durch administrative Erschwernisse des Zugangs als auch durch kulturelle Gesichtspunkte bedingt. Im Stadtstaat Singapur ist - kumuliert - bis 1996 mehr als das Dreifache an Auslandsinvestitionen gegenüber Japan aufgelaufen.

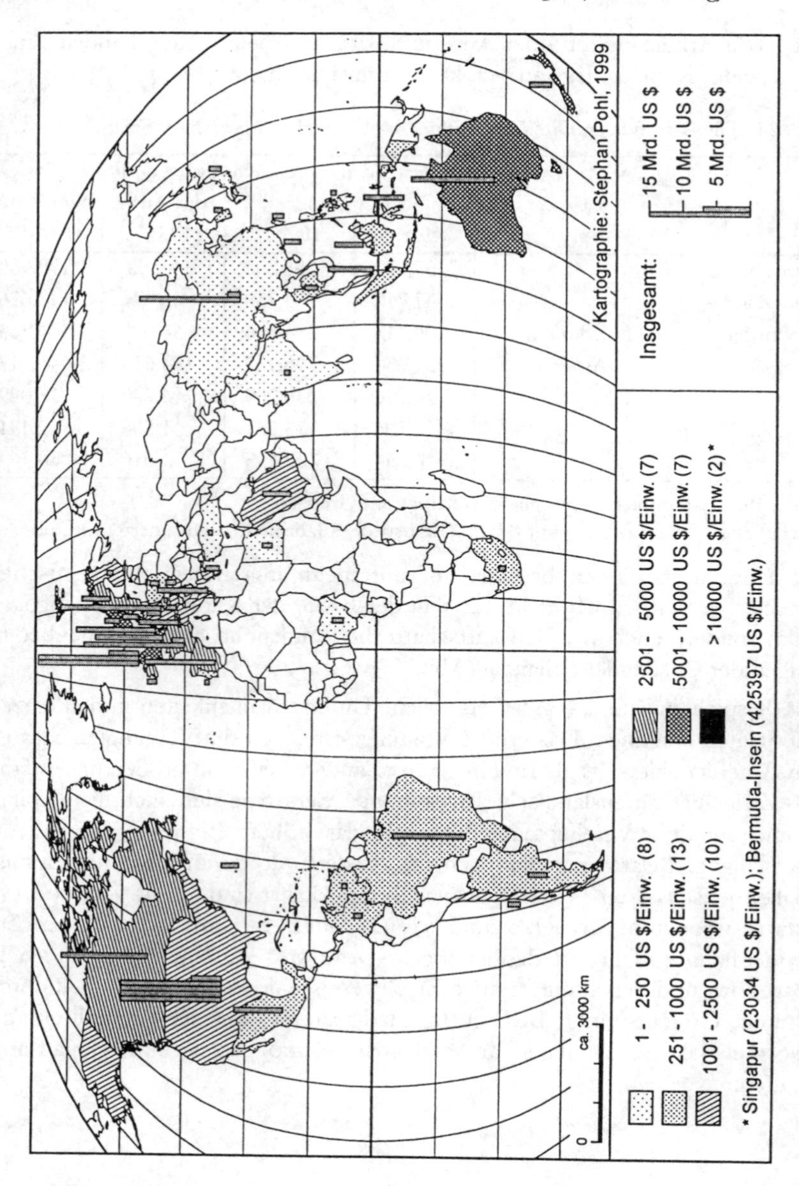


Abb. 48 Direktinvestitionen mit mehr als 1 Mrd. US-Dollars (Stand 1996)
Quelle: Statistisches Bundesamt (Hrsg.): Statist. Jahrbuch 1998 für das Ausland

Tab. 25 Jährliche Direktinvestitionen in Mrd. US-Dollars im internationalen Vergleich

| | im Ausland | | | | des Auslands im Land | | | |
|---|---|---|---|---|---|---|---|---|
| | 1993 | 1994 | 1995 | 1996 | 1993 | 1994 | 1995 | 1996 |
| Deutschland | 15,3 | 17,2 | 38,5 | 27,8 | 2,0 | 1,7 | 12,0 | - 3,2 |
| Niederlande | 12,1 | 17,4 | 19,6 | 25,8 | 8,6 | 7,5 | 11,5 | 7,8 |
| UK | 26,6 | 33,8 | 44,1 | 34,1 | 15,5 | 9,2 | 22,5 | 26,0 |
| USA | 78,0 | 69,3 | 86,7 | 87,8 | 49,0 | 45,7 | 67,5 | 77,0 |
| Japan | 13,8 | 18,1 | 22,5 | 23,4 | 0,1 | 0,9 | 0,04 | 0,2 |
| Republik Korea | 1,4 | 2,5 | 3,5 | 4,4 | 0,6 | 0,8 | 1,8 | 2,3 |
| Singapur | 2,0 | 3,7 | 4,0 | 4,8 | 1,8 | 1,4 | 2,1 | 2,3 |

Quelle: Statistisches Bundesamt (Hrsg.): Statistisches Jahrbuch 1998 für das Ausland

Über die Entwicklung der Direktinvestitionen in den sieben ausgewählten Staaten in den neunziger Jahren informiert Tab. 25. In der Bundesrepublik Deutschland hat sich das Volumen der Auslandsinvestitionen in den neunziger Jahren im Zusammenhang mit wirtschaftlichen (zum Beispiel Arbeitskosten) und politischen Bedingungen (zum Beispiel Besteuerung) nur zögerlich entwickelt. Im Jahr 1996 ergab sich sogar ein Negativsaldo der Kapitalbewegungen des Auslands. In diesem Jahr waren in Deutschland in der Summe der Investitionen die Vereinigten Staaten von Amerika und die Niederlande am stärksten vertreten; es folgten, mit deutlichem Abstand die Schweiz, Frankreich, Großbritannien und Japan. Zusammen repräsentierten Unternehmungen aus diesen sechs Staaten knapp drei Viertel des Gesamtvolumens. Deutsche Unternehmungen investierten im selben Jahr besonders in den Vereinigten Staaten von Amerika sowie im Vereinigten Königreich, in Frankreich sowie in den Niederlanden. Bei den deutschen Direktinvestitionen dominieren dem Wert nach industrielle Erzeugnisse (besonders chemische und Kraftfahrzeugindustrie) sowie Handelseinrichtungen und Banken; mineralische und Nahrungsrohstoffe sind zurückgeblieben. Die ausländischen Direktinvestoren im industriellen Bereich sind besonders auf Elektrotechnik und chemische Industrie sowie auf Handel und Kreditinstitute ausgerichtet.

Der Wettbewerb zwischen Unternehmungen und Staaten bezieht neben dem Waren-, Dienstleistungs- und Kapitalfluß sowie der Wahrnehmung komparativer Vorteile auch interne Merkmale ein, zum Beispiel die Entwicklung und Umsetzung von Neuerungen (Innovationen).

Bei allen Besonderheiten, die solchen Leistungen einzelner Personen oder von Arbeitsgruppen innewohnt, scheinen das wirtschaftliche, soziale und politische Umfeld, das eine Unternehmung umgibt, oder allgemein die Bedingungen, die in einem Land während eines Entwicklungsabschnitts herrschen, den Erfolg von technischen Fortschritten und deren wirtschaftliche Nutzung zu beeinflussen. Hiermit mögen Schwächen in der Innovationskraft begründet sein, wie sie sich in Deutschland im ausgehenden 20. Jahrhundert innerhalb Westeuropas und im Verhältnis zu den Vereinigten Staaten von Amerika und einzelnen ostasiatischen Staaten zeigen.

Neuerungen - Erfindungen, Patente, Verbesserungen von Materialeigenschaften und von Produktionsverfahren - breiten sich gegenwärtig infolge der intensiven internationalen Kontakte schnell aus, und erlangte Vorsprünge, die entsprechende Marktpositionen begründen, können verhältnismäßig kurzfristig aufgezehrt werden.

# Literaturverzeichnis


ABERLE, G.: Transportwirtschaft. 2. Aufl., München, Wien 1997

ADAMS, C. D., RUSSELL, L., TAYLOR-RUSSELL, C. S.: Market Activity and Industrial Development. In: Urban Studies, Band 32, No. 3, 1995, S. 471–489

AGARWAL, J. P.: Ausländische Direktinvestitionen und industrielle Entwicklung in der Dritten Welt. In: Die Weltwirtschaft 1987, Heft 1, S. 146–157

AGARWAL, J. P.: Determinants of foreign direct investment. A survey. In: Weltwirtschaftliches Archiv, Band 116/1980, S. 739–773

ALEXANDER, I.: Office Dispersal in Metropolitan Areas. 1: Review and Framework for Analyse; II.: Case Study Results and Conclusions. In: Geoforum 11/1980, S. 225-247 und 249–275

ALEXANDER, I.: Office Location and Public Policy. London 1979

ALEXANDERSSON, G.: Geography of Manufacturing. Englewood Cliffs 1967

ANDERSON, M.: The Role of Collaborative Integration in Industrial Organization: Observations from the Canadian Aerospace Industry. In: Economic Geography, Vol. 71, 1, 1995, S. 55–78

ANDERSON, M., HOLMES; J.: High-skill, Low-wage Manufacturing in North America: A Case Study from the Automotive Parts Industry. In: Regional Studies, Vol. 29, No. 7, 1995, S. 655–671

ANDREAE, B.: Agrargeographie. Berlin, New York 1977

ANGEL, D. P., ENGSTROM, J.: Manufacturing Systems and Technological Change: The U.S. Personal Computer Industry. In: Economic Geography, Vol. 71, 1, 1995, S. 79–102

ANGEL, D. P., MITCHELL, J.: Intermetropolitan Wage Disparities and Industrial Change. In: Economic Geography, Vol. 67, No. 2, 1991, S. 124-135

APPOLD, St. J: Agglomeration, Interorganizational Networks, and Competitive Performance in the U.S. Metalworking Sector. In: Economic Geography, Vol. 71, 1, 1995, S. 27–54

ARNOLD, A.: Agrargeographie. Paderborn, München, Wien, Zürich 1985 = Uni-Taschenbücher 1380

AUTY, R. M.: Creating Competitive Advantage: South Korean Steel and Petrochemicals. In: Tijdschrift voor Economische en Sociale Geografie 82, No. 1, 1991, S. 15-29

BADE, F.-J.: Funktionale Aspekte der regionalen Wirtschaftsstruktur. In: Raumforschung und Raumordnung 37/1979, S. 253–268

BADE, F.-J.: Survey on Industrial Choice of Location in the Federal Republic of Germany. Berlin 1981

BÄHR, J.: Bevölkerungsgeographie. 3. Aufl. Stuttgart 1997 = Uni-Taschenbücher 1249

BÄHR, J., JENTSCH, Chr., KULS; W.: Bevölkerungsgeographie. Berlin 1992 = Lehrbuch der Allgemeinen Geographie 9

BAHRENBERG, G., GIESE, E., NIPPER, J.: Statistische Methoden in der Geographie, Band 1: Univariate und bivariate Statistik. 4. Aufl. Stuttgart 1998 = Teubner Studienbücher der Geographie

BAHRENBERG, G., GIESE, E., NIPPER, J.: Statistische Methoden in der Geographie, Band 2: Multivariate Statistik. 2. Aufl. Stuttgart 1992 = Teubner Studienbücher der Geographie

BAILLY, A. S., GUESNIER, B., PARLINCJ, J. H. P., SALLEZ, A.: Comprendre et maîtriser l'espace ou la science régionale et l'aménagement du territoire. 2. Aufl. Montpellier 1988

BARTELS, D. (Hrsg.): Wirtschafts- und Sozialgeographie. Köln 1970 = Neue Wissenschaftliche Bibliothek 35

BATHELT, H.: Industrieller Wandel in der Region Boston: Ein Beitrag zum Standortverhalten von Schlüsseltechnologie-Industrien. In: Geographische Zeitschrift 78/1990 a, H. 3, S. 150–175

BATHELT, H.: Employment Changes and Input-Output Linkages in Key Technology Industries: A Comparative Analysis. In: Regional Studies, Vo. 25, No. 1, 1991, S. 31–43

BATHELT, H.: Schlüsseltechnologie-Industrien. Standortverhalten und Einfluß auf den regionalen Strukturwandel in den USA und in Kanada. Berlin u.a. 1991

BATHELT, H.: Erklärungsansätze industrieller Standortentscheidungen. In: Geographische Zeitschrift 80/1992, Heft 4, S. 195–213

BATHELT, H.: Räumliche Verteilungsaspekte von Schlüsseltechnologie-Industrien in den USA und in Kanada. In: Erdkunde 46/1992, S. 104-117

BATHELT, H.: Die Bedeutung der Regulationstheorie in der wirtschaftsgeographischen Forschung. In: Geographische Zeitschrift 82/1994, Heft 2, S. 63–90

BATTEN, D. F.: Network Cities: Creative Urban Agglomerations for the 21st Century. In: Urban Studies, Vol. 32, No. 2, 1995, S. 313–327

BEGG, I.: The Spatial Impact of Completion of the EC Internal Market for Financial Services. In: Regional Studies, Vol. 26, No. 4, 1992, S. 333–347

BENKO, G.: Wirtschaftsgeographie und Regulationstheorie – aus französischer Sicht. In: Geographische Zeitschrift 84/1996, Heft 3+4, S. 184–204

BERRY, B. J. L.: The Economics of Land-Use Intensities in Melbourne, Australia. In: Geographical Review, Vol. 64/1974, S. 479–497

BERRY, B. J. L., GARRISON, W. L.: A Note on Central Place Theory and the Range of the Good. In: Economic Geography 1958, Vol. 34, No. 4, S. 304–311

BERRY, B. J. L., GARRISON, W. L.: The Functional Bases of the Central Place Hierarchy. In: Economic Geography 1958, Vol. 34, No. 2, S. 145–154

BLOTEVOGEL, H. H.: Zentrale Orte: Zur Karriere und Krise eines Konzepts in Geographie und Raumplanung. In: Erdkunde 50/1996, Heft 1, S. 9–25

BOBEK, H.: Über einige funktionelle Stadttypen und ihre Beziehungen zum Lande. In: Comptes rendus du congrès internationale de géographie Amstrdam 1938, Tome II, Section IIIa. Leiden 1938, S. 88–102

BOBEK, H.: Die Theorie der zentralen Orte im Industriezeitalter. In: MONHEIM, F., MEYNEN, E. (Hrsg.): Tagungsbericht und wissenschaftliche Abhandlungen. Wiesbaden 1969 = Verhandlungen des Deutschen Geographentages, Band 36, S. 199–213

BÖHM, H.: Funktionsverlust der Innenstadt - Entwicklungsprobleme von Stadtregionen. Stadtforschung am Beispiel der Rewgion Stuttgart. In: Bauwelt 1980, Heft 48, S. 412-416

BÖHM, H.: Das Vorgebirge: Entwicklung und Struktur einer Gartenbaulandschaft am Rande des Verdichtungsraumes Rhein-Ruhr. In: Erdkunde 35/1981, S. 182–193

BÖVENTER, E. von: Theorie des räumlichen Gleichgewichts. Tübingen 1962

BÖVENTER, E. von: Standortentscheidung und Raumstruktur. Hannover 1979 = Veröffentlichungen der Akademie für Raumforschung und Landesplanung, Abhandlungen, Band 76

BOOTH, D. E.: Regional Long Waves and Urban Policy. In: Urban Studies, Band 24, 1987, S. 447–459

BORCHERDT, Chr.: Agrargeographie. Stuttgart 1996 = Teubner Studienbücher der Geographie

BOYCE, R. R.: The Basis of Economic Geography: An Essay of the Spatial Characteristics of Man's Economic Activities. New York 1974

BRAKE, Kl.: Städtevernetzung. Aspekte einer aktuellen Konzeption regionaler Kooperation und Raumentwicklung. In: Geographische Zeitschrift 84/1996, Heft 1, S. 16-26

BRAUN, B., GROTZ, R. E.: Support for Competitiveness: national and common strategies for manufacturing industries within the European Community. In: Erdkunde 47/1993, S. 105-117

BROTCHIE, J. F., HALL, P., NEWTON, P. W.: The Spatial Impact of Technological Change. London, New York, Sydney 1987

BROWN, C. M.: Economic Factors in the Location and Development of the British Glass Industry. In: Tijdschrift voor Economische en Sociale Geografie 71/1980, Nr. 4, S. 201–208

BRÜCHER, W.: Industriegeographie. Braunschweig 1982 = Das Geographische Seminar

BRÜCHER, W.: Zentralismus und Raum. Das Beispiel Frankreich. Stuttgart 1992 = Teubner Studienbücher der Geographie

BRYSON, J. R.: Business service firms, service space and the management of change. In: Entrepreneurship and Regional Development 9/1997, Number 2, S. 93–111

BUDD, L.: Globalisation, Territory and Strategic Alliances in Different Financial Centres. In: Urban Studies Band 32, No. 2, 1995, S. 345–360

BUECHER, K.: Die Entstehung der Volkswirtschaft. Erste Sammlung. 16. Auflage, Tübingen 1922

Bundesforschungsanstalt für Landeskunde und Raumforschung (Hrsg.): Dezentrale Konzentration. = Informationen zur Raumentwicklung, Heft 7/8 1994

BURNS, L. S.: The location of the headquarters of industrial companies. In: Urban Studies 14/1977, S. 211–215

BUTTLER, F., GERLACH, K., LIEPMANN, P.: Grundlagen der Regionalökonomie. Hamburg 1977

BUTTON, K. J.: Transport Economics. 2. Aufl. Cambridge 1992

BUURSINK, J.: Centraliteit en Hiërarchie. Assen 1971

BUURSINK, J.: On Testing the Nearest Centre Hypothesis. In: Tijdschrift voor Economische en Sociale Geografie 72, 1981, S. 47–49

CAMAGNI, R. P.: Development Scenarios and Policy Guidelines for the Lagging Regions in the 1990s. In: Regional Studies, Vol. 26, No. 4, 1992, S. 361–374

CAMAGNI, R. (Hrsg.): Innovation Networks: Spatial Perspectives. London, New York 1991

CASTLES, St., MILLER, M. J.: The Age of Migration. Houndmills und London 1993

CATTAN, N.: Attractivity and Internationalisation of Major European Cities: The Example of Air Traffic. In: Urban Studies 32, No. 2, 1995, S. 303–312

CHAKRAVORTY, S.: Equitiy and the Big City. In: Economic Geography 70/1994, No. 1, S. 1–22

CHAPMAN, K., HUMPHRYS, G. (Hrsg.): Technical Change and Industrial Policy. Oxford 1987 = The Institute of British Geographers Special Publication Series 19

CHESHIRE, P.: A New Phase of Urban Development in Western Europe? The Evidence for the 1980s. In: Urban Studies, Vol. 32, No. 7, 1995, S. 1045–1063

CHORLEY, R. J., HAGGETT,P. (Hrsg.): Socio-Economic Models in Geography. Worcester und London 1967

CHRISTALLER, W.: Die zentralen Orte in Süddeutschland. Jena 1933 (Neudruck Darmstadt 1968)

CHRISTY, C. V., IRONSIDE, R. G.: Promoting 'high technology' industry: location factors and public policy. In: CHAPMAN, K., HUMPHRYS, G. (Hrsg.): Technical Change and Industrial Policy. Oxford 1987 = The Institute of British Geographers Special Publication Series 19, S. 233–252

CLAVAL, P.: Géographie humaine et économique contemporaine. Paris 1984

CLEMENT, W.: Wirtschaftspolitische Perspektive des Industriestandortes Nordrhein-Westfalen. In: Zeitschrift für Wirtschaftspolitik 45/1996, Heft 3, S. 263-273

CONGDON, P.: The Impact of Area Context on Long Term Illness and Premature Mortality: An Illustration of Multi-level Analysis. In: Regional Studies, Vol. 29, 4, 1995, S. 327–344

CONTI, S.: The Network Perspective in Industrial Geography: Towards a Model. In: Geografiska Annaler 75 B, 1993, H. 3, S. 115–130

COOKE, Ph., WELLS, P.: Uneasy Alliances: The Spatial Development of Computing and Communication Markets. In: Regional Studies, Vol. 25, No. 4, 1991, S. 345–354

COX, K. R.: Globalisation, Competition and the Politics of Local Economic Development. In: Urban Studies 32, No. 2, 1995, S. 213–224

DANIELS, P. W.: Office Location in the British Conurbations: Trends and Strategies. In: Urban Studies 14/1975, S. 261–274

DANIELS, P. W.: Office Location. An Urban and Regional Study. London 1975

DANIELS, P. W.: Service Industries: Growth and Location. Cambridge 1982

DANIELS, P. W.: Service Industries. A geographical appraisal. London, New York 1985

DANIELS, P. W.: Perspektiven bei der Untersuchung der Standorte von Bürobetrieben. In: HEINRITZ, G. (Hrsg.): Standorte und Einzugsbereiche tertiärer Einrichtungen. Darmstadt 1985 = Wege der Forschung, Band 591, S. 218-259

DANIELS, P. W.: Foreign Banks and the Metropolitan Development: A Comparison of London and New York. In: Tijdschrift voor Economische en Sociale Geografie 77/1986, Nr. 4, S. 269–287

DANIELS, P. W.: Service Industries in the World Economy. Oxford und Cambridge 1993

DANIELS, P. W. (Hrsg.): Spatial Patterns of Office Growth and Location. New York 1979

DANIELS, P. W., LEVER, W. F. (Hrsg.): The Global Economy in Transition. Harlow 1996

DANIELS, P. W., MOULAERT, F. (Hrsg.): The Changing Geography of Advanced Producer Perspectives. London, New York 1991

DANIELZYK, R., OßENBRÜGGE, J.: Lokale Handlungsspielräume zur Gestaltung internationalisierter Wirtschaftsräume. In: Zeitschrift für Wirtschaftsgeographie 40 /1996, Heft 1-2, S. 101-112

DAVELAAR, E. J.: Regional Economic Analysis of Innovation and Incubation. Aldershot u.a. 1991

DAVIES, W. K. D.: Centrality and the Central Place Hierarchy. In: Urban Studies 4, No. 1, 1967, S. 61–79

DEITERS, J.: Ist das Zentrale-Orte-System als Raumordnungskonzept noch zeitgemäß? In: Erdkunde 50/1996, Heft 1, S. 26–34

DIEZ, J. R.: NAFTA. Regionalökonomische Auswirkungen der noramerikanischen Freihandelszone. In: Geographische Rundschau 49/1997, Heft 12, S. 688-694

DICKEN, P.: Global Shift. The Internationalization of Economic Activity. 2. Aufl. London 1992

DIELEMAN, F., FALUDI, A.: Randstad, Rhine-Ruhr and Flemish Diamond as One Polynucleated Macro-Region? In: Tijdschrift voor Economische en Sociale Geografie 89/1998, Nr. 3, S. 320-327

DIEPERINK, H., KLEINKNECHT, A., NIJKAMP, P.: Innovative Behaviour, Location and Firm Size: The Case of the Dutch Manufacturing Industry. In: GIAOUTZI, M., NIJKAMP, P., STOREY, D. J. (Hrsg.): Small and Medium Size Enterprises and Regional Development. London 1988, S. 230–246

DOVE, K.: Über die Berührungspunkte sozialökonomischer und wirtschaftsgeographischer Betrachtungsweisen. In: Weltwirtschaftliches Archiv, 14. Band, 1919, S. 323–335 und 551–568

DYMSKI, G. A.: On Krugman's Model of Economic Geography. In: Geoforum 27/1996, S.439-452

EDGINGTON, D. W.: The Geography of Endaka: Industrial Transformation and Regional Employment Changes in Japan, 1986–1991. In: Regional Studies, Vol. 28, No. 5, 1994, S. 521–535

EHLERS, E.: Zentren und Peripherien - Strukturen einer Geographie der europäischen Integration. In: EHLERS, E. (Hrsg.): Deutschland und Europa. Historische, politische und geographische Aspekte. Festschrift zum 51. Deutschen Geographentag Bonn 1997. Bonn 1997, S. 149-171

EHLERS, E.: Global Change und Geographie. In: Geographische Rundschau 50/1998, Heft 5, S. 273-276

ELLGER, Chr.: Die Dienstleistung als Gegenstand der Wirtschaftsgeographie: Zur Definition des Begriffs und zu grundlegenden Aspekten der Theoriebildung. In: Die Erde 124/1993, H. 4, S. 291–302

EVANS, A. W.: The Location of Headquarters of Industrial Companies. In: Urban Studies 10/1973, S. 387–395

FASSMANN, H., MEUSBURGER, P.: Arbeitsmarktgeographie. Stuttgart und Leipzig 1997 = Teubner Studienbücher der Geographie

FEATHERSTONE, M., LASH, Sc.: Globalization, Modernity and the Spatialization of Social Theory: An Introduction. In: FEATHERSTONE, M., LASH, Sc., ROBERTSON, R. (Hrsg.): Global Modernities. London, Thousand Oaks, New Delhi 1995, S. 1–24

FEATHERSTONE, M., LASH, Sc., ROBERTSON, R. (Hrsg.): Global Modernities. London, Thousand Oaks, New Delhi 1995

FELDMAN, M. P., FLORIDA, R.: The Geographic Sources of Innovation: Technological Infrastructure and Product Innovation in the United States. In: Annals of the Association of American Geographers 84, No. 2, 1994, S. 210–229

FELLMANN, J. D.: Myth and Reality in the Origin of American Economic Geography. In: Annals of the Association of American Geographers 76, No. 3, 1986, S. 313–330

FOUST, J. Br.: Ubiquitous Manufacturing. In: Annals of the Association of American Geographers 65, No. 1, 1975, S. 13–17

FREHN, M.: Verkehrsvermeidung durch wohnungsnahe Infrastruktur. In: Raumforschung und Raumordnung 53, Heft 2, 1995, S. 102–111

FRESE, E.: Zum Einfluß der „neuen" Produktions- und Organisationskonzepte auf die Standortentscheidungen international tätiger Unternehmungen. In: ZÜLCH, G. (Hrsg.): Vereinfachen und Verkleinern. Die neuen Strategien in der Produktion. Stuttgart 1994, S. 123-146

FRESE, E.: Die organisationstheoretische Dimension globaler Strategien. Organisationstheoretisches Know-how als Wettbewerbsfaktor. In: NEUMANN, M. (Hrsg.): Industrieökonomik. Unternehmensstrategie und Wettbewerb auf globalen Märkten. Berlin 1994, S. 53-80

FREY, W. H.: Immigration and Internal Migration 'Flight' from US Metropolitan Areas: Toward a New Demographic Balkanisation. In: Urban Studies, 32, No. 4–5, 1995, S. 733–757

FRIEDMAN, J.: Global System, Globalization and the Parameters of Modernity. In: FEATHERSTONE, M., LASH, Sc., ROBERTSON, R. Hrsg.): Global Modernities. London, Thousand Oaks, New Delhi 1995, S. 69–90

FRIEDRICH, P.: Standorttheorie für öffentliche Verwaltungen. Baden-Baden 1976 = Schriften zur öffentlichen Verwaltung und öffentlichen Wirtschaft, Band 5

FROMHOLD-EISEBITH, M.: Regionalwirtschaftliche Effekte des Wissens- und Technologietransfers der Rheinisch-Westfälischen Technischen Hochschule Aachen. In: Geographische Zeitschrift 80/1992, S. 230-244

GAEBE, W.: Verdichtungsräume. Stuttgart 1987 = Teubner Studienbücher der Geographie

GAEBE, W.: Die Dynamik der internationalen Bank- und Finanzzentren. Das Beispiel London. In: Zum System und zur Dynamik hochrangiger Zentren im nationalen und internationalen Maßstab. Frankfurt am Main 1989 = Frankfurter Geographische Hefte 58, S. 43–70

GAEBE, W. (Hrsg.): Industrie und Raum. Köln 1989 = Handbuch des Geographieunterrichts, Band 3

GALPIN, C. J.: Social Anatomy of an Agricultural Community. Research Bulletin 34/1915 (University of Wisconsin Agricultural Experiment Station)

GEBHARDT, H.: Zentralitätsforschung – ein „alter Hut" für die Regionalforschung und Raumordnung heute? In: Erdkunde 50/1996, Heft 1, S. 1–8

GIANNOPOULOS, G., GILLESPIE, A.: Transport and Communication Innovation in Europe. London und New York 1993

GIAOUTZI, M., NIJKAMP, P., STOREY, D. J. (Hrsg.): Small and Medium Size Enterprises and Regional Development. London 1988

GIESE, E.: Die Einzelhandelszentralität westdeutscher Städte. Ein Beitrag zur Methodik der Zentralitätsmessung. In: Erdkunde 50/1996, Heft 1, S. 46–59

GLASMEIER, A.: The Role of Merchant Wholesalers in Industrial Agglomeration Formation. In: Annals of the Association of American Geographers 80/3, 1990, S. 394–417

GODDARD, J.: Office Location in Urban and Regional Development. Oxford 1975

GODDARD, J. B., PYE, R.: Telecommunications and Office Locations. In: Regional Studies, Vol. 11, No. 1, 1977, S. 19–30

GOE, W. R.: Producer Services, Trade and the Social Division of Labour. In: Regional Studies, Vol. 24, No 4, 1990, S. 327–344

GÖTZ, W.: Die Aufgabe der „wirtschaftlichen Geographie" („Handelsgeographie"). In: Zeitschrift der Gesellschaft für Erdkunde zu Berlin, Band 17, 1882, S. 354–388

GRÄF, P.: Information und Kommunikation als Elemente der Raumstruktur. Kallmünz 1988 = Münchner Studien zur zur Sozial- und Wirtschaftsgeographie, Band 34

GRAHAM, D., SPENCE, N.: Contemporary Deindustrialisation and Tertiarisation in the London Economy. In: Urban Studies, Band 32, No. 6, 1995, S. 885–911

GRANT, R.: Reshaping Japanese Foreign Aid for the Post-Cold War Era. In: Tijdschrift voor Economische en Sociale Geografie 86/1995, Nr. 3, S. 235–248

GRIGG, D.: World Patterns of Agricultural Productivity. In: Tijdschrift voor Economische en Sociale Geografie 76/1985, Nr. 4, S. 253–260

GROENENDIJK, J.: Integration and Re-nationalisation: EU Agricultural Policy with Both Feet on the Ground. In: Tijdschrift voor Economische en Sociale Geografie 86/1995, No. 4, S. 382–389

GROTEWOLD, A.: The Industrialization of Peripheral Regions and the Patterns of World Trade. In: Die Erde 109/1978, S. 327–336

GROTZ, R., BRAUN, B.: Networks, Milieux and Individual Firm Strategies: Empirical Evidence of an Innovative SME Environment. In: Geografiska Annaler 75 (B)/1993, H. 3, S. 149–162

GROTZ, R., BRAUN, B.: Territorial or Trans-territorial Networking: Spatial Aspects of Technology-oriented Cooperation within the German Mechanical Engineering Industry. In: Regional Studies 31/1997, S. 545–557

GÜßEFELDT, J.: Zentrale Orte – ein Zukunftskonzept für die Raumplanung! In: Raumordnung und Raumforschung 55/1997, Heft 4–5, S. 327–336

GUNDLACH, Chr. V.: Ebenen der Bevölkerungsregulation. In: Zeitschrift für Agrargeschichte und Agrarsoziologie 43/1995, Heft 2, S. 141–167

HAAS, H.-D. (Hrsg.): Zur Raumwirksamkeit von Großflughäfen. Kallmünz/Regensburg 1997 = Münchner Studien zur Sozial- und Wirtschaftsgeographie, Band 39

HAAS, H.-D., FLEISCHMANN, R.: Geographie des Bergbaus. Darmstadt 1991 = Erträge der Forschung, Band 273

HAGGETT, P.: Einführung in die kultur- und sozialgeographische Regionalanalyse. Berlin, New York 1973

HAGGETT, P., CLIFF, A. D., FREY, A.: Locational Methods. Bristol 1977

HAHN, Ed.: Die Wirtschaftsformen der Erde. In: Petermanns Geographische Mitteilungen, 38. Band, 1892, S. 8–12

HAHN, R.: Die US-Wirtschaft im globalen Wettbewerb: Trends und regionale Auswirkungen. In: Geographische Rundschau 49/1997, Heft 12, S. 696-701

HAHN, R., GAISER, A., HÉRAUD, J.-A., MULLER, E.: Innovationstätigkeit und Unternehmensnetzwerke. In: ZfB (Zeitschrift für Betriebswirtschaft) 65/1995, H. 3, S. 247–266

HALL, P.: Cities of Tomorrow. Oxford, Cambridge 1988/1990

HALL, P.: Structural transformation in the regions of the United Kingdom. In: RODWIN, L., SAZANAMI, H.: Industrial Change and Regional Economic Transformation: The Experience of Western Europe. London 1991, S. 39-69

HALL, T.: Urban Geography. London and New York 1998 = Routledge Contemporary Human Geography Series

HAMILTON, F. E. I.: Industrial Restructuring: an International Problem. In: Geoforum, Vol. 15, No. 3, 1984, S. 349–364

HAMILTON, F. E. I.: Re-evaluating Space: Locational Change and Adjustment in Central and Eastern Europe. In: Geographische Zeitschrift 83/1995, Heft 2, S. 67–86

HARRIS, R. I. D.: The Role of Manufacturing in Regional Growth. In: Regional Studies, Vol. 21, No. 4, 1987, S. 301–312

HARRISON, R. T.: The Labour Market Impact of Industrial Decline and Restructuring. The Example of the Northern Ireland Shipbuilding Industry. In: Tijdschrift voor Economische en Sociale. Geografie 76/1985, Nr. 5, S. 332–344

HAYUTH, Y.: Intermodal Transportation and the Hinterland Concept. In: Tijdschrift voor Economische en Sociale Geografie 73/1982, Nr. 1, S. 13–21

HEALY, M. J., ILBERY, B. W.: Location and Change. Perspectives on Economic Geography. Oxford 1990

HEINRITZ, G.: Zentralität und zentrale Orte. Stuttgart 1979 = Teubner Studienbücher der Geographie

HEINRITZ, G. (Hrsg.): Standorte und Einzugsbereiche tertiärer Einrichtungen. Darmstadt 1985 = Wege der Forschung, Band 591

HENKEL, G.: Der ländliche Raum. Stuttgart 1993 = Teubner Studienbücher der Geographie

HENRICHSMEYER, W., GANS, O., EVERS, I.: Einführung in die Volkswirtschaftslehre. 10. Aufl. Stuttgart 1993

HENRY, N., MASSAY, D.: Competitive Time-Space in High Technology. In: Geoforum 26, No. 1, 1995, S. 49–65

HEPWORTH, M.: The Geography of Technological Change in the Information Economy. In: Regional Studies, Vol. 20, No. 5, 1986, S. 407–424

HESSE, M.: Verkehrswende. Von der Raumüberwindung zur ökologischen Strukturpolitik. In: Raumforschung und Raumordnung 1995, S. 85–93

HETTNER, A.: Das Wesen und die Methoden der Geographie. In: Geographische Zeitschrift 11/1905, S. 515-564, 615-629 und 671-686

HILL, St., MUNDAY, M.: Foreign Manufacturing Investment in France and the UK: A Regional Analysis of Locational Determinants. In: Tijdschrift voor Economische en Sociale Geografie 86/1995, Nr. 4, S. 311–327

HILPERT, H. G., TAUBE, M.: Kooperationen zwischen deutschen und japanischen Unternehmern in Drittländern. München 1996 = ifo Institut für Wirtschaftsforschung, Abt. Industrieländer und Europäische Integration, Japan-Studienstelle

HILPERT, U. (Hrsg.): Regional Innovation and Decentralization. – London and New York 1991 (Nachdruck 1993)

HILPERT, U.: The Optimization of Political Approaches to Innovation: Some Comparative Conclusions on Trends for Regionalization. In: HILPERT, U. (Hrsg.): Regional Innovation and Decentralization. – London and New York 1991 (Nachdruck 1993), S. 291–302

HILPERT, U.: Regional Policy in the Process of Industrial Modernization: The Decentralization of Innovation by Regionalization of High Tech? In: HILPERT, U. (Hrsg.): Regional Innovation and Decentralization. – London and New York 1991 (Nachdruck 1993), S. 3–34

HILPERT, U., RUFFIEUX, B.: Innovation, Politics and Regional Development. Technology Parks and Regional Participation in High Tech in France and West Germany. In: HILPERT, U. (Hrsg.): Regional Innovation and Decentralization. – London and New York 1991 (Nachdruck 1993), S. 61–87

HOFFMANN, W. G.: Industrialisierung (I): Typen des industriellen Wachstums, (II): Größenordnungen des industriellen Wachstums. In: Handwörterbuch der Sozialwissenschaften, 5. Band. Göttingen 1956, S. 224–230 und 230–238

HOFMEISTER, B.: Stadtgeographie. 7. Aufl. Braunschweig 1997 = Das Geographische Seminar

HOLDAR, S.: European Aid Policies: South, East, Both or Neither? In: Tijdschrift voor Economische en Sociale Geografie 86/1995, Nr. 3, S. 249–259

HOOVER, E. M.: The Location of Economic Activity. New York 1948

HOTTES, K. H.: Industriegeographie (1974). In: HOTTES, K. H. (Hrsg.): Industriegeographie. Darmstadt 1976 = Wege der Forschung CCCXXIX, S. 1-15

HOTTES, K. H. (Hrsg.): Industriegeographie. Darmstadt 1976 = Wege der Forschung CCCXXIX

HOTTES, K. H., MEYNEN, E., OTREMBA, E.: Wirtschaftsräumliche Gliederung der Bundesrepublik Deutschland. Bonn-Bad Godesberg 1972 = Forschungen zur deutschen Landeskunde, Band 193

HOWELLS, J.: The Internationalization of R & D and the Development of Global Research Networks. In: Regional Studies, Vol. 24, No. 6, 1990, S. 495–512

HOWELLS, J. R. L.: The Location of Research and Development: Some Observations and Evidence from Britain. In: Regional Studies 18, No. 1, 1984, S. 13–29

HOWELLS, J.: The Internationalization of R & D and the Development of Global Research Networks. In: Regional Studies, Vol. 24, No. 6, 1990, S. 495–512

HOYLE, B. S., KNOWLES, R. D. ((Hrsg.): Modern Transport Geography. London und New York 1992

HUDSON, R.: Restructuring Production in the West European Steel Industry. In: Tijdschrift voor Economische en Sociale Geografie. 85/1994, S. 99–113

ISARD, W.: Location and Space-Economy: A General Theory Relating to Industrial Location, Market Areas, Land Use, Trade, and Urban Structure. New York 1956

JONES, D. W., KRUMMEL, J. R.: Location Theory of the Nonhuman Sector. In: Annals of the Association of American Geographers 76/2, 1986, S. 175–189

JUNGNICKEL, R.: Globalisierung: Wandert die deutsche Wirtschaft aus?. In: Wirtschaftsdienst 74/1996/VI, S. 309-316

KAGERMEIER, A.: Siedlungsstrukturell bedingter Verkehrsaufwand in großstädtischen Verflechtungsbereichen, In: Raumforschung und Raumordnung 55/1997, Heft 4–5, S. 316–326

KAISER, K.-H.: Industrielle Standortfaktoren und Betriebstypenbildung. Berlin 1979 (Diss. Köln) = Betriebswirtschaftliche Forschungsergebnisse, Band 78

KAMANN, D.-J. F.: Modelling Networks: A Long Way to Go. In: Tijdschrift voor Economische en Sociale Geografie 89/1998, Nr. 3, S. 279-297

KANTZENBACH, E.: Der Wirtschaftsstandort Deutschland im internationalen Wettbewerb. In: Wirtschaftsdienst 12/1993, S. 635-632

KARL, H., KLEMMER, P.: Koordinationsprobleme von Regional- und Umweltpolitik in der Bundesrepublik Deutschland. In: RWI-Mitteilungen 46/1995, S. 47–68

KELLERMAN, A.: The Pertinence of the Macro-Thünian Analysis. In: Economic Geography 53/1977, S. 255–264

KELLERMAN, A.: The Suburbanization of Retail Trade: a U.S. Nationwide View. In: Geoforum, Vol. 16, No. 1, 1985, S. 15–23

KELLERMAN, A.: Telecommunication and Geography. London und New York 1993

KEMPER, N. J., DÉ SMIDT, M.: Foreign Manufacturing Establishments in the Netherlands. In: Tijdschrift voor Economische en Sociale Geografie 71/1980, Nr. 1, S. 21–40

KEUNING, H. J.: Aims and Scope of Modern Human Geography. A Personal Contribution to Geographical Theory. In: Tijdschrift voor Economische en Sociale Geografie 68/1977, Nr. 5, S. 262–274

KLEMMER, P.: Die Theorie der Entwicklungspole – strategisches Konzept für die regionale Wirtschaftspolitik? In: Raumforschung und Raumordnung 30/3, 1972, S. 102–107

KNIGHT, R. V., GAPPERT, G. (Hrsg.): Cities in a Global Society. Urban Affairs Annual Review, Vol. 35, 1989

KLODT, H., SCHMIDT, Kl.-D. et al.: Weltwirtschaftlicher Strukturwandel und Standortwettbewerb. Tübingen 1989 = Kieler Studien 228

KÖCK, H. (Hrsg.): Städte und Städtesysteme. Köln 1992 = Handbuch des Geographieunterrichts, Band 4

KOHL, J. G.: Der Verkehr und die Ansiedelungen der Menschen in ihrer Abhängigkeit von der Gestaltung der Erdoberfläche. Dresden 1841

KOSCHATZKY, K.: Die ASEAN-Staaten zwischen Globalisierung und Regionalisierung. In: Geographische Rundschau 49/1997, Heft 12, S. 702-707

KRÄTKE, St.: Globalisierung und Regionalisierung. In: Geographische Zeitschrift 83/1995, Heft 3 und 4, S. 207-221

KRAUS, Th.: Der Wirtschaftsraum. Köln 1933. Abgedruckt in KRAUS, Th.: Individuelle Länderkunde und räumliche Ordnung. Wiesbaden 1960 = Erdkundliches Wissen 7, S. 21-45

KRAUS, Th.: Über Lokalisationsphänomene und Ordnungen im Raume. In: Arbeitsgemeinschaft für Forschung des Landes Nordrhein-Westfalen, Heft 42. Köln und Opladen 1957, S. 7-34. Abgedruckt in KRAUS, Th.: Individuelle Länderkunde und räumliche Ordnung. Wiesbaden 1960 = Erdkundliches Wissen 7, S. 78-93

KRAUS, Th.: Wirtschaftsgeographie als Geographie und als Wirtschaftswissenschaft. In: Die Erde 88/1957, S. 110–119. Abgedruckt in KRAUS, Th.: Individuelle Länderkunde und räumliche Ordnung. Wiesbaden 1960 = Erdkundliches Wissen 7, S. 46-55

KRAUS, Th.: Häufung und Streuung als raumordnende Prinzipien. Köln 1959 = Kölner Universitätsreden. Abgedruckt in KRAUS, Th.: Individuelle Länderkunde und räumliche Ordnung. Wiesbaden 1960 = Erdkundliches Wissen 7, S. 94-107

KRAUS, Th.: Grundzüge der Wirtschaftsgeographie. In: Handbuch der Wirtschaftswissenschaften, Band II, Volkswirtschaft, 2. Aufl. Köln und Opladen 1966, S. 547–632

KREIBICH, R.: Trends of Decentralization of White Collar Activities by Means of Information and Communications Technologies. In: HILPERT, U. (Hrsg.): Regional Innovation and Decentralization. – London and New York 1991 (Nachdruck 1993), S. 267–287

KRIEGER-BODEN, Chr.: Neue Argumente für Regionalpolitik? Zur Fundierung der Regionalpolitik in älteren und neueren regionalökonomischen Theorien. In: Die Weltwirtschaft, Heft 2/1995, S. 193–215

KRUGMAN, P.: Geography and Trade. Leuven 1991

KRUGMAN, P.: Development, Geography and Economic Theory. Cambridge 1995

KULKE, E.: Veränderungen in der Standortstruktur des Einzelhandels. Untersucht am Beispiel Niedersachsen. Münster, Hamburg 1992 = Wirtschaftsgeographie, Band 3

KULS, W.: Bevölkerungsgeographie. 3. Aufl. Stuttgart 1999 = Teubner Studienbücher der Geographie

KUTAY, A.: Optimum Office Location and the Comparative Statics of Information Economies. In: Regional Studies, Vol. 20, No. 6, 1986, S. 551–562

LAGENDIJK, A.: The Foreign Takeover of the Spanish Automobile Industry: A Growth Analysis of Internationalization. In: Regional Studies, Vol. 29, 4, 1995, S. 327–344

LANGDALE; J. V.: The Geography of International Business Telecommunications. The Role of Leased Networks. In: Annals of the Association of American Geographers 79/1989, S. 501-522

LAULAJAINEN, R., STAFFORD, H. A.: Corporate Geography. Dordrecht/Boston/London 1995 = The GeoJournal Library, Band 31

LAUNHARDT, W.: Anlage des Wegenetzes unter den gegebenen Verhältnissen der Bevölkerung und der Produktion. In: Zeitschrift des Architektenvereins zu Hannover 1872

LAUNHARDT, W.: Die Bestimmung des zweckmäßigsten Standortes einer gewerblichen Anlage. In: Zeitschrift des Vereins deutscher Ingenieure 26/1882, S. 105–116

LAUNHARDT, W.: Die Theorie des Trassierens. Hannover 1887/88

LAW, C. M.: The Foreign Company's Location Investment Decision and its Role in British Regional Development. In: Tijdschrift voor Economische en Sociale Geografie 71/1980, Nr. 1, S. 15–20

LEDIEU, Ph.: Planète Agricole. (Paris) 1995

LESLIE, D. A.: Global Scan: The Globalization of Advertising Agencies, Concepts, and Campaigns. In: Economic Geography, Vol. 71, No. 4, 1995, S. 402–426

LEVEN, Ch. L.: Distance, Space and the Organisation of Urban Life. In: Urban Studies, Band 28, No. 3, 1991, S. 319–325

LEVER, W. F.: Deindustrialisation and the Reality of the Post-industrial City. In: Urban Studies, Band 28, No. 6, 1991, S. 983–999

LEVICH, R. M., WALTER; I.: The Regulation of Global Financial Markets. In: NOYELLE, Th. (Hrsg.): New York's Financial Markets. The Challenges of Globalization. Boulder und London 1989, S. 51–89

LICHTENBERGER, E.: Stadtgeographie, Band 1: Begriffe, Konzepte, Modelle, Prozesse. 3. Aufl. 1998 = Teubner Studienbücher der Geographie

LILL, E.: Das Reisegesetz und seine Anwendung auf den Eisenbahnverkehr. Wien 1891

LINGE, G. J. R.: Just-in-Time: More or Less Flexible? In: Economic Geography, Vol. 67, No. 4, 1991, S. 316–332

LOEVE, A., DE VRIES, J., DE SMIDT, M.: Japanese Firms and the Gateway to Europe. The Netherlands as a Location for Japanese Subsidiaries. In: Tijdschrift voor Economische en Sociale Geografie 76/1985, Nr. 1, S. 2–8

LORZ, J. O.: Indikatoren zur Beurteilung der Standortqualität – Ein methodischer Überblick und ein neuer Ansatzpunkt am Beispiel Westdeutschlands. In: Die Weltwirtschaft 1994, H. 4, S. 448–471

LÜTGENS, R.: Spezielle Wirtschaftsgeographie auf landschaftskundlicher Grundlage. In: Mitteilungen der Geographischen Gesellschaft in Hamburg, Band 33, 1921, S. 131–154

MAIER, J., ATZKERN, H.-D.: Verkehrsgeographie. Stuttgart 1992 = Teubner Studienbücher der Geographie

MAIER, J., PAESLER, R., RUPPERT, K., SCHAFFER, F.: Sozialgeographie. Braunschweig 1977 = Das Geographische Seminar

MAILLAT, D.: The Role of Innovative Small and Medium-sized Enterprises and the Revival of Traditionally Industrial Regions. In: GIAOUTZI, M., NIJKAMP, P., STOREY, D. J. (Hrsg.): Small and Medium Size Enterprises and Regional Development. London 1988, S. 71–84

MAIR, A.: New Growth Poles? Just-in-time Manufacturing and Local Economic Development Strategy. In: Regional Studies, Vol. 27, No. 3, 1993, S. 207-221

MALECKI, E. J., VELDHOEN, M. E.: Network Activities, Information and Competitiveness in Small Firms. In: Geografiska Annaler 75/1993, H. 3, S. 131–147

MARTIN, R., SUNLEY, P.: Paul Krugman's Geographical Economics and ist Implications for Regional Development Theory: A Critical Assessment. In: Economic Geography 72/1996, S. 259-292

MASAI, Y.: Greater Tokyo as a Global City. In: KNIGHT, R. V., GAPPERT, G. (Hrsg.): Cities in a Global Society. Urban Affairs Annual Review, Vol. 35, 1989, S. 153–163

MASSER, I.:Technology and Regional Development Policy: A Review of Japan's Technopolis Programme. In: Regional Studies, Vol. 24, No. 1, 1990, S. 41–53

MASSEY, D.: Spatial Labour Markets in an International Context. In: Tijdschrift voor Economische en Sociale Geografie 78/1987, Nr. 5, S. 374–379

MAYER, S.: Transaktionskosten als Instrumente räumlicher Planung. In: Dokumente und Informationen zur Schweizerischen Orts-, Regional- und Landesplanung DISP 125/1996, S. 31-39

MCCANN, Ph.: Rethinking the Economics of Location and Agglomeration. In: Urban Studies, Band 32, No. 3, 1995, S. 563–577

McGrath-Champ, S.: Integrating Industrial Geography and Industrial Relations Research. In: Tijdschrift voor Economische en Sociale Geografie 85/1994, S. 195-208

Mérenne-Schoumaker, B.: La localisation des industries. 1991 = Géographie d'aujourd'hui

Michalak, W.: Foreign Aid and Eastern Europe in the 'New World Order'. In: Tijdschrift voor Economische en Sociale Geografie 86/1995, Nr. 3, S. 260–277

Mikus, W.: Verkehrszellen. Beiträge zur verkehrsräumlichen Gliederung am Beispiel des Güterverkehrs der Großindustrie ausgewählter EG-Länder. Paderborn 1974 = Bochumer Geographische Arbeiten, Sonderreihe, Band 4

Mikus, W.: Industriegeographie. Darmstadt 1978 = Erträge der Forschung, Band 104

Mikus, W.: Wirtschaftsgeographie der Entwicklungsländer. Stuttgart und Jena 1994

Mikus, W.: International Industrial Cooperation: Evaluation of Andean Pact Countries. In: Tijdschrift voor Economische en Sociale Geografie 86/1995, Nr. 4, S. 357–367

Mikus, W. unter Mitarbeit von Kost, G., Lauche, G. und Musall, H.: Industrielle Verbundsysteme. Heidelberg 1979

Moulaert, Fr., Daniels, P.W.: Advanced producer services: beyond the micro-economics of production. London, New York 1991

Moulaert, Fr., Djellal, F.: Information Technology Consultancy Firms: Economics of Agglomeration from a Wide-area Perspective. In: Urban Studies Band 32, No. 1, 1995, S. 105–122

Moulaert, Fr., Swyngedouw, E.: Regional Development and the Geography of the Flexible Production System: Theoretical Arguments and Empirical Evidence. In: Hilpert, U. (Hrsg.): Regional Innovation and Decentralization. – London and New York 1991 (Nachdruck 1993), S. 239-265

Moyes, A.: Location, Price and Cost in the United Kingdom Cement Industry. In: Tijdschrift voor Economische en Sociale Geografie 71/1980, Nr. 6, S. 351–363

Müller-Hagedorn, L.: Handelsmarketing. 2. Auflage Stuttgart 1993

Munday, M., Morris, J., Wilkinson, B.: Factories or Warehouses? A Welsh Prospective on Japanese. In: Regional Studies, Vol. 29, No. 1, 1995, S. 1–17

Neumann, W.: The Politics of Decentralization and Industrial Modernization. France and West Germany in Comparison. – In: Hilpert, U. (Hrsg.): Regional Innovation and Decentralization. – London and New York 1991 (Nachdruck 1993), S. 197–218

Nijkamp, P., Alsters, Th., van der Mark, R.: The Regional Development Potential of Small and Medium-sized Enterprises: A European Perspective. In: Giaoutzi, M., Nijkamp, P., Storey, D. J. (Hrsg.): Small and Medium Size Enterprises and Regional Development. London 1988, S. 122–139

Nijman, J.: Reshaping US Foreign Aid Policy: Continuity and Change. In: Tijdschrift voor Economische en Sociale Geografie 86/1995, Nr. 3, S. 219–234

NOYELLE, Th.: New York's Competitiveness. In: NOYELLE, Th. (Hrsg.): New York's Financial Markets. The Challenges of Globalization. Boulder und London 1989, S. 91–114

NUHN, H.: Verkehrsgeographie. In: Geographische Rundschau 46/1994, Heft 5, S. 260–265

NUHN, H.: Globalisierung und Regionalisierung im Weltwirtschaftsraum. In: Geographische Rundschau 49/1997, Heft 3, S. 136–143

NUNNENKAMP, P.: Die deutsche Automobilindustrie im Prozeß der Globalisierung. In: Die Weltwirtschaft, Heft 3/1998, S. 294-315

OECD (Hrsg.): Networks of Enterprises and Local Development. Competing and Cooperating in Local Productive Systems. Paris 1996

OPPEL, A.: Übersichten der Wirtschaftsgeographie. Wirtschaftsgeographische Begriffe und Zahlenwerte. In: Geographische Zeitschrift, 2. Jahrgang, 1896, S. 95–106; II. Die Gewinnung mineralischer Stoffe, III. Die Gewinnung tierischer Stoffe, S. 278–289; IV. Die Gewinnung von Pflanzenstoffen, S. 332–344, 397–410, 449–462. V. Gewerbe und Industrie, 3. Jahrgang, 1897, S. 28–35, 92–104, 153–160

OTREMBA, E.: Struktur und Funktion im Wirtschaftsraum. In: Berichte zur deutschen Landeskunde 23/1969, S. 15-28

OTREMBA, E.: Die Güterproduktion im Weltwirtschaftsraum. 3. Aufl. von „Die Produktionsräume der Erde“ von R. LÜTGENS und „Allgemeine Agrar- und Industriegeographie“ von E. OTREMBA) Stuttgart 1976

OTREMBA, E., AUF DER HEIDE, U. (Hrsg.): Handels- und Verkehrsgeographie. Darmstadt 1975 = Wege der Forschung Band CCCXLIII

OWENS, P. R.: Direct Foreign Investment – Some Spatial Implications for the Source Economy. In: Tijdschrift voor Economische en Sociale Geografie 71/1980, Nr. 1, S. 50–62

PACIONE, M.: Redevelopment of a Medium-sized Central Shopping Area: A Case Study of Clydebank. In: Tijdschrift voor Economische en Sociale Geografie 71/1980, Nr. 3, S. 159–168

PACIONE, M.: Conceptual Issues in Applied Geography. In: Tijdschrift voor Economische en Sociale Geography, 81/1990, No. 1, S. 3–13

PACIONE, M.: Local Exchange Trading Systems as a Response to the Globalisation of Capitalism. In: Urban Studies 34/1997, S. 1179-1199

PAGE, Br.: Across the Great Divide: Agriculture and Industrial Geography. In: Economic Geography 72/1996, S. 376-397

PALOMÄKI, M.: The System of European Decision-Making Centres Revisited. In: EHLERS, E. (Hrsg.): Deutschland und Europa. Historische, politische und geographische Aspekte. Festschrift zum 51. Deutschen Geographentag Bonn 1997. Bonn 1997, S. 189-208

PARR, J. B.: Alternative Approaches to Market-area Structure in the Urban System. In: Urban Studies, Band 32, No. 8, 1995, S. 1317–1329

PATCHELL, J., HAYTER, R.: Skill Formation and Japanese Production Systems. In: Tijdschrift voor Economische en Sociale Geografie 86/1995, Nr. 4, S. 339–356

PECK, J.: Labor and Agglomeration: Control and Flexibility in Local Labor Markets. In: Economic Geography, Vol. 68, No. 4, 1992, S. 325–347

PEET, R., WATTS, M.: Development Theory and Environment in an Age of Market Triumphalism. In: Economic Geography, Vo. 69, No. 3, 1993, S. 227–253

PICKERNELL, D.: FDI (foreign direct investment) in the UK Car Component Industry: Recent Causes and Consequences. In: Tijdschrift voor Economische en Sociale Geografie 89/1998, Nr. 3, S. 239-252

PIETERSE, J. N.: Globalization as Hybridization. In: FEATHERSTONE, M., LASH, Sc., ROBERTSON, R. (Hrsg.): Global Modernities. London, Thousand Oaks, New Delhi 1995, S. 45–68

PIETRYKOWSKI, B.: Fordism at Ford: Spatial Decentralization and Labor Segmentation at the Ford Motor Company, 1920–1950. In: Economic Geography, Vol. 71, No. 4, 1995, S.383–401

POLLARD, J., STORPER, M.: A Tale of Twelve Cities: Metropolitan Employment Change in Dynamic Industries in the 1980s. In: Economic Geography 72/1996, S. 1-22

POMPILI, T.: Structure and Performance of Less Developed Regions in the EC. In: Regional Studies, Vol. 28, No. 7, 1994, S. 679–693

PRESTON, R. E.: Remembering Walter Christaller's scholarly contribution on the hundredth anniversary of his birth. In: Die Erde 124/1993, S. 303–312

PRIEBS, A.: Städtenetze als raumordnungspolitischer Handlungsansatz – Gefährdung oder Stütze des Zentrale-Orte-Systems? In: Erdkunde 50/1996, Heft 1, S. 35–45

PUGH, C.: International Structural Adjustment and its Sectoral and Spatial Impacts. In: Urban Studies, Band 32, No. 2, 1995, S. 261–285

PYKE, FR., SENGENBERGER, W. (Hrsg.): Industrial districts and local economic regeneration. Genf 1992

QUEVIT, M.: The Regional Impact of the Internal Market: A Comparative Analysis of Traditional Industrial Regions and Lagging Regions. In: Regional Studies, Vol. 26, No. 4, 1995, S. 349–360

Räumliche Wirkungen der Telematik. Hannover 1987 = Veröffentlichungen der Akademie für Raumforschung und Landesplanung, Forschungs- und Sitzungsberichte, Band 169

Räumliche Aspekte umweltpolitischer Instrumente. Hannover 1996 = Veröffentlichungen der Akademie für Raumforschung und Landesplanung, Forschungs- und Sitzungsberichte, Band 201

Räumliche Disparitäten und Bevölkerungswanderungen in Europa. Regionale Antworten auf Herausforderungen der europäischen Raumentwicklung. Hannover 1997 = Veröffentlichungen der Akademie für Raumforschung und Landesplanung, Forschungs- und Sitzungsberichte, Band 202

RAWLINSON, M., WELLS, P.: Japanese Globalization and the European Automobile Industry. In: Tijdschrift voor Economische en Sociale Geografie, Vol. 84, 1993, No. 5, S. 349–361

REICHART, Th.: Standorte ohne Wettbewerb. In: Standort, Zeitschrift für Angewandte Geographie 20, 1996, Heft 4, S. 16–20

REID, N.: Just-in-time Inventory Control and the Economic Integration of Japanese-owned Manufacturing Plants with the Country, State and National Economies of the United States. In: Regional Studies, Vol. 29, No. 4, 1995, S. 345–355

RICARDO, D.: On the Principles of Political Economy and Taxation. 1817 (deutsch SCHMIDT, Ch. A.: Grundsätze der Volkswirtschaft und Besteuerung. 1821, Jena[3] 1923)

RITTER, W.: Allgemeine Wirtschaftsgeographie. München und Wien 1991

RITTER, W.: Welthandel. Darmstadt 1994 = Erträge der Forschung, Band 284

ROBERTSON, R.: Glocalization: Time-Space and Homogeneity-Heterogeneity. In: FEATHERSTONE, M., LASH, Sc., ROBERTSON, R. (Hrsg.): Global Modernities. London, Thousand Oaks, New Delhi 1995, S. 25–44

ROBIC, M.-Cl.: A hundred years before Christaller... A central place theory. In: Two decades of l'Espace géographique: an anthology. Montpellier 1993, S. 53-61

RODGERS, A.: Industrial inertia, a mayor factor in the localizationof steel industry in the United States. In: Geographical Review XLII/1952, S. 56–66

RODWIN, L., SAZANAMI, H.: Industrial Change and Regional Economic Transformation: The Experience of Western Europe. London 1991

ROSTOW, W.W.: Stadien wirtschaftlichen Wachstums. Göttingen 1960

ROUSSEAU, M.-P.: La géographie de la productivité. In: Annales de Géographie 576/1994, S. 115-133

ROZENBLAT, C., PUMAIN, D.: The Location of Multinational Firms in the European Urban System. In: Urban Studies, Band 30, No. 10, 1993, S. 1691–1709

RUBALCABA-BERMEJO, L., CUADRADO-ROURA, J. R.: Urban Hierarchies and Territorial Competition in Europe: Exploring the Role of Fairs and Exhibitions. In: Urban Studies, Band 32, No. 2, 1995, S. 379–400

RÜHL, A.: Aufgaben und Stellung der Wirtschaftsgeographie. In: Zeitschrift der Gesellschaft für Erdkunde zu Berlin 1918, S. 292-303

RÜHL, A.: Über die Standortsbewegungen der Industrie. In: Comptes Rendus du Congrès International de Géographie Paris 1931, Vol. III, S. 403–411

RUPPERT, K. (Hrsg): Agrargeographie. Darmstadt 1973 = Wege der Forschung CLXXI

SACHER, S. B.: Fiscal Fragmentation and the Distribution of Metropolitan Area Resources: A Case Study. In: Urban Studies, Band 30, No. 7, 1993, S. 1225–1239

SAEY, P., LIETAER, M.: Consumer Profiles and Central Place Theory. In: Tijdschrift voor Economische en Sociale Geografie 71/1980, S. 180–186

SALLY, R.: Classical Liberalism and International Economic Order. Studies in Theory and Intellectual History. London und New York 1998

SANDNER, G.: Wachstumspole und regionale Polarisierung der Entwicklung im Wirtschaftsraum. Ein Bericht über lateinamerikanische Erfahrungen. In: KÜPPER; U. I., SCHAMP; E. W. (Hrsg.): Der Wirtschaftsraum. Wiesbaden 1975 = Erdkundliches Wissen, Heft 41 (Geographische Zeitschrift, Beihefte), S. 78–90

SASSEN, S.: Finance and business services in New York City; international linkages and domestic effects. In: RODWIN, L., SAZANAMI, H.: Industrial Change and Regional Economic Transformation: The Experience of Western Europe. London 1991a, S. 132-154

SASSEN, S.: The Global City. New York, London, Tokyo 1991b

SASSEN, S.: Metropolen des Weltmarkts: Die neue Rolle der Global Cities. Frankfurt/New York 1996

SCHÄTZL, L.: Wirtschaftsgeographie 1: Theorie. 7. Aufl. Paderborn 1998

SCHÄTZL, L. (Hrsg.): Wirtschaftsgeographie der Europäischen Gemeinschaft. Paderborn, München, Wien, Zürich 1993

SCHÄTZL, L.: Wirtschaftsgeographie 2, Empirie. 2. Aufl. Paderborn 1994

SCHÄTZL, L.: Wirtschaftsgeographie 3, Politik. 3. Aufl. Paderborn 1994

SCHAMP, E. W.: Grundansätze der zeitgenössischen Wirtschaftsgeographie. In: Geographische Rundschau 35/1983, Heft 2, S. 74–80

SCHAMP, E. W.: Plädoyer für eine politisch-ökonomische Wirtschaftsgeographie. In: Frankfurter Wirtschafts- und Sozialgeographische Schriften, Heft 46, 1984, S. 69–87

SCHAMP, E. W.: Industrialisierung der Entwicklungsländer in globaler Perspektive. In: Geographische Rundschau 45/1993, Heft 9, S. 530-536

SCHAMP, E. W.: Globalisierung von Produktionsnetzen und Standortsystemen. In: Geographische Zeitschrift 84/1996, Heft 3+4, S. 205–219

SCHEDL, H., VOGLER-LUDWIG, K.: Strukturverlagerungen zwischen sekundärem und tertiärem Sektor. München 1987 = ifo studien zur strukturforschung 8

SCHEFFER, M.: Internationalization of Textile and Clothing Production. In: Tijdschrift voor Economische en Sociale Geografie 86/1995, No. 5, S. 477–480

SCHENK, W.: Kultulandschaftliche Vielfalt als Entwicklungsfaktor im Europa der Regionen. In: EHLERS, E. (Hrsg.): Deutschland und Europa. Historische, politische und geographische Aspekte. Festschrift zum 51. Deutschen Geographentag Bonn 1997. Bonn 1997, S. 209-229

SCHNEIDER, H. K.: Implikationen der Theorie erschöpfbarer natürlicher Ressourcen für wirtschaftspolitisches Handeln. In: Schriften des Vereins für Socialpolitik, Neue Folge, Band 108 (Erschöpfbare Ressourcen). Berlin 1980, S. 815–844

SCHÖLLER, P.: Leitbegriffe zur Charakterisierung von Sozialräumen. In: Zum Standort der Sozialgeographie. Kallmünz 1968, S. 184 = Münchner Studien zur Sozial- und Wirtschaftsgeographie, Band 4, S. 177-184

SCHÖLLER, P.: Einleitung. Zum Forschungsweg der Stadtgeographie (1968). In: SCHÖLLER, P.: Stadtgeographie. Darmstadt 1969 = Wege der Forschung CLXXXI, S. VII-XIII

SCHÖLLER, P. (Hrsg.).: Stadtgeographie. Darmstadt 1969 = Wege der Forschung CLXXXI

SCHÖLLER, P.: Einleitung: Entwicklung und Akzente der Zentralitätsforschung (1970). In: SCHÖLLER, P. (Hrsg.).: Zentralitätsforschung. Darmstadt 1972 = Wege der Forschung CCCI, S. IX-XXI

SCHÖLLER, P. (Hrsg.).: Zentralitätsforschung. Darmstadt 1972 = Wege der Forschung CCCI

SCHORER, Kl., GROTZ, R.: Attraktive Standorte: Gewerbeparks. In: Geographische Rundschau 45/1993, S. 498-502

SCOTT, A. J.: Industrialization and Urbanization: A Geographical Agenda. In: Annals of the Association of American Geographers 76/1, 1986, S. 25–37

SEDLACEK, P.: Industrialisierung und Raumentwicklung. Braunschweig 1980 = Raum und Gesellschaft 3

SEIFERT, V.: Regionalplanung. Braunschweig 1986 = Das Geographische Seminar

SHORT, J. R.: The Urban Order. Malden/Mass. und Oxford 1998

SICK, W.-D.: Agrargeographie. 3. Aufl. Braunschweig 1997 = Das Geographische Seminar

SIEBER, N.: Vermeidung von Personenverkehr durch veränderte Siedlungsstrukturen. In: Raumforschung und Raumordnung 53, Heft 2, 1995, S. 94–101

SILBERFEIN, M.: Settlement Form and Rural Development: Scattered Versus Clustered Settlement. In: Tijdschrift voor Economische en Sociale Geografie 80/1989, Nr. 5, S. 258–268

SINGH, M. S.: The Asian Pacific Rim in the Global Game. In: Tijdschrift voor Economische en Sociale Geografie 88/1997, S. 409-424

SMITH, D. M.: A Theoratical Framework for Geographical Studies of Industrial Location. In: Economic Geography, Vol. 42, No. 2, 1966, S. 95–113

SPEHL, H.: Einführung. In: ARL (Hrsg.): Räumliche Wirkungen der Telematik. Hannover 1987 = Veröffentlichungen der ARL 169

SPIEKERMANN, Kl., WEGENER, M.: Auswirkungen des Kanaltunnels auf Verkehrsströme und Regionalentwicklung in Europa. In: Raumforschung und Raumordnung 1994, Heft 1, S. 25–35

SPITZER, H. unter Mitarbeit von FLECK, P., ISYAR, Y., KAUFMANN, R., LANGE, B.: Das räumliche Potential als entscheidungspolitische Basis. Saarbrücken, Fort Lauderdale 1982

SPITZER, H.: IX. Die Landwirtschaft in der Bundesrepublik Deutschland. In: TIETZE, W., BOESLER, K.-A., KLINK, H.-J., VOPPEL, G.: Geographie Deutschlands, Bundesrepublik Deutschland. Berlin, Stuttgart 1990, S. 539–603

SPITZER, H.: Raumnutzungslehre. Stuttgart 1991 = UTB-Große Reihe 8059

STAUDACHER, Chr.: Dienstleistungen als Gegenstand der Wirtschaftsgeographie. In: Die Erde 126/1995, S. 139–153

STEHN, J.: Ausländische Direktinvestitionen in Industrieländern. Tübingen 1992 = Kieler Studien 245

STEINBACH, J., JURINKA, K.: Die Veränderung der Standortqualität der Regionen Europas durch den Ausbau der Verkehrssysteme. In: Mitteilungen der Österreichischen Geographischen Gesellschaft 134/1992, S. 69–92

STEINLE, W. J.: Regional Competitiveness and the Single Market. In: Regional Studies, Vol. 26, No. 4, 1992, S. 307–318

STERNBERG, R.: Technologiepolitik und High -Tech-Regionen — ein internationaler Vergleich. Münster, Hamburg 1995 = Wirtschaftsgeographie, Band 7

STERNBERG, R.: Wie entstehen High-Tech-Regionen? Theoretische Erklärungen und empirische Befunde aus fünf Industriestaaten. In: Geographische Zeitschrift 83/1995, S. 48-63

STERNBERG, R.: Weltwirtschaftlicher Strukturwandel und Globalisierung. In: Geographische Rundschau 49/1997, H. 12, S. 680–687

STORPER, M., SCOTT, A. J. (Hrsg.): Pathways to Industrialization and Regional Development. London und New York 1992

STORPER, M., WALKER, R.: The Capitalist Imperative. Territory, Technology, and Industrial Growth. – Oxford 1989 (Reprinted 1994)

STORPER, M.: The Limits to Globalization: Technology Districts and International Trade. In: Economic Geography, Vol. 68, 1992, No. 1, S. 60–93

SUAREZ-VILLA, L.: Policentric Restructuring, Metropolitan Evolution, and the Decentralization of Manufacturing. In: Tijdschrift voor Economische en Sociale Geografie 80/1989, Nr. 4, S. 194–205

TAAFFE, E.J., GAUTHIER jr., H. L.: Geography of Transportation. Englewood Cliffs 1973

TATSUNO, Sh. M.: Building the Japanese Techno State: The Regionalization of Japanese High Tech Industrial Politics. In: HILPERT, U. (Hrsg.): Regional Innovation and Decentralization. – London and New York 1991 (Nachdruck 1993), S. 219–235

TAYLOR, M., CONTI, S. (Hrsg.): Interdependent and uneven Development. Global-local perspectives. Aldershot u.a. 1997

TER BRUGGE, R.: Spatial Structure in Relation to Energy Production and Consumption. In: Tijdschrift voor Economische en Sociale Geografie 75/1984, Nr. 3, S. 214–222

TERLOUW, C. P.: World-System Theory and Regional Geography. A Preliminary Exploration of the Context of Regional Geography. In: Tijdschrift voor Economische en Sociale Geografie 80/1989, Nr. 4, S. 206–221

THÜNEN, J. H. v.: Der isolierte Staat in Beziehung auf Landwirtschaft und Nationalökonomie. Hamburg 1826; 3. Aufl. Berlin 1875

TICKELL, A.: Banking on Britain? The Changing Role and Geography of Japanese Banks in Britain. In: Regional Studies, Vol. 28, No. 3, 1994, S. 291–304

TILSON, B.: The Competitiveness of UK Waterways for Inland and Short-sea Freight Movement. In: MAWSON, J. (Hrsg.): Policy Review Section. In: Regional Studies Vol. 29, 4, 1995, S. 395–409

TÖRNQUIST, G.: The Geography of Economic Activities: Some Critical Viewpoints on Theory and Application. In: Economic Geography 53/1977, S. 153-162

TOWNROE, P. M.: Locational Choice and the Individual Firm. In: Regional Studies 3, No. 1, 1969, S. 15–24

TOWNROE, P. M.: Some Behavioural Considerations in the Industrial Location Decision. In: Regional Studies 6/1972, No. 3, S. 261–272

TOWNROE, P. M.: Rartionality in Industrial Location Decisions. In: Urban Studies, Band 28, No. 3, 1991, 383–392

TOWNSEND, A., MACDONALD, R.: Sales of Business Services from a European City. In: Tijdschrift voor Economische en Sociale Geografie 86/1995, Nr. 5, S. 443–455

VAN DER LAAN, L.: Causal Processes in Spatial Labour Markets. In: Tijdschrift voor Economische en Sociale Geografie 78/1987, Nr. 5, S. 325–338

VAN GEENHUIZEN, M., VAN DER KNAAP, B.: Dutch Textile Industry in a Global Economy. In: Regional Studies, Vol. 28, No. 7, 1994, S. 695–711

VAN GRUNSVEN, L., SINGH, M. S., VAN NAERSSEN, T.: Introduction: The Dynamics of the Asian Pacific Rim. In: Tijdschrift voor Economische en Sociale geografie 88/1997, S. 403-408

VERNON, R.: International investment and international trade in the product cycle. In: Quarterly Journal of Economics, 2, 1966, S. 190-207

VOIGT, F.: Verkehr. 1. Band, 1. und 2. Hälfte: Die Theorie der Verkehrswirtschaft. Berlin 1973

VOIGT, F.: Verkehr. 2. Band, 1. und 2. Hälfte: Die Entwicklung der Verkehrssysteme. Berlin 1965

VOPPEL, G.: Die wachsende Bevölkerung und ihr Lebensraum. In: KURTH, G. (Hrsg.): Technische Zivilisation – Möglichkeiten und Grenzen. – Stuttgart 1969, S. 27–46

VOPPEL, G.: Wirtschaftsgeographie. Stuttgart/Düsseldorf 1970; 2. Aufl. Stuttgart, Berlin, Köln, Mainz 1975 = Schaeffers Grundriß des Rechts und der Wirtschaft, Abt. III, Band 98

VOPPEL, G.: Grundlagen der räumlichen Ordnung der Wirtschaft. In: Frankfurter Wirtschafts- und Sozialgeographische Schriften, Heft 46, 1984, S. 39–68

VOPPEL, G.: Verkehrsgeographie. Darmstadt 1980 = Erträge der Forschung, Band 135

VOPPEL, G.: Die Industrialisierung der Erde. Stuttgart 1990 = Teubner Studienbücher der Geographie

VOPPEL, G.: Die Entwicklungspotentiale im Wirtschaftsraum Leipzig. In: Hrsg.: GRAAFEN, R., TIETZE, W., Raumwirksame Staatstätigkeit. Festschrift für Klaus-Achim Boesler zum 65. Geburtstag. Bonn 1997 = Colloquium Geographicum, Band 23, S. 255–267

VORLAUFER, K.: Transnationale Reisekonzerne und die Globalisierung der Fremdenverkehrswirtschaft: Konzentrationsprozesse, Struktur- und Raummuster. In: Erdkunde 47/1993, S. 267-281

WAGNER, H.-G.: Wirtschaftsgeographie. 3. Aufl. Braunschweig 1998 = Das Geographische Seminar

WALDHAUSEN-Apfelbaum, J., GROTZ, R.: Entwicklungstendenzen der innerstädtischen Zentralität. Das Beispiel Bonn. In: Erdkunde 50/1996, Heft 1, S. 60–75

WALKER, R., CALZONETTI, Fr.: Searching for New Manufacturing Plant Locations: A Study of Location Decisions in Central Appalachia. In: Regional Studies 24, No. 1, 1990, S. 15–30

WALKER, R., GREENSTREET, D.: The Effect of Government Incentives and Assistance on Location and Job Growth in Manufacturing. In: Regional Studies 25, No. 1, 1991, S. 13–30

WANICK, R.: A new Approach towards Decentralization in North-Rhine Westphalia. In: MAWSON, J. (Hrsg.): Policy Review Section. In: Regional Studies Vol. 27, No. 5, 1993, S. 467-474

WATTS, H. D.: The Location of European Direct Investment in the United Kingdom. In: Tijdschrift voor Economische en Sociale Geografie 71/1980, Nr. 1, S. 3–14

WEBER, A.: Über den Standort der Industrien. Erster Teil: Reine Theorie des Standorts. Mit einem mathematischen Anhang von G. PICK. Tübingen 1909

WEIZSÄCKER, C. Chr. von: Das Gerechtigkeitsproblem in der Sozialen Marktwirtschaft. In: Zeitschrift für Wirtschaftspolitik 47/1998, Heft 3, S. 257-288

WIENERT, H.: Was macht Industrieregionen „alt“? – Ausgewählte sektorale und regionale Ansätze zur theoretischen Erklärung reginaler Niedergangsprozesse. In: RWI-Mitteilungen, Jg. 41/1990, S. 363–390

WILSON, P. A.: Embracing Locality in Local Economic Development. In: Urban Studies, Band 32, No. 4–5, 1995, S. 645–658

WINDHORST, H.-W.: Geographie der Wald- und Forstwirtschaft. Stuttgart 1978 = Teubner Studienbücher der Geographie

WINDHORST, H.-W.: Räumliche Verbundsysteme in der agrarischen Produktion. In: Erdkunde 47/1993, S. 118-130

WIRTH, E.: Einleitung (1968). In: WIRTH, E. (Hrsg.): Wirtschaftsgeographie. Darmstadt 1969 = Wege der Forschung Band CCXIX, S. IX-XVIII

WIRTH, E. (Hrsg.): Wirtschaftsgeographie. Darmstadt 1969 = Wege der Forschung Band CCXIX

WIRTH, E.: Theoretische Geographie. Stuttgart 1979 = Teubner Studienbücher der Geographie

WIRTH, E.: Die Großschiffahrtsstraße Rhein-Main-Donau. Ein Weg für Südosteuropa? Erlangen 1995 = Erlanger Geographische Arbeiten, Heft 56

WIRTH, E.: Handlungstheorie als Königsweg einer modernen Regionalen Geographie? Was 30 Jahre Diskussion um die Länderkunde gebracht haben. In: Geographische Rundschau 51/199, Hwft 1, S. 57-64

YOUNG, R.C.: Industrial Location and Regional Change: The United States and the New York State. In: Regional Studies, Vol. 20, No 4, 1986, S. 341–369

YOUNG, St., HOOD, N., PETERS, E.: Multinational Enterprises and Regional Economic Development. In: Regional Studies, Vol. 28, No. 7, 1994, S. 657–677

# Verzeichnis der Abkürzungen

| | |
|---|---|
| Abb. | Abbildung |
| APEC | Asia-Pacific Economic Cooperation Group |
| ASEAN | Association of South East Asian Nations |
| d. h. | das heißt |
| EFTA | Europäische Freihandelsassoziation |
| EU | Europäische Union |
| GATT | General Agreement on Tariffs and Trade |
| Hrsg. | Herausgeber |
| Jahrb. | Jahrbuch |
| MERCOSUR | Südamerikanische Zollunion |
| Mio. | Million(en) |
| Mrd. | Milliarde(n) |
| NAFTA | Nordamerikanische Freihandelszone |
| NE-Metall | Nichteisenmetall |
| OECD | Organisation für wirtschaftliche Zusammenarbeit und Entwicklung |
| OPEC | Organisation erdölexportierender Länder |
| s. | siehe |
| SITC | Standard International Trade Classification |
| SKE | Steinkohleneinheit |
| statist. | statistisch(es) |
| Südkorea | Republik Korea |
| Tab. | Tabelle |
| UK | Vereinigtes Königreich von Großbritannien und Nordirland |
| UN | Vereinte Nationen |
| USA | Vereinigte Staaten von Amerika |
| v. a. | vor allem |
| WTO | World Trade Organization |
| z. B. | zum Beispiel |
| z. T. | zum Teil |

# Sachregister

# Ortsregister

# Namensregister